第二版

半导体照明

发光材料及应用

肖志国　主编

化学工业出版社

·北京·

在大力倡导节能减排的形势下，LED照明产业获得了战略性的发展机遇，在新理论、新技术、新产品诸方面均取得可喜成果。

本书作为《半导体照明发光材料及应用》第二版，集中介绍了与半导体照明（即白光LED）用发光材料有关的若干基本概念和基础知识；较系统地论述了白光LED用发光材料的发光特点、发光机制、分类及其与半导体芯片的匹配条件；书中还较全面地总结了国内外在白光LED用发光材料研究、开发与应用领域中取得的最新成就，具体阐述近年来新体系发光材料的最新研究成果和进展。

本书可供半导体照明领域、白光LED用发光材料的科技工作者、产业界人士，新材料及相关专业领域从事研究、开发及应用的专业技术人员、管理者参考，也可用作相关专业教学参考书。

图书在版编目（CIP）数据

半导体照明发光材料及应用/肖志国主编．—2版．
北京：化学工业出版社，2014.1
ISBN 978-7-122-19202-8

Ⅰ.①半…　Ⅱ.①肖…　Ⅲ.①半导体材料-发光材料
Ⅳ.①TN383

中国版本图书馆CIP数据核字（2013）第290681号

责任编辑：朱　彤　　　　　　　　　　文字编辑：王　琪
责任校对：宋　玮　　　　　　　　　　装帧设计：关　飞

出版发行：化学工业出版社（北京市东城区青年湖南街13号　邮政编码100011）
印　　装：大厂聚鑫印刷有限责任公司
710mm×1000mm　1/16　印张15½　字数311千字　2014年3月北京第2版第1次印刷

购书咨询：010-64518888（传真：010-64519686）　售后服务：010-64518899
网　　址：http://www.cip.com.cn
凡购买本书，如有缺损质量问题，本社销售中心负责调换。

定　　价：58.00元

序

发光材料在照明光源上的应用是从 1938 年荧光灯的应用开始的，它利用了在紫外线激发下的可见发光。对照明技术来讲，光谱合适后发光效率是首要的，近七十年来荧光灯的效率从 20 世纪 50 年代的 50lm/W 达到现在的 100lm/W 以上。同时又开发了光致发光的高压水银荧光灯，它的效率较低，约 50lm/W，显色性也差，多用于露天场所。近十多年来为提高效率，光致发光在量子剪裁方面也取得了可喜成绩，这一技术基于一个能量较大的光子激发出两个能量较小的发可见光光子的现象，它的亮度已可达到 15000nt（15000cd/m²）。

除去用光致发光照明外，还可用其他形式的发光电场诱导全固态的发光或利用它们足够强的短波光，用这个短波光的部分能量通过光致发光产生白光的互补色或组成三基色，以符合照明的光谱要求。照明所需的光源只符合光谱的要求还远远不够，照明技术既需要较高的效率，又需要足够的光通。从 20 世纪末发光材料、发光现象都有了长足的进展及从无到有的创新，诸如多孔硅发光、微腔发光、有机场致发光，量子剪裁、交叉发光、低维材料的发光，固态阴极射线发光、混合发光及测寿命的频域方法等，在激发方式及发光性能的表征方面都有新的创造及研究结果，这些工作的深入已经揭示出发光领域重要的新规律、新现象及新方法，使人们对发光现象的了解更深入、更全面、更基础。所以，就发光而言，它在照明技术中的应用可能性还很多。继点、线光源之后，人们在追求面光源。

目前国家在组织力量研究固体光源。不管它的技术路线是什么，它的结果必须在光谱、光通、效率及老化等问题上表现良好。比较现实的技术路线基于 GaN 类 p-n 结蓝色发光的突破上。一方面，虽然发光二极管在大屏幕显示上独具风采，但就照明而言，还很不够，尚需大量研究。另一方面，在发光二极管中也用掺杂方法得到三基色。另外，科技工作者也在努力提高发光二极管的发光效率。肖志国主编的这本《半导体照明发光材料及应用》除对各种可用光致发光材料进行深入的描述之外，还介绍了他们在研发、生产余辉发光材料以及发光二极管方面丰富的实践经验。希望这本专著能帮助有志于半导体照明技术创新，特别是从事研发的科研人员更上一层楼！

中国科学院院士　　　

09.11.14

第二版前言

随着经济的发展、科技的进步，半导体照明越来越受到广泛关注。当前，白光LED相关产业不仅是应对国际金融危机、保持经济平稳较快发展的重要突破口，也是催生新技术革命、培育新兴产业、促进节能减排、应对全球气候变化的重要途径。

自从《半导体照明发光材料及应用》第一版于2008年出版以来，受到广大读者关注，读者反馈较好，充分表明这是一本内容丰富、论述深入、图文并茂、理论与实践并重的科技专著。但是在出版后的5年多时间里，在大力倡导节能减排的形势下，LED照明产业获得了战略性的发展机遇，在新理论、新技术、新产品诸方面均取得可喜的成果，使编著者对全书的撰写、内容选取、实际应用等方面的认识有了进一步提高。

作者在本次第二版修订时，与第一版相比，增加了白光LED用发光材料的新体系，将硅酸盐基质白光LED用发光材料研究进展调整至相应章节。具体修改与增删的主要内容如下。

• 第2章，增加荧光体转换的白光LED用发光材料的新成果。

• 第4章，增加溶剂热法和微乳液法。将4.5节与4.6节合并为4.5节，命名为YAG：Ce粉体发光性能的影响因素，增加4.6节钇铝石榴石荧光材料的研究进展。

• 第5章，增加5.7节硅酸盐基质发光材料的研究进展（原第7章），并增加新成果。

• 第6章，将原第8章调整为第6章，并对相应章节内容进行修改，将6.1节命名为引言，增加6.4节硅氮/氮氧化合物基质发光材料的制备，增加6.6节氮化物基质发光材料的研究进展。

• 将原第6章改为第7章，题目修改为白光LED用发光材料的新体系探找。7.1节改为白光LED用发光材料制备中的影响因素，删除原6.2节、6.3节和6.4节，增加新章节7.2节探找新体系，具体阐述近年来新体系发光材料的研究成果和进展。

本书第二版修订工作主要由大连路明发光科技股份有限公司桑石云和沈菊负责。具体分工如下：第2章由桑石云修订；第4章由沈菊修订；第5章、第6章和第7章由桑石云和沈菊修订；全书由桑石云和沈菊统稿。在第二版修订过程中，得到化学工业出版社的大力支持和帮助。在此表示感谢！

由于编著者水平和时间有限，书中疏漏之处在所难免，恳请各位读者不吝斧正。

编著者
2014年1月

第一版前言

自古以来，人类就喜欢光明而惧怕黑暗，梦想能随意地控制光。当人类高高举起第一根火把时，就开始了照明领域的第一次革命，人类从此有了自己能够控制的光源。1879 年，爱迪生发明了第一只白炽灯（碳丝白炽灯），在开始第二次照明领域革命的同时，也拉开了人类现代文明的帷幕。一百多年前爱迪生发明的灯泡，对人类的生活产生了巨大的影响。随之而来的日光灯、卤素灯给人类的生活带来了莫大的方便。都市绚烂的夜空，建筑物上五光十色的彩灯使夜晚的世界光彩夺目。人类文明的发展与照明技术的进步息息相关。几百年来，人类仍在不断努力寻找更实用、更美观、更节能的光源。

随着 1962 年第一只半导体发光二极管的诞生，一种体积小、寿命长、安全低压、节能、环保的新型照明灯具就走进了人们的生活。这种新型的固态照明带来人类照明领域的第三次革命。

"房间里没有任何目前常见的灯具的踪迹，只有一个会发光的天花板，根据需要变幻出星空、月夜、日光等不同的光源。星空状态时，只见天花板上'繁星'闪烁，屋内大件物品的轮廓依稀可见。月夜状态时，一轮'满月'悬挂在天花板上，向室内挥洒清冷的'月'光。日光状态时，'满月'又会变成'太阳'，将室内映照得如同白昼。"这不是神话故事中的描写，而是专家在描述半导体照明中的一个场景。专家描述的这种场景，实际上已近在咫尺。

半导体照明已深入到人们生活的方方面面。人们日常使用的手机、电脑、数码相机、汽车都有半导体照明的身影。在城市景观照明、仪器仪表指示中，半导体照明更是得到了广泛应用。例如，著名的上海东方明珠电视塔在夜色中熠熠生辉的夜景装饰，用的都是半导体照明。

最早研制的 LED 只能发出红色的光，用于电子设备中的指示灯。如今，LED已能发出红色、黄色、蓝色、绿色、橙色、琥珀色、蓝绿双色、红绿双色、黄绿色、纯绿色、翠绿色、白色等各种光束。

白光 LED 的出现，是 LED 从标识功能向照明功能跨出的实质性一步。白光 LED 最接近日光，更能较好反映照射物体的真实颜色。从技术角度看，白光 LED无疑是 LED 最尖端技术。白光 LED 的应用市场将非常广泛，也是取代白炽钨丝灯泡及荧光灯的"杀手"。近年来，LED 已逐渐扩展到通用照明领域，从证券行情到股票机，从笔记本电脑到数码相机，从 PDA 到手机，从室内照明到汽车车灯，LED 无处不在并正在改变人们的生活和工作环境。

无论是日光灯、卤素灯，还是新兴的 LED 都离不开其相应的荧光材料。荧光粉的工业化生产及应用历史由来已久，20 世纪 60 年代初期，稀土红色荧光粉的成功研制，使彩色电视进入了一个全新的时代。YAG 加蓝光芯片合成的白光 LED 的优越特性，引起了人们的注意和重视，使得白光 LED 用发光材料的发展进入了白热化的程度。但迄今为止，系统论述此方面发光材料的专著尚未见到。随着半导体照明技术的发展，广大从事这方面工作的科技工作者及管理人员非常需要一本全面介绍此方面材料的图书，为此我们着手编写此书。

本书的编写既参阅了国内外有关发光学资料，也融进了我们在白光 LED 用发光材料的研究开发以及实际应用成果。本书对白光 LED 的基本概念和基础性知识，对各类型发光材料的制备工艺、发光性能、合成反应当中的问题以及新体系材料的探讨等均进行了系统论述。

本书共 8 章，其中第 7、8 章是最新相关参考材料的综述。参加本书编写工作的有：第 1 章石春山、肖志国、夏威；第 2 章石春山、肖志国；第 3 章肖志国、石春山；第 4 章温嘉琪、夏威、郑永生、杨丽明；第 5 章肖志国、罗昔贤、于晶杰、王细凤、徐晶、林广旭；第 6 章肖志国、石春山、于晶杰；第 7 章罗昔贤、肖志国、夏威；第 8 章罗昔贤、肖志国、于晶杰。全书由肖志国任主编，石春山、罗昔贤任副主编。

在本书的编写过程中，大连路明发光科技股份有限公司的桑石云、迟晓云、邓华等对于书稿和资料的整理做了大量工作，在此致以衷心的感谢。

由于半导体照明发展日新月异，相应的白光 LED 用发光材料也发展迅速，有关的文献资料浩如烟海，加之编者水平有限，因此本书难免有不完善之处，敬请专家和广大读者批评指正。

编　者

2008 年 1 月于大连

目　录

第1章 发光与发光材料概述

发光学的发展，有赖于发光材料性能不断改进和新体系的诞生，而每种新材料又都是伴随着照明或显示领域应用质量的提高而问世。从白炽灯到荧光灯，发光领域经历了一场不小的革命，21世纪，人们正在期待着一种更新的人造光源的出现——固体照明。

固体照明是指采用全固态发光器件作为光源的照明技术。目前主要是半导体照明，即发射白光的发光二极管——白光LED灯。

LED是由英文light emitting diode各词头缩拼而成的专业术语，即"发光二极管"。白光LED即指产生白光发射的发光二极管，它是固体照明的重要光源。与白炽灯及荧光灯相比，白光LED灯具有显著优势：体积小（可多芯片多种组合，可单一芯片与发光材料多种组合）、发热量小（无热辐射）、耗电量低（供电电压低、启动电流小）、使用寿命长（超过1×10^4h）、响应速度快（可高频操作）、环保（耐震、耐冲击、不易破碎、废弃物可回收、无污染、无毒害）、可平面封装及产品易于轻薄化、小型化。白光LED灯的发展目标是取代传统照明灯具。

白光LED的发展，使发光材料的研究与应用进入了一个新的阶段。由于激发源是短波紫外、长波紫外或蓝光发射的半导体，输出功率高，因此对发光材料性能会提出特定要求，而针对这些特定要求开展白光LED专用发光材料的研究，无疑是一个新的研究课题。

1.1 发光与发光材料

物质将从外界吸收的能量以光的形式释放出来的过程被称为物质的发光（luminescence）。具有实用价值的发光物质称为发光材料或荧光体（phosphor）。发光材料被广泛应用，但主要用于显示和照明。用于显示的发光材料，种类繁多，应用领域广阔，如彩色电视用荧光粉、X射线增感屏用荧光粉以及无光区域标识指示用长余辉发光材料等。显示用发光材料的荧光发射，激发源常常是各种射线（γ射线、X射线或阴极射线）或热激发等。有时发光机制也互有不同。用于照明的发光材料主要是灯用三基色荧光粉，属光致发光材料，即通过汞蒸气放电产生的短波紫外线（如254nm或365nm）激发荧光粉，产生红、绿、蓝三基色光发射，复合成白光。用于照明的荧光灯多种多样，例如三基色荧光灯、高压汞三基色荧光灯、信号荧光灯、无电极荧光灯等。本章仅以三基色荧光灯（以下简称荧光灯）为对象，表述与发光材料相关的若干主要特性。

通常情况下，显示用发光材料与照明用发光材料都有一定的专用性，也就是说，大多数情况下，发光材料的研究与开发，都是以一定实际应用的要求为背景，都有明确的针对性。例如 Y_2O_3：Eu，由于紫外线激发，因而发光效率高，适于作为灯用发光材料的红光组分。而 Y_2O_2S：Eu 由于基质 Y_2O_2S 密度高，对阴极射线有较高的吸收，Eu^{3+} 掺入后可形成高效的发光材料，适用于彩色电视红粉。若客串使用，较难获得预期效果。当然，有些发光材料有时也可互用，但需进行适当组分调整。如 Y_2O_2S：Eu 中掺入适量杂质（如 Ti^{4+}、Mg^{2+}），也会成为很好的红光发射长余辉发光材料。

1.2　照明灯用发光材料

照明灯用发光材料，使用的激发源都是紫外线或近紫外线，这些短波长的光均是由含汞的惰性气体放电产生的。只不过是低压汞灯（荧光灯）中对短波紫外线 254nm 转换效率高，而在高压汞灯中对长波紫外线 365nm 转换效率高。但所转换的都是能量较高的紫外线。因此，作为照明灯用发光材料应具备的首要条件就是必须具有强的耐紫外线辐照能力。荧光体对紫外线必须有强的吸收。发光材料要满足这一条件，取决于两方面因素：基质晶体结构、能带结构和激活离子光谱特性。然而，即使发光材料对紫外线具有强的吸收能力，也并不一定能保证这种材料就会有高的发光量子效率，还要求材料能高效地将吸收的紫外线能量转换成低能量的可见光，即转换成红光、绿光或蓝光。若满足这一要求，也取决于基质晶体结构和激活离子能级结构特性。要保证材料对吸收的紫外线能高效转换，红、绿、蓝三种波长发射的发光材料其激发波长必须都位于 254nm。此外，三个发射波长的光色必须适配，才能保证良好的显色性。通过计算机对稀土三基色灯的光效和显色指数最优化处理，结果表明，低压汞灯中的四条可见区汞谱线加上 450nm、540nm、610nm 三条谱线，可使灯的平均显色指数和光效同时获得良好效果。

白光 LED 用发光材料，依然需要满足荧光灯用发光材料的一般要求，但针对特殊应用、特殊条件及特殊器件，对发光材料性能势必也要提出新的特殊要求。

1.2.1　发光材料的组成

发光材料是由主体化合物和活性掺杂剂组成的，其中主体化合物称为发光材料的基质。在主体化合物中掺入的少量甚至微量的具有光学活性的杂质称为激活剂。发光材料由基质、激活剂组成。有时还需要掺入另一种杂质，用以传递能量，称为发光敏化剂。激活剂与敏化剂在基质中均以离子状态存在。它们分别部分地取代基质晶体中原有格位上的离子，形成杂质缺陷，构成发光中心。

1.2.1.1　基质

基质化合物涉及面很广。仅无机化合物用于基质，其组成所涉及的组分元素就覆盖了元素周期表的绝大部分（图 1-1）。

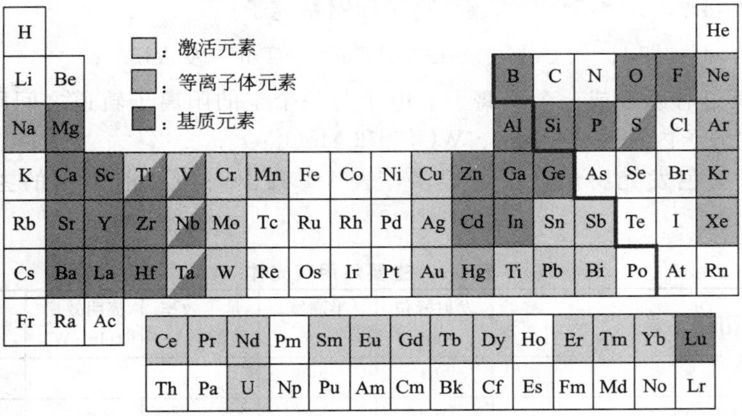

图 1-1　发光元素周期表

一般来说，作为基质化合物至少应具备如下基本条件：①基质组成中阳离子应具有惰性气体元素电子构型，或具有闭壳层电子结构；②阳离子和阴离子都必须是光学透明的；③晶体应具有确定的某种缺陷。

已用于基质的无机化合物主要有：①氧化物及复合氧化物，如 Y_2O_3、Gd_2O_3、$Y_3Al_5O_{12}$（YAG）、$SrTiO_3$ 等；②含氧酸盐，如硼酸盐、铝酸盐、镓酸盐、硅酸盐、磷酸盐、钒酸盐、钼酸盐和钨酸盐以及卤磷酸盐等。此外，还有稀土卤氧化物（如 LaOCl、LaOBr）、稀土硫氧化物（如 Y_2O_2S、Gd_2O_2S）等。

1.2.1.2　激活剂

如上所述，激活剂掺入到基质中后以离子形式占据晶体中某种阳离子格位构成发光中心，因此激活离子又被称为发光中心离子。激活离子的电子跃迁是产生发光的根本原因。激活离子在基质中能够产生电子跃迁实现发光，必须遵循一定选择定则。主要有：拉波特定则（Laporte rule，也称宇称选择定则）和自旋选择定则（spin selection rule）。前者指明，在中心对称环境中，跃迁仅允许发生在相反宇称状态之间，否则是禁戒的。后者则指明，跃迁仅允许发生在相同自旋多重态之间。但这些选择定则对某些离子而言，并非十分严格，有些情况下"禁戒"是可以"松动"的。

激活离子的选择，通常可参照如下条件：具有 $(nd^{10})[(n+1)s^2]$ 电子构型或半充满轨道；与基质中被取代离子半径相近。图 1-1 给出了已被掺杂过的激活离子。这些离子可归纳成如下几种类型跃迁吸收与发射：

① $1s \leftrightarrows 2p$，如 F 心；

② $ns^2 \leftrightarrows nsnp$，如类 Tl^+ 离子：Ga^+、In^+、Tl^+、Ge^{2+}、Sn^{2+}、Pb^{2+}、Sb^{3+}、Bi^{3+}、Cu^-、Ag^-、Au^- 等；

③ $3d^{10} \leftrightarrows 3d^4 4s$，如 Ag^+、Cu^+ 及 Au^+；

④ $3d^n \leftrightarrows 3d^n$，$4d^n \leftrightarrows 4d^n$，如第一、第二主过渡族金属离子；

⑤ $4f^n \leftrightarrows 4f^n$，$5f^n \leftrightarrows 5f^n$，如镧系离子和锕系离子；

⑥ $4f^n \leftrightarrows 4f^{n-1}5d$，如 Ce^{3+}、Sm^{2+}、Eu^{2+}、Tm^{2+} 及 Yb^{2+}；

⑦ 电荷迁移跃迁或一个阴离子 p 电子与一个空的阳离子轨道之间跃迁，如配合物中一些分子内跃迁（VO_4^{3-}、WO_4^{2-} 和 MoO_4^{2-}）。

灯用三基色发光材料，报道很多，表 1-1 列出一些目前实用的主要灯用荧光体。

表 1-1　主要灯用荧光体

体　系	发射峰位 /nm	半高宽 /nm	量子效率 /%	流明效率 /(lm/W)	发光颜色
$SrMgP_2O_7$：Eu^{2+}	394	25	—	—	蓝
$(Sr,Ba)Al_2Si_2O_8$：Eu^{2+}	400	25	—	—	蓝
$Sr_3(PO_4)_2$：Eu^{2+}	408	38	—	—	蓝
$CaWO_4$	415	112	—	—	蓝
$Sr_2P_2O_7$：Eu^{2+}	420	28	—	—	蓝
$(Ca,Pb)WO_4$	435	120	0.81	19	蓝
$Ba_3MgSi_2O_8$：Eu^{2+}	435	90	—	—	蓝
$Sr_{10}(PO_4)_6Cl_2$：Eu^{2+}	447	32	0.97	12	蓝
$(Sr,Ca)_{10}(PO_4)_6Cl_2$：Eu^{2+}	452	42	—	—	蓝
$(Sr,Ca)_{10}(PO_4)_6 \cdot nB_2O_3$：$Eu^{2+}$	452	42	—	—	蓝
$BaMg_2Al_{16}O_{33}$：Eu^{2+}	452	51	1.03	20	蓝
$Sr_2P_2O_7$：Sn^{2+}	464	105	0.94	35	蓝—绿
$SrMgAl_{10}O_{17}$：Eu^{2+}	465	65	—	—	蓝—绿
$MgWO_4$	480	138	1.00	57	蓝—白
$BaAl_8O_{13}$：Eu^{2+}	480	76	—	—	蓝—绿
$2SrO \cdot 0.84P_2O_5 \cdot 0.16B_2O_3$：$Eu^{2+}$	480	85	0.93	62	蓝—绿
$3Ca_3(PO_4)_2 \cdot Ca(F,Cl)_2$：$Sb^{3+}$	480	140	0.96	57	蓝—白
$(Sr,Ca,Mg)_{10}(PO_4)_6Cl_2$：$Eu^{2+}$	483	88	—	—	蓝—绿
$BaO \cdot TiO_2 \cdot P_2O_5$	483	167	—	—	蓝—白
$Sr_2Si_3O_8 \cdot 2SrCl_2$：$Eu^{2+}$	490	70	0.93	57	蓝—绿
$Sr_4Al_{14}O_{25}$：Eu^{2+}	493	65	—	—	蓝—绿
$MgGa_2O_4$：Mn^{2+}	510	30	0.75	55	绿
$BaMg_2Al_{16}O_{27}$：Eu^{2+}，Mn^{2+}	450,515	—	0.79	82	绿
Zn_2SiO_4：Mn^{2+}	525	40	0.87	109	绿
$La_2O_3 \cdot 0.2SiO_2 \cdot 0.9P_2O_5$：Ce,Tb	543	9	0.93	130	绿

续表

体　　系	发射峰位 /nm	半高宽 /nm	量子效率 /%	流明效率 /(lm/W)	发光颜色
$LaPO_4 : Ce, Tb$	543	6	—	—	绿
$Y_2SiO_5 : Ce, Tb$	543	12	0.92	124	蓝—绿
$CaMgAl_{11}O_{19} : Ce, Tb$	543	6	0.97	118	绿
$GdMgB_5O_{10} : Ce, Tb$	543	11	—	—	绿
$YVO_4 : Dy^{3+}$	480,570	—	0.90	—	白
$3Ca_3(PO_4)_2 \cdot Ca(F,Cl)_2 : Sb^{3+}, Mn^{2+}$	480,575	—	0.97	72	日光
$3Ca_3(PO_4)_2 \cdot Ca(F,Cl)_2 : Sb^{3+}, Mn^{2+}$	480,575	—	0.97	80	白
$3Ca_3(PO_4)_2 \cdot Ca(F,Cl)_2 : Sb^{3+}, Mn^{2+}$	480,580	—	—	—	暖白
$CaSiO_3 : Pb^{2+}, Mn^{2+}$	610	87	—	—	橙
$Y_2O_3 : Eu^{3+}$	611	5	—	73	红
$Y(V,P)O_4 : Eu^{3+}$	619	5	0.97	43	红
$Cd_2B_2O_5 : Mn^{2+}$	620	79	0.88	41	粉色
$(Sr,Mg)_3(PO_4)_2 : Sn^{2+}$	620	140	0.96	56	橙
$GdMgB_5O_{10} : Ce^{3+}, Mn^{2+}$	630	80	—	—	橙
$GdMgB_5O_{10} : Ce^{3+}, Tb^{3+}, Mn^{2+}$	543,630	—	—	—	黄
$6MgO \cdot As_2O_5 : Mn^{2+}$	655	15	0.88	22	深红
$3.5MgO \cdot 0.5MgF_2 \cdot GeO_2 : Mn^{4+}$	655	15	0.75	19	深红
$LiAlO_2 : Fe^{3+}$	735	62	—	—	红外

1.2.2　发光材料的主要性能表征

　　灯用发光材料主要实用性能是通过荧光光谱特性、寿命和效率体现出来的。光谱包括激发（吸收或反射）光谱和发射光谱。寿命包括范围较广，但主要指灯具使用寿命和发光材料荧光寿命。发光效率主要包括能量效率（流明效率）和量子效率。

1.2.2.1　光谱特性

　　（1）发射光谱　发射光谱（也称发光光谱）可以表征发光材料的发光强度、最强谱峰位置和发射光谱形状，能反映出发光中心的种类及其内部跃迁能级。横坐标（x 轴）为发射波长（λ），常以纳米（nm）表示。纵坐标（y 轴）为发射强度（I），常以任意单位的相对强度（a.u.）表示。图1-2示

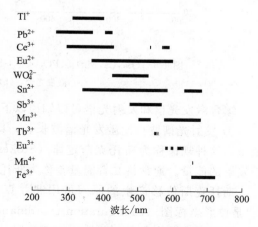

图1-2　一些激活离子的发射峰位置

出了一些激活离子的发射峰位置。

（2）激发光谱　激发光谱是用以表征所吸收的能量中对发光材料产生光发射有贡献部分的大小和波长范围。激发光谱横坐标（x轴）表示激发波长（λ），常以纳米（nm）表示。纵坐标（y轴）表示激发强度（I），常以任意单位的相对强度（a. u.）表示。

（3）漫反射光谱　发光材料为不透明的粉体，对入射光产生漫反射。因此无法直接测得吸收光谱，一般是通过测漫反射光谱来分析其吸收（光谱仪可直接转换）。反射光谱是反射率随波长改变而产生变化的图谱，横坐标（x轴）是波长（λ），常以纳米（nm）表示。纵坐标（y轴）是反射率（R），常以百分率（%）表示。反射率是指反射的光子数占入射的光子数的百分数。

反射光谱图与吸收光谱图是两种不同概念的图谱，即反射光谱图不是吸收光谱图的机械倒置视图，两者之间既有区别又有关联。吸收与反射之间的定量关系比较复杂。吸收光谱是荧光体吸收的能量与入射光波长之间的关系图谱，是以样品整体的光吸收强度对入射光波长作图得到的。由吸收光谱可确定材料的能带和材料内部的杂质的能级，不仅可以获得与光发射跃迁有关的能级，而且也可以知道与光发射跃迁无关的能级。但吸收光谱无法确定哪些波长吸收对哪些波长的发射有贡献，只能用激发光谱来判定对发光起作用的波长和能量。图1-3是荧光体$(Ba,Ca,Mg)_{10}(PO_4)Cl_2$：$Eu^{2+}$的激发光谱和漫反射光谱。从图1-3(a)中可看出，最强激发谱峰位于365nm，而漫反射率最低处却在240～340nm之间，如图1-3(b)所示。

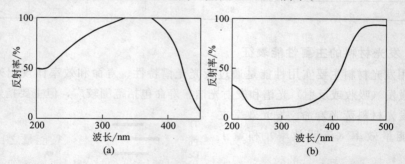

图1-3　$(Ba,Ca,Mg)_{10}(PO_4)Cl_2$：$Eu^{2+}$的激发光谱和漫反射光谱

(a) 激发光谱；(b) 漫反射光谱

综合激发光谱和发射光谱可以知道以下几点。

① 发射光谱波长比激发光谱波长长，即发射光子的能量通常小于激发光子的能量，这种规律称为斯托克斯定律（Stokes law），即大多数情况下吸收的能量高于发射的能量。通常将二者能量差称为斯托克斯位移（Stokes shift）。

斯托克斯位移产生的原因可用弗兰克-康登（Franck-Condon）原理解释。图1-4是位形坐标图（configuration coordination），它是关于电子与离子晶格振动能量及离子平均距离之间相关性的物理模型。就离子而言，由于原子核质量远远重于电子质量，因此电子跃迁时，中心阳离子与周围配体（阴离子）之间距离、几何构型等均无变化，可看成是电子只在两个静止的位能曲线间直接跃迁。当电子受到激发，吸收能量时，电子由基态位能曲线的平衡位置 R_0 沿直线 R_0-A 跃迁到激发态位能曲线的 A 点。由于激发态时离子平衡位置 r_0 与基态时平衡位置 R_0 产生偏离（因远离平衡点时位能将呈抛物线形增加），故 A 点偏离激发态的平衡位置。这样电子就必须与晶格相互作用放出声子（即振动的量子），

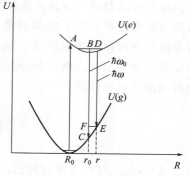

图 1-4　位形坐标图

沿 AB 线弛豫到新平衡位置 B 点，后由 B 点沿 BC 垂直回到基态位能曲线的 C 点放出光子，再由 C 点与晶格再次作用放出声子，最后沿 CR_0 线弛豫返回基态平衡位置 R_0。整个过程中，电子经由了两次与晶格作用发射出声子，即以热振动形式失去能量。因此电子发射的能量就低于电子受激发时具有的能量。

　　一般来说，假定激发带与发射带呈镜像关系，故利用发射光谱与激发光谱的最强谱峰位置可以粗略估算出斯托克斯位移值的大小。

　　与斯托克斯定律相反，有时发光光子的能量会大于激发光子的能量，这种现象被称为反斯托克斯发光（anistokes luminescence）。即发光中心从周围晶格获得了能量，从一个较低的激发态振动能级又跃迁到一个更高的激发态振动能级然后返回基态。这样，发射的能量就会大于激发的能量，使发射光谱的波长短于激发光谱的波长。还有一种情况，即两个或多个小光子能量向上转换成一个大光子能量，这种现象也被称为反斯托克斯效应。红外辐射激发下产生可见光发射就是典型例子。这类发光材料常被称为能量上转换发光材料。

　　② 激发光谱的谱峰强度总是不相等。这一特征使激发到发射的能量转换效率就会有差别，即发光效率不同。

　　（4）发光效率　　发光效率是指发光材料产生的发射能量与激发能量之比，即指激发能量转换为发射能量的效率。根据研究需要，发光效率可用能量效率表示，也可用量子效率表示。

　　能量转换效率：
$$\eta_E = \frac{E_{em}}{E_{in}}$$

　　式中，E_{em} 为发射能量；E_{in} 为激发能量。

　　量子转换效率：
$$\eta_Q = \frac{Q_{em}}{Q_{in}}$$

　　式中，Q_{em} 为发射的光子数；Q_{in} 为输入光子数。

　　能量转换效率也称流明效率，用流明/瓦（lm/W）表示，量子效率用百分数（％）表示。通常情况下，能量效率都常用比对法测量，即待测样品与已知能量效

率的标准样品对照。通过待测样品的发光强度与标准样品发光强度比较，就可较容易获得能量效率。量子效率测量，一般采用罗丹明 B 作为波长转换材料。发光材料发出的光照在罗丹明 B 上，通过一种光子数检测仪测量。当样品发出的光用光谱辐射分布表示时，就可获得光子数和光子总数的光谱分布。量子效率也可以通过测得的能量效率计算：

$$\eta_Q = \frac{\eta_E \int\limits_{\lambda} \lambda_{em}(\lambda)\,d\lambda}{\int\limits_{\lambda_{exc}} p(\lambda)\,d\lambda}$$

式中，$\lambda_{em}(\lambda)$ 为发射波长；λ_{exc} 为激发波长；$p(\lambda)$ 为激发强度。

应用中通常采用流明效率表示，统称为发光效率或光效，实际是指光源所发出的光通量与其所消耗的电功率之比［光源在单位时间内所辐射的能量称为辐射通量 Φ，单位为瓦（W）。光源的辐射通量对人眼引起的视觉强度称为光通量 Φ_v，单位为流明（lm）］。

（5）荧光寿命　对于发光材料来说，寿命属于发光的一种瞬时特性。寿命可以表征荧光体发光的衰减时间和发光颜色随时间的改变。荧光寿命测定可以获得有关电子在发射能级的停留时间，可以获得有效的非辐射弛豫过程等信息。某个能级的平均荧光寿命可表示为：

$$\tau = \frac{1}{R_r + R_n}$$

式中，R_r 是从荧光发射能级到基态的辐射跃迁概率；R_n 是跃迁能级间非辐射跃迁概率。

（6）余辉　发光就是物质在热辐射之外以光的形式发射出多余的能量，而这种多余能量的发射过程有一定的持续时间。历史上人们曾按发光持续时间的长短把发光分为两个过程：把物质在受激发时的发光称为荧光，而把激发停止后的发光称为磷光。一般常以持续时间 10^{-8} s 为分界，持续时间短于 10^{-8} s 的发光称为荧光，而把持续时间长于 10^{-8} s 的发光称为磷光。现在，除了习惯上保留和沿用这两个名词外，已经不再用荧光和磷光来区分发光过程。因为任何形式的发光都以余辉的形式来显现其衰减过程，衰减的时间可以极短（10^{-8} s），也可以很长（十几小时或更长）。小于 1μs 的余辉称为超短余辉，$1\sim10\mu$s 之间的称为短余辉，10μs～1ms 之间的称为中短余辉，$1\sim100$ms 之间的称为中余辉。100ms～1s 之间的称为长余辉，大于 1s 的称为超长余辉。发光现象有着持续时间的事实，说明物质在接受激发能量和产生发光的过程中，存在着一系列的中间过程。

余辉的测试包括余辉亮度和余辉时间两个方面，一般可以同时测定，用紫外光源、D65 荧光灯或氙灯的一定照度光，照射待测的发光材料，停止激发，自动定时测试出不同的衰减时间的发光亮度值，数据的采集一般用荧光光谱仪绘出该发光材料的发光衰减曲线。通过曲线的拟合方程可以表征出发光材料的余辉特性。被大多数研究者所采用的余辉特性可表示为：

$$I = \alpha_1 \exp\left(-\frac{t}{\tau_1}\right) + \alpha_2 \exp\left(-\frac{t}{\tau_2}\right) + \alpha_3 \exp\left(-\frac{t}{\tau_3}\right) + \cdots$$

式中，I 为发光强度；α_1、α_2、α_3 为常数；t 为时间；τ_1、τ_2、τ_3 为指数余辉时间。

1.2.2.2　发光材料的光色特性

灯用发光材料的光色特性主要通过显色性、色坐标以及色温等与光度学和色度学有关的某些参数来表征。这些特性往往与发光材料的光谱、效率等有密切关系。一种发光材料除了要有高效率，还要有好的显色性、低的色温和满意的色坐标。

（1）光与颜色　光，就其物理含意的本质而言，并不具有颜色。它只是一种具有一定能量的电磁波。之所以给光以"颜色"的概念，只是因为人眼对光具有某种特定感应特性和大脑具有奇异的辨析功能。光与人的视觉之间存在某种感应关系。色度学理论认为，可见光进入人眼后，刺激到视网膜上两种感光细胞：锥状体感光细胞和杆状体感光细胞。它们对可见光的感光功能各有不同。由于人眼对不同波长的光反应不一样，传入大脑后对视觉信号"处理"后形成"颜色"影像，即为光源的颜色，简称为光色。

人眼对进入视网膜的任何两种颜色光，都具有加色混合的作用，使两种颜色的光形成一种新颜色的光，这种光称为二次色光。即：

红色光＋蓝色光────➤绯红色光（洋红色光）

绿色光＋蓝色光────➤浅蓝色光（青色光）

红色光＋绿色光────➤黄色光

从中可以看出，红、绿和蓝色光是形成二次色光的基础光色。物体同时发射或反射出不同波长与强度的光，可通过对红、绿和蓝三种锥状体感光细胞和杆状体感光细胞造成不同程度的刺激，产生多种颜色感应。故将红、绿和蓝色光称为光的"三基色"。实际三基色是任意选定的，但它们之间却是相互独立的。即是说，三基色中的任何一种光色无法通过另外两种以任何比例、任何方式加色混合而得到。实验证明，大多数光色都可以由三基色的三种光色以适当比例加色混合而得到。二次色光也是由三基色光中的任意两种基色光复合而成的。三基色光复合，成为白色光，显然，任何一种二次色光再与原来缺少的那种基色光加色混合，也会得到白色光。即：

绯红色光＋绿色光────➤白色光

浅蓝色光＋红色光────➤白色光

黄色光＋蓝色光────➤白色光

加色混合的两种光色称为光的"互补色"，如黄色光称为蓝色光的补色光。同理，蓝色光也称为黄色光的补色光等。

白色光，在色度学中指的是等能量白光，即在 380～780nm 范围内，能量分布是常数。

光色是指光源的颜色。照明光源中荧光灯的四种光色是日光色（记为 D）、冷白光色（记为 CW）、白光色（记为 W）和缓白光色（记为 WW）。

（2）色度图与色坐标　　1931 年国际照明委员会（Commision International de l'Eclairage）根据人眼对照明光源各波长的感光能力，对不同光色以数学量化的方式，通过坐标系变换，在一个直角坐标系中绘制出一幅马蹄形（或视为舌形）区域图，用数值表示出光的颜色，即光色。此图称为 CIE 色度图（C.I.E Chronicity diagram）（图 1-5）。

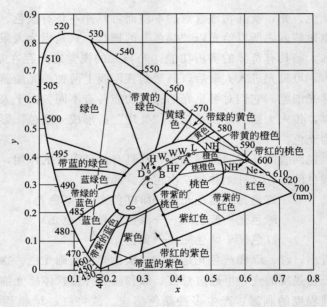

图 1-5　色度图

从色度图上可以获得如下许多光色的信息。

① 光色。舌形曲线称为光谱轨迹（spectrum locus）。曲线上任意一点都可表示出该光源的一波长位置，即是一种光的颜色。

② 连接 380～780nm 的直线，称为非光谱轨迹，也称为纯紫轨迹。

③ 色坐标。在舌形弧线与直线（光谱轨迹）封闭的舌形区域内任意一点都表示一种不饱和的光颜色，确定该点的横坐标（x）值与纵坐标（y）值，即确定了该点在色度图上所处位置。通过与标准照明光源所在色度图上的位置即（x，y）作直线，就可求得被测光颜色的纯度和主波长，进而可知互补主波长（图 1-6）。白光的色坐标为 $x=0.33$，$y=0.33$。主波长是一种光谱色的波长。如图 1-6 所示，由 "CIE 照明 C" 坐标点向 "样品 1" 坐标点作直线，并延长至与光谱轨迹相交，其交点的光谱色波长即是样品 1 的主波长。如果，"CIE 照明 C" 坐标点与样品坐

标点相连直线的延长线,与非光谱轨迹(纯紫轨迹)相交,则无主波长。即由"CIE 照明 C"坐标点与非光谱轨迹两端点连线形成的三角区内样品无主波长。这种情况下,需引入"互补主波长"或称"补色波长"概念。所谓互补主波长,也是一种光谱色的波长。如图 1-6 所示,由"样品 2"坐标点向"CIE 照明 C"坐标点作直线,并延长至与光谱轨迹相交,其交点的光谱色波长即是样品 2 的补色波长。色纯度是样品光色与主波长光谱色接近程度。

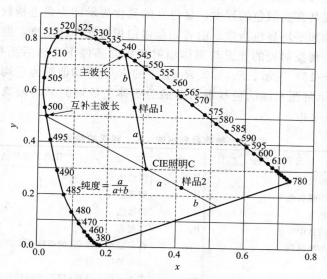

图 1-6 光色互补的 CIE 色度图

④ 发光率。即是色度图上反映出来的发光强度(或亮度),换言之,色坐标的纵坐标 y 值可体现出视觉上的亮度大小。显然,绿色与黄色比红色与蓝色具有更高发光率。

⑤ 显色性。光源能使被照射物体呈现出其真实颜色的程度称为该光源显色性。太阳光照射下物体才能显现出最真实颜色。显色性定量化表示称为显色指数,而显色指数求得需由 CIE 色度图上算出色差值。因此,色度图是获取显色性信息的基础。

⑥ 黑体曲线。是指在 CIE 色度图上的白色区域内的一条弧线,也称为布朗克轨迹(Brank locus)。由这条曲线可获取某光源的色温度值,即色温,是一种衡量色光的尺度。

⑦ 光源标准。色度图上在白色区域内黑体曲线附近标示出若干点,这些点代表某些标准光源(如 A、B、C 表示标准照明光源的色坐标;D 表示日光灯)和一些常用灯照明光源的色坐标位置(如 H 表示高压汞灯;W 表示白色日光灯;L 表示一般照明灯;HF 表示白色高压汞灯;M 表示金属卤素灯)。

⑧ 色度图上常常在舌形区域内还画出一个包含有白色区在内的三角形,这个

三角形区域内的坐标点表示出三基色相加所能得到的颜色，三角形外的点表示三基色中必须有一个是负值才能组成的颜色。

色度图在发光材料研究中对表征光色特性很有意义。例如，研究色坐标并在此基础上选择补色波长，或光源确定后确定色温等。在色坐标数据基础上调节色纯度选择补色波长时十分有用。

（3）显色性与显色指数　如上所述，显色性是针对某一光源而言的，即指光源使被照物体显现其真实颜色的程度。显色性的量化表示即为显色指数。显色指数分为特殊显色指数和平均显色指数。前者，是以白炽灯光源作基准，照射某种特定颜色的物体将其所得反射光的光谱与黑体辐射源相同条件下比较后而得出的。以 R_i（$i=1\sim14$ 或 $1\sim15$）表示。$R_{1\sim14}$ 或 $R_{1\sim15}$ 中的 $R_{1\sim8}$ 平均值则为平均显色指数，以 R_a 表示（即表示待测光源的色显现对参照照明体色显现的平均偏离）。$R_{1\sim15}$ 的具体颜色列于表 1-2 中。

表 1-2　特殊显色指数（R_i）对应的颜色

R_i	日光下的颜色	R_i	日光下的颜色
R_1	带灰色的浅红色	R_9	深红色
R_2	带灰色的暗黄色	R_{10}	深黄色
R_3	深黄绿色	R_{11}	深绿色
R_4	带黄色的适中绿色	R_{12}	深蓝色
R_5	带蓝色的浅绿色	R_{13}	西方白种人肤色（偏指欧美女性面部肤色）
R_6	淡蓝色	R_{14}	适中的橄榄绿色
R_7	淡紫色	R_{15}	东方黄种人肤色（偏指中国和日本女性面部肤色）
R_8	带红色的淡紫色		

黑体辐射源（如白炽灯）的 $R_a=100$，一般有：$R_i=100-4.6\Delta E_i$（ΔE_i 为色差值，由色度图求得）；$R_a=100-4.6\Delta E_a$（ΔE_a 为色差值的平均值）。

$R_a=0$ 即意味着是单一谱线发射的光源照射物体的情况。因为线光源照射物体不能呈现出物体本身的真实颜色。这种单一谱线无论位于可见区哪一波长上，显色指数都是零。即表明待测光源（线光源）和标准光源照在同一物体上其色差值很大。

显色指数与显色性的评价见表 1-3。

表 1-3　显色指数与显色性的评价

R_a	等　级	评　价	应　用　场　所
90～100	1A	优良	1A 色彩精确对比，检核
80～89	1B		1B 取表观良好色彩
60～79	2	普通	中等显色性场所
40～59	3		色差不可过大
20～39	4	较差	色彩色差要求不高

（4）色温与相关色温　色温，即颜色温度，是光色的一种标度。黑体物质受热时，随温度上升，其颜色由深红变浅红，再变橙黄，再变白，再变蓝白，直至变为蓝色。如果某一光源的光色与黑体的光色相同，则此时的黑体的热力学温度就令其为该光源的色温，单位为 K。表 1-4 是黑体的色坐标（色温与色坐标）以及几种灯的色温与色坐标。

表 1-4（a）　黑体的色坐标（色温与色坐标）

黑体温度	色　坐　标		黑体温度	色　坐　标	
（T）/K	x	y	（T）/K	x	y
500	0.721	0.297	5000	0.345	0.351
1000	0.652	0.345	6000	0.322	0.331
1500	0.586	0.393	7000	0.306	0.316
1800	0.549	0.408	10000	0.280	0.288
2000	0.526	0.413	24000	0.250	0.253
2300	0.495	0.415	∞	0.240	0.234

表 1-4（b）　几种灯的色温与色坐标

灯	x	y	CCT/K
日光灯	0.310	0.316	6500
冷白光灯	0.372	0.374	4200
白炽灯	0.448	0.408	2800

不同色温的环境中，人的感觉是不一样的。色温是考量人对某种光源发出的光的适应程度，表 1-5 是色温（黑体温度）、光色与感觉。

表 1-5　色温（黑体温度）、光色与感觉

黑体温度/K	光　色	感　觉
室温	黑	
800	红	温暖
3000	白	
4000	白	居中
5000	冷白	
8000	蓝白	清冷
60000	深蓝	

通常，实际应用中使用相关色温（CCT）。这是因为在实用化照明光源中只有白炽灯具有的连续发光光谱和黑体的光谱分布最接近，灯的色坐标值可落在黑体轨迹上或附近，由色坐标值来确定灯的色温。其他类型的照明光源的发光光谱即使是连续谱，也和黑体的发光光谱不一致，有的甚至偏离黑体轨迹。因此引入"相关色温"概念，即在色度图上某一照明光源的色坐标到黑体轨迹线上的最近距离所对应的黑体温度，就称其为该光源的相关色温。但必须注意到，由照明光源的某一色坐标到黑体轨迹的最近距离，并不是从这点向黑体轨迹作垂线，而是一条有一定角度的斜线。与黑体轨迹相交的系列斜线称为等相关色温，每条线上的色坐标值尽管不同，而相关色温却是相同的，都等于该斜线与黑体轨迹交点上所对应的黑体温度。以荧光灯为例，用

相关色温表示光色主要有：日光（D）6500K；冷白光（CW）4200K；白色光（W）3000～3450K；暖白光（WW）2850K。色温对于光源来说其意义在于可反映照明环境和营造出的氛围令人适应程度及使人感觉舒适程度，可观察出物体在光源照射下所呈现出的颜色变化。表1-6是某些光源的相关色温、显色指数与光效。

表1-6　某些光源的相关色温、显色指数与光效

光　　源	相关色温/K	显色指数(R_a)	发光效率/(lm/W)
蓝天	15000～20000		
云天	6500		
日光灯	6500	70～80	80
冷白光灯	4200		
卤素白炽灯	3000	65～70	80～130
普通白炽灯	2800	＞95	15
高压钠灯	2000		
烛(焰)光	2000		

1.2.3　影响发光特性的主要因素

　　发光特性的影响因素是多方面的，包括物理因素和化学因素，也包括外界因素和内在因素。例如基质组成结构、原料纯度、合成条件以及杂质含量等。这些因素控制不当，往往会因浓度猝灭或温度猝灭等原因引起发光强度下降或其他发光特性劣化。

1.2.3.1　基质组成与晶体结构

　　基质是晶体化合物。所谓晶体是指原子在空间具有周期性排列的固体物质，外观上呈现出明显晶型的晶体称单晶。而外观上晶型不明显，只能在显微镜下才能看得出的小晶体集合体称多晶。实际晶体中格点排列是错乱的，晶格不完整，也称晶格缺陷（缺陷分为点缺陷、线缺陷、面缺陷等）。研究较多的是点缺陷，即指晶体格点上先失去原子或离子后的空位，以及在正常格点上间隙填入原子或离子形成的填隙原子。由空位形成的点缺陷称为肖特基缺陷，另外当格点上的原子或离子移动到晶格间隙位置，会产生新的空位和填隙原子或离子对，这类缺陷称为弗兰克尔缺陷。基质化合物基本是多晶体系，都具有缺陷。缺陷性质与发光性能密切相关。

　　基质的化学组成改变往往会使发射波长有规律移动。例如，在 $Sr_{1-x}Ba_xAl_{12}O_{19}$：$Eu^{2+}$ 中 Eu^{2+} 的发射波长随 x 值增大逐渐向长波移动，而在 $Sr_{1-x}Ba_xAl_2O_4$：Eu^{2+} 中，随 x 值增大发射波长却向短波方向移动；又如在 Eu^{2+} 掺杂的 M_3SiO_3、$MAl_{12}O_{19}$ 及 MAl_2O_4（M＝Ca，Sr，Ba）中，Eu^{2+} 的最强发射带最强谱峰随碱土金属离子半径增大而向长波方向移动，而在 Eu^{2+} 掺杂的 M_3MgSiO_5 及 $MBPO_5$（M＝Ca，Sr，Ba）中随碱土金属离子半径增大，发射波长却向短波方向移动（图1-7）。在 $AMPO_4$：Eu^{2+}（A＝Li，Na，K；M＝Ca，Sr，Ba）中，当 M＝Sr，Ba 时，Eu^{2+} 的发射波长随碱土金属离子半径增大向短波方向移动；但当 M＝Ca 时，不存在这种规律性变化（图1-8）。

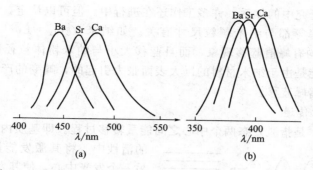

图 1-7　M_3MgSiO_5：Eu^{2+} 和 $MBPO_5$：Eu^{2+}（M＝Ca，Sr，Ba）
中 Eu^{2+} 发射带最强谱峰随 M 改变产生的变化规律
（a）M_3MgSiO_5：Eu^{2+}；（b）$MBPO_5$：Eu^{2+}

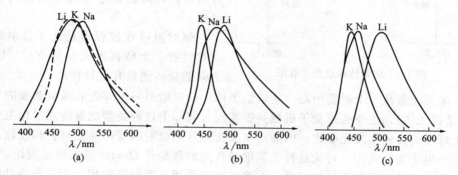

图 1-8　$AMPO_4$：Eu^{2+}（A＝Li，Na，K；M＝Ca，Sr，Ba）中
Eu^{2+} 发射带最强谱峰随 M 改变产生的变化规律
（a）$ACaPO_4$（A＝Li，Na，K）；（b）$ASrPO_4$（A＝Li，Na，K）；
（c）$ABaPO_4$（A＝Li，Na，K）

　　发射光谱的光谱结构（形状、劈裂等）、最强谱峰及其移动，主要取决于基质化合物的组成或结构。例如，Eu^{2+} 在 BaF_2 中呈带状发射，而在同构的 $BaCl_2$ 中，发射光谱则由带状和线状发射共同组成。又如，Eu^{2+} 在 α-KLu_3F_{10}（立方）中呈线状发射，在 γ-KLu_3F_{10}（正方）中呈带状发射，而在 β-KLu_3F_{10}（六方）中则线状发射与带状发射共存；Eu^{2+} 在 $KCaF_3$ 中呈带状发射，而在同构的 $KMgF_3$ 中却是线状发射，因在 $KCaF_3$ 中 Eu^{2+} 占据 Ca^{2+} 格位而在 $KMgF_3$ 中 Eu^{2+} 占据 K^+ 格位。

　　基质组成对发光的影响是决定性的，其组成的任何变化都可能导致基质吸收的改变，从而改变能量传递过程。这种影响包括：①改变激活离子的能级结构；②影响跃迁概率。因此不同基质中同一稀土离子的发射光谱的分布和强度都会有很大差别。因为发光过程实质上就是从基质到激活剂能量传递过程。特别是稀土离子发光，直接激发稀土离子的概率很小。

　　纳米发光材料在考察其结构特性对发光影响时，必须认识到这是一类仍有许多基础问题尚待研究中的体系。许多工作还在进行中。但可以认定，发射波长、荧光寿命、发光效率等都与纳米颗粒尺寸有关。如纳米 Y_2O_3：Eu^{3+} 及纳米 YAG：Ce^{3+} 的光谱中均有峰值蓝移现象，而且蓝移大小与纳米粉体粒径尺寸有关。晶格产生畸变，可能是由于纳米材料的巨大表面张力引起的，畸变的产生，又通过晶体场作用造成了谱峰蓝移。

1.2.3.2　能量传递

　　能量传递，是指激发态两个中心之间能量转移过程。即基质内一个处于激发态

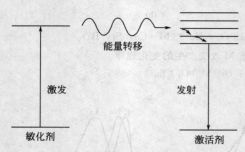

图 1-9　能量传递过程示意图

的活性中心将其激发能量转移给邻近的另一个发光中心，使其发光增强。图 1-9 为能量传递过程示意图。

　　灯用发光材料的能量传递过程大体有两种，即共振能量传递和辐射再吸收过程。

　　辐射再吸收过程即是光子发射后再次被吸收。上转换发光材料 Yb^{3+}-Er^{3+} 之间能量传递具有这种特征。

　　激发能量从一个激发中心（能量给予体）传递给另一个邻近的未被激发的中心（能量接受体），主要通过量子机械共振实现。实际上这种类型能量传递过程主要是用于灯用荧光体中发光敏化。因为这类荧光体与阴极射线管用荧光材料相比较，可移动的电子与空穴少。讨论这种类型能量传递的理论是 Dexter 共振传递理论。

　　共振传递包括如下三种情况：①多极相互作用；②交换作用；③声子协助能量传递。前两种情况指的是能量给予体发射光谱与能量接受体激发光谱有部分重叠。第三种情况，是能量给予体与能量接受体光谱之间不能很好地满足共振条件时产生的。

　　所谓共振状态即是指能量给予体中心（如敏化离子）与能量接受体中心（如激活离子）二者的激发态与基态能量差是相同的，而且两者之间存在相互作用（交换作用或多极作用）。共振状态在光谱相关性上可看成是能量给予体发射光谱与能量接受体激发（或吸收）光谱两者相互重叠（图 1-10）。敏化剂（S）→激活剂（A）之间供给能量传递概率可表示为：

$$P_{AS} = \frac{2\pi}{\hbar} |\langle S, A^* | H_{SA} | S^*, A \rangle|^2 \int g_S(E) g_A(E) dE$$

　　式中，矩阵部分表示始态 $|\langle S^*, A \rangle$ 与终态 $|\langle S, A^* \rangle$ 之间相互作用；H_{SA} 表示相互作用的哈密顿函数；积分项表示图 1-10 中光谱重叠的部分。

1.2.3.3　浓度猝灭

　　发射强度降低至某个值时的激活剂浓度称为该荧光体的发光猝灭浓度。这一现象称浓度猝灭。发光强度最大时激活剂浓度又称临界浓度。超过这一浓度值，发射强度开始下降，所以这一值是发射强度最强的最佳浓度值。

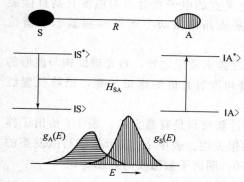

图 1-10　共振能量传递过程示意图

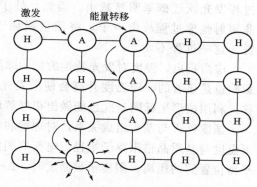

图 1-11　浓度猝灭过程示意图

浓度猝灭可能的起因如下：

① 由于激活离子之间交叉弛豫引起发射能级的激发能量损耗（交叉弛豫即指相同元素原子或离子之间的共振能量传递）；

② 因激活离子之间共振产生的激发移动随浓度增大而增强，致使晶体表面起到一个猝灭中心的作用；

③ 激活离子结对或凝结，并变成猝灭中心。

浓度猝灭，其本质是杂质猝灭引起的发射强度下降。荧光体中相同的激活离子所处的激发能态都是相同的，当激活剂浓度增加时，这些能态会足够近地靠拢，因此极易发生能态间的能量转移。这种迅速广泛的能量传递结果，使能量通过猝灭杂质中心消耗于基质晶格振动中，导致发光强度下降。图 1-11 是浓度猝灭过程示意图。

1.2.3.4　温度猝灭

超过一定温度发光强度会迅速下降，这一现象称为温度猝灭。这一温度称为临界温度。温度猝灭可解释为：温度升高声子能量增高，跃迁概率下降，吸收强度降低，发射过程中处于激发态的电子放出声子弛豫到较低能级，发射强度降低。位形坐标图可以清楚地说明这一过程：如图 1-12 所示，由于激发态位能曲线与基态位能曲线的平衡位置 R_0 和 R' 不同，而且由于激发态电子的运动轨迹加大，激发态化学键合能力变弱，使激发态位能曲线曲率变小，抛物线变平坦。两条抛物线会有相互交叉的可能。当温度升高，激发态电子便处于交叉点。于是电子便经由非辐射弛豫过程返回基态，再经由晶格弛豫达到基态平衡点。这一

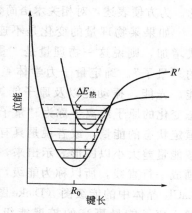

图 1-12　温度猝灭过程
的位形坐标图

过程发光跃迁概率明显减小。当然，处于交叉点的电子也会因为温度升高直接经非辐射弛豫过程放出声子，将能量损耗于基质晶格振动中而返回到基态平衡位置，这一过程不发光。

应当指出，温度对发光特性的影响除温度猝灭效应之外，对光谱结构与波形的影响也是显著的，即温度升高会使激发光谱和发射光谱的谱带加宽，谱峰位置红移。利用位形坐标图对此也能做出很好解释。

温度猝灭与基质组成关系，对理解和设计新材料是有意义的。表 1-7 给出了猝灭温度与基质晶格阳离子半径、电荷之间的相关性。表中 Δr 表示基态与激发态的平衡位置间的距离。阳离子被激发时，$\Delta r < 0$；阴离子被激发时，$\Delta r > 0$。

表 1-7　猝灭温度（T_q）与基质晶格阳离子半径、电荷之间的关系

阳离子半径（或电荷）	$\Delta r < 0$（阳离子激发）（如 Tl^+、Eu^{2+}、Ce^{3+}）	$\Delta r > 0$（阴离子激发）（如 Eu^{3+}、VO_4^{3-}）
激活离子＞基质晶格离子	T_q 低	T_q 高
激活离子＜基质晶格离子	T_q 高	T_q 低
中心邻近阳离子半径小而电荷高	T_q 高	T_q 高
中心邻近阳离子半径大而电荷低	T_q 低	T_q 低

1.3　解释发光过程常用的主要理论

1.3.1　晶体场理论

晶体场是指晶体内在所研究的某种原子或离子的电子中起作用的力场。晶体场理论是通过晶体场对称性及场强度处理原子或离子中电子的量子状态（能级等）变化的理论。如果在晶体场理论中常用分子轨道理论处理问题则又称配位场理论，常用于配合物发光研究。在晶体场理论甚至发光学研究中总是要用到能级、量子等概念。为方便表述，对相关术语简介如下。

如果某物理量的变化是不连续的，而是以某一个最小的单位为基础作跳跃式增加，则说这一物理量是"量子化"的。而这一最小单位就称为这一物理量的"量子"。确定量子力学体系恒定状态的一组整数或半整数称为量子数。电能、光能、振动能以及原子能等都是量子化的。通常又将以量子化体现能量状态变化的原子或离子称为"量子体系"。能级是量子体系（原子、分子）中一种恒定状态的能量，或者说是具有一定能量的恒定状态。因为是把各个能量状态要按能量差大小以图形表示出来，于是就把能量差用高度差值成比例地表示出来并画成平行直线，所以称为能级，这种图形称为能级图。图 1-13(a) 是稀土离子在 $LaCl_3$ 晶体中的能级图（Dieke 图），图 1-13(b) 是根据光谱计算结果给出的某些稀土离子能量更高的扩展能级图。一条线代表一个能级，在光谱上以光谱项表示。

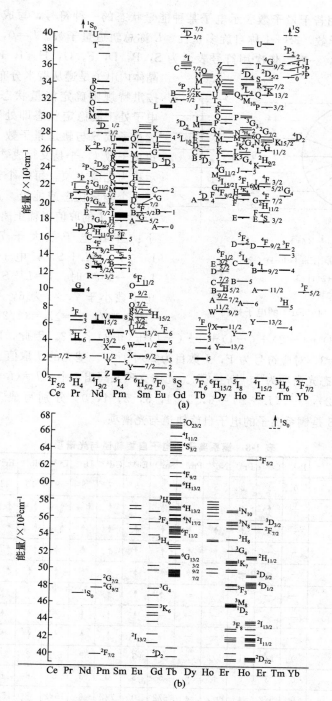

图 1-13　LaCl₃ 晶体中稀土离子的能级图及扩展能级图

（a）能级图；（b）扩展能级图

光谱项是用若干量子数表示电子某种能量状态的一种符号，写成^{2S+1}L。其中，S 称总自旋量子数，$2S+1$ 称自旋多重性。L 称总轨道量子数。$L=0$，1，2，3，4，5，6，7，8，9，…时，依次用符号表示为 S，P，D，F，G，H，I，K，L，M，…

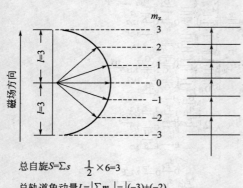

$$总自旋 S=\sum s \quad \frac{1}{2}\times 6=3$$
$$总轨道角动量 L=|\sum m_z|=|(-3)+(-2)$$
$$+(-1)+(0)+2+1|=3$$
$$J=|L-S|=|3-3|=0$$

图 1-14 Eu^{3+} 的电子排列

晶体内电子是遵从费米分布占据各能级，按洪特规则确定能量状态或能级高低。电子处于最稳定状态即处于基态时，自旋量子数 S 与轨道量子数 L 混合得到总角量子数 J，于是又写成$^{2S+1}L_J$。此项表示称为光谱支项。每一个光谱支项相当于一个能量状态或能级。J 的数目为 $2S+1$ 个。J 的取值以稀土离子为例说明如下：当 4f 电子数大于 7，即 $Tb^{3+}\rightarrow Lu^{3+}$，$J=L+S$，4f 电子数小于 7，即 $La^{3+}\rightarrow Eu^{3+}$ 时，$J=L-S$。如 Eu^{3+}，4f 电子数小于 7，4f 为 6，平行自旋排列（图 1-14）。$S=\sum s=(1/2)\times 6=3$，$L=|\sum m_z|=|(-3)+(-2)+(-1)+0+(+1)+(+2)|=3$。因此，$Eu^{3+}$，$S=3$，$2S+1=7$，$L=3$，对应符号为 F，$J$ 数目为 $2S+1=7$。基态的 J 取值 $J=L-S=3-3=0$。Eu^{3+} 基态光谱项为$^{2S+1}L_J=^7F_0$。光谱支项共写出 7 个：$J=(L+S)$，$(L+S-1)$，$(L+S-2)$，…，$(L-S)=6$，5，4，3，2，1，0。分别写成$^7F_6$，$^7F_5$，$^7F_4$，…，$^7F_0$。表 1-8 是镧系离子的电子自旋轨道与光谱项。

表 1-8 镧系离子的电子自旋轨道与光谱项

镧系离子	La^{3+}	Ce^{3+}	Pr^{3+}	Nd^{3+}	Pm^{3+}	Sm^{3+}	Eu^{3+}	Gd^{3+}	Tb^{3+}	Dy^{3+}	Ho^{3+}	Er^{3+}	Tm^{3+}	Yb^{3+}	Lu^{3+}
m_z	0	1	2	3	4	5	6	7	8	9	10	11	12	13	14
3	−	↑	↑	↑	↑	↑	↑	↑	↑↓	↑↓	↑↓	↑↓	↑↓	↑↓	↑↓
2	−	−	↑	↑	↑	↑	↑	↑	↑	↑↓	↑↓	↑↓	↑↓	↑↓	↑↓
1	−	−	−	↑	↑	↑	↑	↑	↑	↑	↑↓	↑↓	↑↓	↑↓	↑↓
0	−	−	−	−	↑	↑	↑	↑	↑	↑	↑	↑↓	↑↓	↑↓	↑↓
−1	−	−	−	−	−	↑	↑	↑	↑	↑	↑	↑	↑↓	↑↓	↑↓
−2	−	−	−	−	−	−	↑	↑	↑	↑	↑	↑	↑	↑↓	↑↓
−3	−	−	−	−	−	−	−	↑	↑	↑	↑	↑	↑	↑	↑↓
$S=\sum s$	0	1/2	1	3/2	2	5/2	3	7/2	3	5/2	2	3/2	1	1/2	0
$L=\sum m_z$	0	3	5	6	6	5	3	0	3	5	6	6	5	3	0
$J=|L\pm S|$	0	5/2	4	9/2	4	5/2	0	7/2	6	15/2	8	15/2	6	7/2	0
基态光谱项	$^1S_0$	$^2F_{5/2}$	$^3H_4$	$^4I_{9/2}$	$^5I_4$	$^6H_{5/2}$	$^7F_0$	$^8S_{7/2}$	$^7F_6$	$^6H_{15/2}$	$^5I_8$	$^4I_{15/2}$	$^3H_6$	$^2F_{7/2}$	$^1S_0$

　　能级之间电子跃迁（一个量子体系因某种外界摄动，从一个稳定状态到另一个稳定状态的移动，即是电子因激发，从一个能级向另一个能级转移的过程）中，电偶极跃迁容易发生，其次是磁偶极跃迁，困难的是电四极跃迁。如前面所述，电子跃迁要符合某些选择定则。

　　关于晶体场理论的描述、晶体场理论的运用，许多情况下，都是以点电荷模型为基础考察晶体或配合物中能级的劈裂情况。

　　（1）3d 过渡金属离子　哈密顿算符写成：$H = H_0 + H_{CF} + H_C + H_{CO}$。

　　3d 电子裸露在外层，对晶体场环境敏感。在处理上首先考虑 d 轨道近似地受八面体或四面体对称的晶体场影响。对单电子（$3d^1$）而言，八面体对称晶体（Oh）中，晶体场将五重简并的 d 轨道劈裂为二重简并的 e_g 和三重简并的 t_{2g}。e_g 和 t_{2g} 之间距离为 $10D_q$（e_g 和 t_{2g} 是群论中对称性符号，实际上在晶体场理论中分别采用 dr 和 dε，而 e 和 t_2 是分子轨道理论中用的术语，g 是指对八面体的中心呈对称性）。

$$10D_q = \left(\frac{5}{3}\right)\left(\frac{2}{21}\right)^{3/2} B_4$$

　　式中，B_4 为晶体场参数；$10D_q$ 为八面体晶体场强度参数。

$$D = \frac{35Ze}{4R}, \quad q = \frac{2e}{10^5 \int |R_{3d}(r)|^2 r_d^4}$$

　　式中，R 为阴离子位置；3d 电子的 R_{3d} 为阴离子位置；r 为电子的坐标位置；Z 为阴离子价态；e 为电荷。

　　每种离子 ^{2S+1}L 谱项间距离依赖于 D_q 和 B。在八面体中 ^{2S+1}L 谱项劈裂为多重性。计算得知，$E_{e_g} = +6D_q$，$E_{t_{2g}} = -4D_q$，表明八面体场中，d 轨道分裂结果是 e_g 轨道能量上升了 $6D_q$，t_{2g} 轨道能量下降了 $4D_q$ [图 1-15(a)]。

　　四面体对称晶体（D_{4h}）中，由于对称性降低，电子云分布在不同方向，受到晶体场作用强弱不同，呈现出能量差别。因此，与八面体对称晶体中情况相比，能级更易劈裂。只不过与八面体场中情况相反，相同条件下，正四面体晶体场中 d 轨道能量分裂的间隔只是八面体场中的 4/9 倍。e 轨道能量下降了 $2.67D_q$，t_2 上升了 $1.78D_q$ [图 1-15(b)]。

　　多电子（$3d^n$）的晶体场，在强晶体场中，d^n 电子的配置能态由 t 和 e 轨道电子数决定，邻近两个能级间的差为 $10D_q$。当晶体场强度降低时，处理电子运动行为需要考虑能级之间相互作用的影响。当晶体场强度再下降，下降到比能级之间相互作用能量还低时，d^n 电子配置能态便不决定于 t 和 e 轨道电子数，而是由轨道总角动量 L 和自旋总角动量 S 决定。当 $10D_q = 0$ 时，能级谱项表示为 ^{2S+1}L，其简并度为 $2S+1$，$2L+1$。当 $L = 0, 1, 2, 3, 4, 5, \cdots$ 时，分别用 S, P, D, F, G, H, $\cdots$ 表示。如 d^2 电子构型离子有 ^1S、^1G、^3P、^1D、^3F 能级。一般来说，D_q（二价离子）$= 1000 \text{cm}^{-1}$，D_q（三价离子）$= 2000 \text{cm}^{-1}$，某一固定金属离子，不同配体的 D_q 值排列次序为：

$$I^- < Br^- < Cl^- \approx SCN^- < F^- < H_2O < NH_3 < NO_2^- < CN^-$$

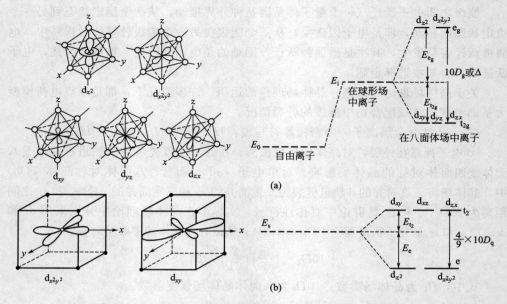

图 1-15　八面体对称和四面体对称 d 轨道劈裂与能量变化
(a) 八面体对称；(b) 四面体对称

此排列次序称为光谱化学序列。

晶体场理论处理 3d 过渡金属离子发光中心特性时，还必须注意到自旋-轨道相互作用。因为这种作用对光谱劈裂和跃迁概率都有直接影响。

（2）4f 过渡金属离子　对稀土离子而言有两种情况，即 $4f^n$ 组态与 $4f^{n-1}5d$ 组态能级结构。

$4f^n$ 组态的晶体场对发光中心作用的哈密顿算符写成：$H_{CF} = \sum_{kg \to i} B_{kg}(r) C_q^{(k)}(i)$。式中，$i$ 为电子下标；B_{kg} 为晶体场参数。晶体场使 $^{2S+1}L_J$ 能级劈裂为若干 Stark 能级（Stark 能级：电场中光谱劈裂的能级）。

不同 $^{2S+1}L_J$ 谱项中属于晶体场同一不可约表示的 Stark 能级间 H_{CF} 的矩阵元不为 0，即晶体场可能混杂不同 J（J 混杂），这种混杂进一步"松动"了辐射跃迁的选择定则。例如，Eu^{3+}（$4f^6$）光谱中，$^5D_0 \to {}^7F_0$ 跃迁是禁戒的，但是，在有些对称下，$J=2$ 的能级中有属于恒等表示的 Stark 能级，在晶体场作用下与 $J=0$ 能级混杂，使 $^5D_0 \to {}^7F_0$ 电偶极跃迁变得允许。图 1-16 是 Pr^{3+} 的能级劈裂。

$4f^{n-1}5d$ 组态能级结构比 $4f^n$ 组态复杂，晶体场参数较多，而 $4f^n \to 4f^{n-1}5d$ 吸收和 $4f^{n-1}5d \to 4f^n$ 发射的谱带宽度大，数目可能少于参数的数目，因此目前还不能像 $4f^n$ 组态那样通过拟合光谱数据得到这些参数。

晶体场理论除了说明能级劈裂效应外，还可解释过渡金属络合物的分子或晶体中的八面体构型的变形现象，还可对过渡金属络合物的中心离子半径的变化规律以

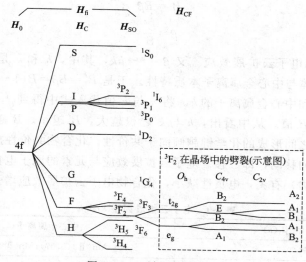

图 1-16　Pr^{3+} 的能级劈裂

及反应活化能高低做出估计与解释。

对 $4f^n \rightarrow 4f^{n-1}5d$ 跃迁吸收和 $4f^{n-1}5d \rightarrow 4f^n$ 跃迁发射来说，除晶体场作用使能级劈裂外，还存在电子云扩展效应。电子云扩展效应使能量下降，发射波长红移。对 $4f^n \rightarrow 4f^n$ 跃迁而言，由于外层 5s5p 电子屏蔽作用，电子云扩展效应不显著。

图 1-17 表示晶体场和电子云扩展效应对 $4f \rightarrow 5d$ 跃迁的影响。

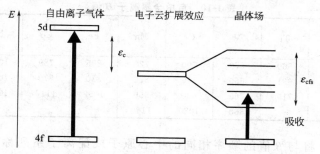

图 1-17　晶体场和电子云扩展效应对 $4f \rightarrow 5d$ 跃迁的影响

① 电子云扩展效应　配离子中电子排斥能小于相应的自由金属离子中电子排斥能，这种现象称为电子云扩展效应 [也称电子云膨胀效应或电子云扩大效应。电子云：在对多电子体系作为单一体系的近似处理过程中，若单电子的波函数设为 ψ_i，电子的电荷 $(-e)$ 便以体积密度 $(-e|\psi_i|^2)$ 分布于空间，电子电荷的这种分布则被称为电子云，或电荷云，或荷电云]。这是由于过渡金属离子中 d 电子未定域性造成的。由于电子云扩展效应存在，晶体中离子的能级劈裂比自由离子状态时还小。设 B 为自由离子的电子排斥参数，B' 为配体离子的电子排斥参数，则有：

$$B' = B\beta$$

或

$$\beta = \frac{B'}{B}$$

式中，β 表示电子云扩展效应。又 $\beta = 1 - hk$，其中，h 和 k 是电子云扩展因子。分别体现配体与中心金属离子本质特性。于是 $B' = B\beta = B(1 - hk)$。表 1-9 给出了配离子的 h 和中心金属离子的 k。将 h 与 k 值代入式中得到 β。表 1-10 给出 B 值，代入可得到 B' 值。从中看出，h 与 k 之积越大，B' 越小。B' 越小，表示金属离子与配体离子之间形成的化学键越倾向于共价性。化合物共价性愈强，光谱谱峰位置愈往长波方向移动，即红移。电子云扩展效应与元素的原子电负性（分子中原子吸引电子的能力）有关，电负性减小，化合物电子云扩展效应增强。

表 1-9　电子云扩展因子 k 和 h

配　体(h)	中心金属离子(k)
F^-(0.8)	Mn(Ⅱ)(0.07)，Mn(Ⅳ)(0.5)
Cl^-(2.0)	V(Ⅱ)(0.10)
Br^-(2.3)	Ni(Ⅱ)(0.12)，Ni(Ⅳ)(0.8)
I^-(2.7)	Mo(Ⅲ)(0.15)
O_x^{2-}(1.5)	Cr(Ⅲ)(0.20) Fe(Ⅲ)(0.24) Co(Ⅲ)(0.33)

表 1-10　自由金属离子 B 值

金属离子 电荷	Ti	V	Cr	Mn	Fe	Co	Ni	Cu
0	560	579	790	720	805	789	1025	—
+1	681	660	710	872	870	879	1038	1218
+2	719	765	830	960	1059	1117	1082	1239
+3	—	860	1030	1140	—	—	—	—

一般来说，将与 β 值的顺序相同的中心原子或配离子系列称为电子云扩展系列。

对于同一金属离子，配离子的系列为：

$F^- < H_2O < NH_2CONH_2 < NH_3 < en \sim C_2O_4^{2-} < NCS^- < Cl^- \sim CN^- < Br^- < I^- < dtp^-$

对于同一配离子，金属离子的系列为：

Mn(Ⅱ)～V(Ⅱ)＜Ni(Ⅱ)～Co(Ⅱ)＜Mo(Ⅲ)＜Re(Ⅳ)～Cr(Ⅲ)＜Fe(Ⅲ)～Os＜Ir(Ⅲ)～Rh(Ⅲ)＜Co(Ⅲ)＜Pt(Ⅱ)～ Mn(Ⅳ)＜Ir(Ⅳ)＜Pt(Ⅳ)

电子云扩展效应产生的原因，通常采用分子轨道理论解释：金属离子 d 轨道在配位场中劈裂成几组能级，与配体的群轨道形成 σ 和 π 分子轨道。π 分子轨道，使金属离子的成键电子可以在配体的较大区域内运动，即产生所谓 d 电子离域现象，从而增大了 d 电子与金属离子核心之间的距离，使 d 电子之间距离也增大，因此，d 电子之间相互作用减弱，结果造成 $B' < B$。

　　② 电荷迁移带　晶体场（配位场）理论处理能级劈裂、能量状态变化时，往往遇到电子云膨胀引起光谱特性改变，如峰值位置移动等。其中，除了上述的电子云扩展效应外，电荷迁移（CT）现象也十分重要。电荷迁移是指电子由配体（如氧或卤素离子）到中心阳离子的转移，电荷迁移形成的吸收带称为电荷迁移带（CTB）。电荷迁移带红移，产生于两种情况下：a. 配体的元素电负性减小，吸收能量降低；b. 氧化数相同的中心阳离子，价态升高吸收能量降低。电荷迁移态（CTS）的形成及电荷迁移带红移会使吸收带宽化，甚至可提高发光效率。表 1-11 给出了某些 Ln^{3+} 的电荷迁移吸收能量。

表 1-11　某些镧系离子（Ln^{3+}）掺杂的化合物的 CT 吸收带能量 E_{Ln}^{CT} 和带宽 Γ_{Ln}^{CT}

单位：eV

化合物	E_{Sm}^{CT}	Γ_{Sm}^{CT} (298K)	E_{Eu}^{CT}	Γ_{Eu}^{CT} (298K)	E_{Dy}^{CT}	E_{Er}^{CT}	E_{Tm}^{CT}	E_{Yb}^{CT}	Γ_{Yb}^{CT} (298K)
CaF_2	—	—	8.18	0.64 (77K)	—	—	—	8.61	0.64
$LiCaAlF_6$	—	—	8.08	—	—	—	10.00	—	—
acetonitrile-$(LnCl_6)^{3-}$	5.34	—	4.12	—	—	—	—	4.55	—
$LaCl_3$	4.49	—	—	—	5.28	5.60	—	—	—
$LnCl_3$	4.61	—	3.47	—	—	—	—	—	—
ethanol-$(LnBr_6)^{3-}$	4.98	—	3.88	—	—	—	5.51	4.40	—
acetonitrile-$(LnBr_6)^{3-}$	4.34	—	3.03	—	—	—	4.77	3.63	—
$LnBr_3$	4.28	—	3.22	—	—	—	—	—	—
$[(C_6H_5)_3PH]_3LnI_6$	3.08	—	1.84	0.51	—	—	3.48	2.21	—
$Mg_3F_3BO_3$	5.39	0.56	4.26	0.60	—	—	—	—	—
$LnOCl$	5.77	—	4.59	—	—	—	—	—	—
$YOCl$	5.64	0.85	4.40	1.06	—	—	—	—	—
$LaOBr$	5.17	—	4.03	0.78	—	—	5.59	4.66	—
$LnOBr$	5.51	—	4.48	—	—	—	—	—	—
$YOBr$	5.44	—	4.29	—	—	—	—	—	—
$LaOI$	4.77	0.74	3.70	1.20	—	—	5.17	—	—
$CaSO_4$	5.59	1.03	4.68	0.52	—	—	—	—	—
$Ln_2(SO_4)_3$	6.20	0.93	5.23	1.24	—	—	—	—	—
$Sr_3(PO_4)_2$	6.11	1.23	5.41	0.99	—	—	—	—	—
$LaPO_4$	6.11	0.81	4.48	0.95	7.08	—	6.63	5.35	0.86

续表

化合物	E_{Sm}^{CT}	Γ_{Sm}^{CT} (298K)	E_{Eu}^{CT}	Γ_{Eu}^{CT} (298K)	E_{Dy}^{CT}	E_{Er}^{CT}	E_{Tm}^{CT}	E_{Yb}^{CT}	Γ_{Yb}^{CT} (298K)
$LnPO_4$	6.49	—	5.34	—	—	—	—	—	—
YPO_4	6.95	0.69 (6K)	5.66	0.81	7.65	—	7.25	5.96	0.68
$LuPO_4$	—	—	5.74	—	—	—	—	6.08	0.68
$ScPO_4$	—	—	6.05	—	—	—	—	6.39	0.64 (10K)
$Ln_2(CO_3)_3 \cdot 3H_2O$	6.46	—	5.23	—	—	—	—	—	—
$Ln_2(SO_4)_3 \cdot 8H_2O$	6.24	—	5.17	—	—	—	—	—	—
$GdAl_3(BO_3)_4$	6.20	—	4.88	0.82	—	—	—	—	—
$LnBO_3$	6.36	—	5.51	—	—	—	—	—	—
YBO_3	—	—	5.64	1.34	—	—	—	5.74	—
$LuBO_3$	—	—	5.37	1.24	—	—	—	5.90	—
$CaBPO_5$	6.53	1.42	5.06	1.05	—	—	—	—	—
$YAlO_3$	—	—	—	—	—	—	—	5.63	1.77 (9K)
$LaAlO_3$	5.17	—	4.00	1.09	—	—	—	5.08	—
$GdAlO_3$	5.77	—	4.73	0.40 (80K)	—	—	—	—	—
$Y_3Al_5O_{12}$	—	—	5.54	—	—	—	—	5.79	0.66 (10K)
$Y_3Ga_5O_{12}$	—	—	5.28	—	—	—	—	5.54	0.67 (9K)
$Lu_3Al_5O_{12}$	—	—	—	—	—	—	—	5.99	—
$NaLaO_2$	—	—	4.58	—	—	—	—	4.73	—
$Lu_2YbAl_5O_{12}$	—	—	—	—	—	—	—	5.39	—
$LiLaO_2$	—	—	4.53	—	—	—	—	4.92	—
$SrLa_2BeO_5$	5.06	—	3.88	0.61 (10K)	—	—	—	—	—
$C\text{-}Y_2O_3$	—	—	5.06	0.93	—	—	—	5.46	0.63 (10K)
$LiYO_2$	—	—	5.17	1.18	—	—	—	5.79	—
$NaScO_2$	—	—	5.51	—	—	—	—	5.96	—
$LiScO_2$	—	—	5.56	—	—	—	—	6.02	0.62 (10K)
La_2O_2S	4.64	0.62	3.57	—	—	—	—	4.08	0.5 (80K)
Y_2O_2S	4.79	0.62	3.60	0.52	—	—	—	4.01	0.5 (80K)
CaS	3.54	—	2.21	—	—	—	—	—	—
$CaGa_2S_4$	3.09	—	—	—	—	—	3.29	—	—

1.3.2　能带理论

　　能带是晶体内电子的量子状态的能级结构，即是晶体内原子间相互作用使原子能级产生改变，形成许多相近能级构成的整体能级。它们在能量坐标上占有一定宽度，称为电子能带或简称能带。能带论是理解晶体内与电子存在状态和运动行为有关现象的基础。

　　晶体的能带分价带、禁带和导带。被原子束缚电子占据的低能量的电子离域态称为价带，未被电子占据的高能态称为导带。通常在具有晶体对称性的材料（如岩盐、闪锌矿或纤维锌矿结构）中在价带顶（被占据的带的最高状态）与导带底（未被占据的带的最低状态）之间不存在电子态。这一区域被称为带隙或称为禁带。因这一区域内电子不能滞留。简言之，处于基态时的电子占据价带，被激发后的电子跃迁到导带。能带理论在处理荧光体发光过程中，常常遇到晶体缺陷或色心问题（晶体化合物中捕获电子或空穴形成的晶格缺陷，在可见区有吸收带，晶体呈现有颜色。这类缺陷被称为色心）。实际晶体中，晶格缺陷会形成缺陷能级。缺陷能级间也存在电子跃迁过程（晶格缺陷：理想晶体中的原子或离子都是规则地按晶格排列。但实际晶体中，这种规则性多少都会受到破坏，原子或离子的排列变得错乱。这种结构上的错乱称为晶格缺陷）。发光过程是能量吸收、转换和辐射过程。这些过程是通过电子在能级之间跃迁实现的。而这些跃迁可在价带-导带（基态-激发态）之间进行，可在价带-缺陷能级（基态-色心）之间进行，也可在缺陷能级-导带（色心-激发态）之间进行。能带理论以能带结构为基础，在晶体发光，特别是在半导体发光中得到广泛应用。

第 2 章　白光 LED 用发光材料

研究白光 LED 用发光材料，是因为高亮度蓝光发射 LED 研制成功、生产并投入市场，更是因为利用蓝光 LED 与黄光发射荧光材料组合开发出荧光体转换的白光发射 LED。白光 LED 问世，特别是荧光体转换的白光 LED 得到应用，一个新的挑战——固态照明替代传统照明正在发光研究领域中掀起一个发光材料研究的热潮。

2.1　短波长 LED

LED，即发光二极管，是电能转换成光能的能量转换装置。发光二极管是一种在适当正向偏压下半导体 p-n 结能自发辐射而发光的器件。最简单的是同质 p-n 结，但发光效率不高。通常采用双异质结和量子阱结构，如图 2-1 所示为双异质结 LED 能带图，在正向偏压下，电子由 n 区注入，空穴由 p 区注入。

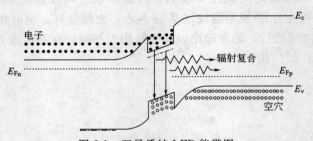

图 2-1　双异质结 LED 能带图

在结区发生导带到价带，或者经由辐射复合中心的复合，发出能量与能级差相对应的光子，即发光。

LED 的主要参数有发光波长、半高宽、发光功率、正向工作电压（一般定义注入电流为 20mA 时）、外部量子效率。发光波长和半高宽表征所发光的颜色性质；发光功率表征单位时间内的发光通量（mW）；正向工作电压及电流表征输入的电功率；外部量子效率表征电光转换效率，它表示向 LED 内部注入一个电子时，从 LED 向外部发出的光子的数量。对白光 LED 的应用，还有色度、显色性等参数。

1994 年 S. Nakamura 等研制成功高亮度 InGaN/GaN 双异质结蓝光（440nm）LED。随即在国际上掀起了Ⅲ族氮化物材料和器件的研发新高潮（Ⅲ族元素 B、Al、Ga、In）。Ⅲ族氮化物是直接带隙半导体材料，属宽带隙化合物半导体。半导体材料的带隙宽度决定其制成器件的工作温度区域和工作光学窗口。宽带隙半导体宽度一般大于 2.2eV（或 2.5eV）。发展宽带隙半导体材料与技术是当今研究重心。

带隙宽度 E_g 与半导体材料中电子-空穴辐射复合发光的长波阈值 λ_e 之间的关系为：

$$\lambda_e = \frac{hc}{E_g}$$

式中，h 为普朗克常数；c 为真空中光速。如果 E_g 单位用 eV，则 λ_e(nm) 为：

$$\lambda_e = \frac{1240}{E_g}$$

图 2-2 是光能量与波长的关系。

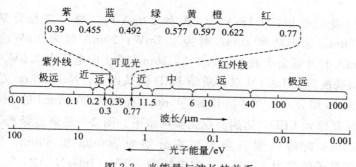

图 2-2　光能量与波长的关系

现代宽带隙半导体重点发展可见光到紫光、远紫外的新一代光电器件（如 LEDs）。

图 2-3 为 S. Nakamura 获取的高亮度蓝光发射的 LED 器件结构图。在这种双异质结 LED 中，首先以 Si 和 Zn 共同掺杂 InGaN 有源层以提高亮度，再将 GaN 改为 AlGaN 以扩大发光层与夹层的势垒高度，成功地完成了烛光级的高亮度（$In_{0.06}Ga_{0.74}N/Al_{0.15}Ga_{0.85}N$）。当 InGaN 有源层中电子浓度为 1×10^{19} cm^{-3} 时，蓝光发射强度达到最大，需要双掺杂表明 InGaN/AlGaN 双异质结 LED 的高效率是杂质辅助的，例如，自由载流子-施主对复合。p-AlGaN 层上生长 p-GaN 作为 p-电极的接触层。Ni/Au 用于 p-GaN 接触而 Ti/Al 用于 n-GaN 接触。

图 2-4 是 InGaN/AlGaN 双异质结蓝光 LED 的电致发光光谱。LED 中 InGaN 有源层电子浓度为 1×10^{19} cm^{-3} 时在 20mA 下，光致发光的典型峰值波长和半高宽分别为 450nm 和 70nm。当正向电流

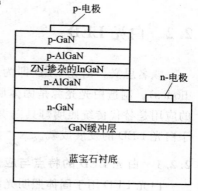

图 2-3　高亮度蓝光发射的
LED 器件结构图

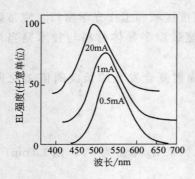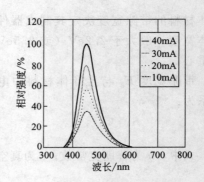

图 2-4　InGaN/AlGaN 双异质结蓝光　　　　图 2-5　蓝绿光 LED 的电致发光光谱
　　　　LED 的电致发光光谱

增加时，峰值波长变短：0.1mA、1mA 和 20mA 时，峰值波长分别为 460nm、449nm 和 447nm。输出功率 10mA 时为 1.5mW；20mA 时为 3mW；40mA 时为 4.8mW。20mA 时外部量子效率为 5.4%。20mA 时正向电压为 3.6V。

在实现高亮度蓝光 InGaN 双异质结 LED 的基础上，Nakamura 又进一步提高了 InGaN 中的 In 组分，实现了波长为 500nm、亮度为 2000mcd 的 $In_{0.23}Ga_{0.77}N/Al_{0.15}Ga_{0.85}N$ 蓝绿光 LED，达到商业化实用水平。图 2-5 是该蓝绿光 LED 的电致发光光谱。20mA 时峰值波长和半高宽分别为 500nm 和 80nm。输出功率为 1.0mW，外部量子效率为 2.1%，正向电压为 3.5V。InGaN/AlGaN 蓝绿光 LED 耗电量仅为白炽灯的 12%，寿命达几万小时。

LED 发光原理是：在 p-n 结加上正向电压，注入少数载流子，注入的少数载流子在 p-n 结附近发生辐射复合，出现发光。但认为 GaN 发出的蓝光并不是由于电子-空穴复合产生的，而是因为 GaN 的 p 型外延不易形成，只借助于电子加速后撞击-游离过程中放出能量而发光。

2.2　白光 LED

顾名思义，白光 LED 即为产生白光发射的发光二极管（white light emitting diodes）。制造白光光源是固体照明技术的最终目标。如前所述，LED 最具挑战性的应用是替代传统照明灯具白炽灯甚至荧光灯，而这一目标实现的可能性完全取决于白光 LED 的发展成就。

2.2.1　白光 LED 的特点与应用

白光 LED 用于固体照明光源，相对于已有光源（白炽灯、荧光灯等）具有许多明显优势，其特点大体总结为如下几点：

① 发热量小，节能省电，如前所述，耗电量只有白炽灯的 12%（即为 1/8），

无热辐射；

　② 发光效率高；

　③ 寿命长（1 万～几万小时，约为日光灯的 10 倍）；

　④ 响应速度快；

　⑤ 体积小，可平面封装，易开发成轻、薄、短、小产品；

　⑥ 坚固，不易破碎（非真空器件、固体）；

　⑦ 无汞等有毒物质污染；

　⑧ 直流低电压（5V），安全，易于电脑控制驱动和集成化；

　⑨ 色温、显色性接近日光灯，亮度相当于白炽灯。

　　白光 LED 应用十分广泛，就目前已实现的应用领域包括室内照明、交通运输的火车、船、飞机等箱内照明、手电、LCD 背光源（汽车、音响仪表、手机背光板等）以及交通信号灯、标志灯、信息显示屏等，其应用的最终目标是取代传统照明光源。

2.2.2　白光 LED 的照明光源品质表征

　　白光 LED 的照明光源品质表征指标主要是发光效率（流明效率，η）、显色指数（CRI，R_a 又称平均显色指数）和色温（T，CCT 又称相关色温）。而这些光源品质特性，往往既相互关联又相互制约。

　　(1) 发射波长与发光效率和显色性之间的关系　图 2-6(a)、(b) 分别表示出相同输出功率下蓝光发射荧光体和红光发射荧光体最强发射谱峰 450nm 和 610nm 改变时，对发光效率和显色指数的影响。从中可看出，对于同一荧光体发光效率与显色指数随波长变化的相关性。由图 2-6(a) 看出，发射峰值由 610nm 向短波移动，流明效率呈线性增加，而显色指数相应变小。实验结果是：由 610nm 移至 595nm，而绿光和紫光发射波长不变，发光材料显色指数由 80～82 下降到 60～65，光效 η_e 增加 12%；由图 2-6(b) 可看出，发射谱峰由 450nm 移至 475nm，显色指数变大（$R_a=90$），而发光效率却下降近 5%。

　　(2) 发射光谱结构与发光效率和显色性之间的关系　一般情况下，线状发射荧

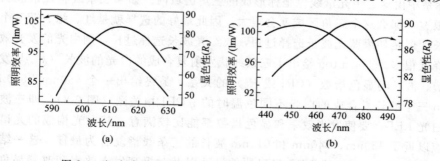

图 2-6　红光或绿光波长位置改变对发光效率和显色性的影响

(a) 红光；(b) 绿光

光体（如 Ln^{3+} 激活体系）的光色组合，较之带状发射荧光体（如 d 过渡金属离子激活体系）的发射光谱组合发光效率高，但无法保持高显色性；而宽带发射荧光体的发射光谱组合发光效率相对较低，但显色性好。

白光的发光效率和显色性是由光谱功率分布决定的，可通过发光效率和显色指数之间相关性反映出来。例如，两个波长复合成的白光，如果这种白光是由两条线状发射或两个窄带发射复合而成的（如蓝光发射和黄光发射），那么可获得高的发光效率，但是，随着蓝光发射带和黄光发射带逐渐变宽，发光效率则会下降而显色指数会变大。因为光源色坐标总是要落在蓝色坐标点与黄色坐标点的连线上。

（3）发光效率与显色指数之间的关系　Thornton 仔细研究了二波长和三波长发射的光谱复合成的白光发光效率与显色指数的关系。二波长复合的白光，其发光效率与显色指数的关系如图 2-7 所示。

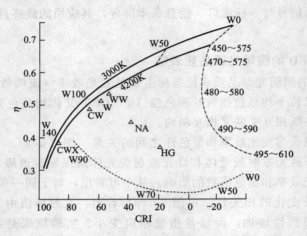

图 2-7　二波长蓝光-黄光复合成的白光
发光效率与显色指数的关系

对于三条线状发射复合成的白光，其色坐标点一定会落在 1931CIE 色度图 x、y 坐标系中由这三个光谱线色坐标形成的三角区域内。如果三条线状发射波长位置间隔很宽，那么这个三角区域就会很大。因此最好的选择就是红、绿、蓝三个光色的波长。但是如果蓝光波长选择过短，或红光波长选择过长，则白光的发光效率也都会降低很多。Thornton 给出了三条线状发射复合成的白光的波长（λ）与发光效率（η）、波长与显色指数（CRI 或 R_a）的关系，最终给出一个 450nm、540nm 和 610nm 三个波长复合成的白光不同色温时的 η-CRI 相关图（图 2-8）。即三波长转换的白光 LED，要使发光效率和显色指数都能比较满意，其白光构成的光谱功率分布应以近于 450nm、540nm 和 610nm 波长的三条线谱复合为最佳。这一结果对新发光材料探寻、对白光 LED 发光器件设计以及对提高发光效率和改善显色性两者关系的处理等都有重要参考价值。

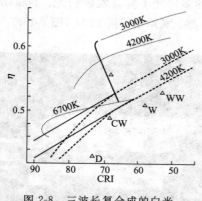

图 2-8 三波长复合成的白光
的 η 与 CRI 的关系

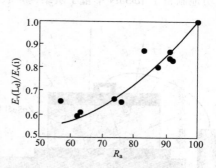

图 2-9 照度比与显色指数的关系

（4）亮度与显色性之间的关系 产生光亮感觉的刺激就是亮度。如果仔细观察某一个物体，即使照明亮度一样，也会觉察到光亮不一样，这主要取决于颜色。在室内，对被照射物体感到是亮的还是暗的，关键取决于照明光源的显色性质。图2-9表示出了白炽灯和实验荧光灯垂直照射物体获得等效光亮情况下的照度比与实验灯的显色指数的关系。可以看出随显色指数的减小，在实验灯照射下的照度明显下降。图中 $E_v(L_d)$ 为白炽灯垂直照射下的照度，$E_v(i)$ 为实验荧光灯垂直照射下的照度。

2.2.3 白光 LED 的获取方式

依照目前已有技术，获取白光 LED 的方式大体有以下四种：

① 多芯片组合方式，即光色混合成白光 LED；

② 单一芯片荧光体转换的白光 LED；

③ 单一芯片非荧光体转换的白光 LED；

④ 量子阱白光 LED。

其中第一种和第二种是目前特别令人关注的，下面将详细介绍。第三种已见报道的方法主要是 1999 年日本住友电工（Sumitomo Electric Industries，Ltd.）开发的，利用 ZnSe 产生白光的技术，在 ZnSe 单晶基板上形成 CdZnSe 薄膜，通电后使薄膜发出蓝光，同时部分蓝光照射到基板上而发出黄光，最后蓝光、黄光混合后形成白光（图 2-10）。由于使用单一芯片，操作电压仅 2.7V，低于 GaN 型 LED 的 3.5V，又是非荧光体转换的白光 LED，因此有一定优点。但发光效率仅 8.0lm/W，寿命只有 8000h，尚难以广泛应用。

第四种量子阱获取白光 LED 方法：量子阱是指由两种不同的半导体材料相间排列形成的、具有明显量子限制效应的电子或空穴的势阱。图 2-11 是量子阱发光器件示意图。如果材料薄层交替生长形成多层结构，那么会形成许多分离的量子阱，则称为多量子阱（图 2-12）。多量子阱途径是在芯片发光层的生长过程中掺杂不同杂质以控制结构不同的量子阱，通过不同量子阱发出的多种光子复合发射白光。Nakamura成功地制备了 InGaN 单量子阱结构，获得了蓝、绿、黄单量子阱 LED（图 2-13）。

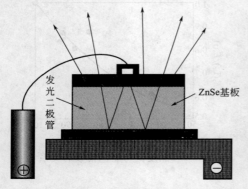

图 2-10　单一芯片非荧光体转换的白光 LED

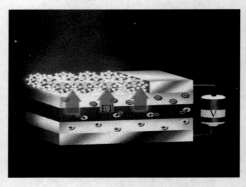

图 2-11　量子阱发光器件示意图

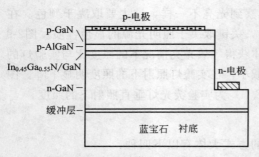

图 2-12　多量子阱发光二极管

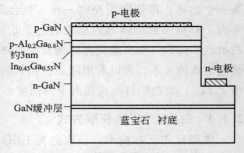

图 2-13　单量子阱发光二极管

　　映瑞光电公司发明的多量子阱结构 LED 可有效地防止载流子逃逸，提高 LED 的内量子效率，已申请专利 201110008907.9。北京大学发明的一种无荧光粉的白光 LED，在蓝宝石衬底上生长 LED，通过 LED 的发光激发注入离子发出相应色彩的光，多种光混合生成白光。由于没有荧光粉，所以提高了 LED 的能量转换效率和稳定性。但无荧光粉白光 LED 多通过外延或键合方式，工艺复杂，成品率低，成本高，限制了其应用。

2.2.3.1　光色混合型白光 LED

　　光色混合型白光 LED 是指多芯片（$n \geq 2$）组合复合成的白光 LED 器件。图2-14是多芯片构成的白光 LED 装置示意图。相对来说，这种方式获得的白光 LED 具有许多优点：能量损耗少，发光效率高；显色性便于调节和改善，可以获得高显色指数。但其最大缺点

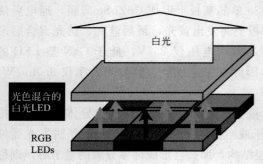

图 2-14　多芯片构成的白光 LED 装置示意图

是设计复杂，电路控制困难。由于是多芯片，所以成本高。如果芯片数目少，显色指数往往很小（图 2-15）。到目前为止，AlInGaN 和 AlGaInP 技术还没能提供 570～580nm 范围的高效 LED，以满足双色双芯片白光 LED 需要。AlInGaN 和 AlGaInP 多芯片多色白光 LED 比较可行，技术比较成熟，能提供用来集成白光 LED 芯片。多芯片光色混合的白光 LED，如 $n=5$，显色指数可接近 99（图 2-15）。

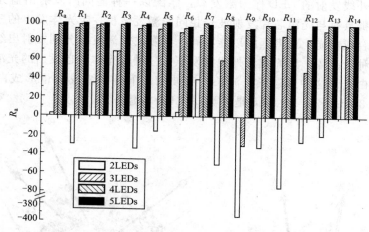

图 2-15　多芯片光色混合的白光 LED 的显色指数

2.2.3.2　荧光体转换的白光 LED

1996 年日本日亚化学工业公司（Nichia Chemical Co. Ltd. ）（以下简称日本日亚公司）S. Nakamura 等继推出高亮度蓝光 LED 之后又报道了蓝光 LED 匹配黄光发射荧光体的白光 LED，从此将白光 LED 研究，尤其是白光 LED 转换用发光材料的研究与开发，推向了一个新阶段。

高亮度蓝光 LED 的问世，使白光 LED 成为可能。荧光体转换的白光 LED 研制成功，使白光 LED 的广泛应用变成了现实。

荧光体转换的白光 LED 获取的方法是：将一块半导体芯片与荧光体组合，通过荧光体将芯片发出的短波长的光，部分或全部地转换成可见光，最后复合成白光。这种光能量转换属高能量向低能量转换，即属下转换。这种荧光体转换的白光 LED，通常缩写成 pc-LED（phosphor-convered light emitting diode）。

pc-LED 的获取主要有三种方式。第一种，采用发射蓝光的 LED 作为激发源，匹配以一种产生黄光发射的荧光体。荧光体被激发后发出的黄光，与 LED 未被吸收的剩余部分蓝光产生光色混合，经透镜作用复合成白光。这种通过一个波长（或波段）或一种荧光体将一部分激能下转换，得到的白光发射的 LED，称为 1-pc-LED。这是日亚化学工业公司首创性推出的一种新式白光 LED 构筑方式，得到的白光显色指数达 80～85，亮度高于 6cd，发光效率达到 25lm/W。实现 1-pc-LED 的必要条件是：匹配的发光材料其激发波长或激发带最强谱峰位置应在蓝区，与用于激发源的 LED 发射带谱峰位置一致。第二种，采用发射蓝光的 LED 作为激发源，匹配一种在蓝光激发下能同时发射出绿光和红光的发光材料，或者匹配能在蓝光激发下可分别发射绿光和红光的两种发光材料，发出的绿光和红光与 LED 未被吸收的剩余蓝光产生光色混合，经透镜作用复合成白光。这种通过两个波长（或波段）下转换激发能量产生白光发射制作的白光 LED，称为 2-pc-LED。第三种，采用紫光或紫外线发射的 LED 作为激发源，匹配以一种能同时发射出蓝光、绿光和红光，并且都具有与光源芯片发射波长相同的激发波长，荧光体发出的三基色光经透镜作用复合成白光。或者匹配以能在同一激发波长激发下分别发射出红光、绿光和蓝光的三种荧光体。紫光或紫外线激发下，三种荧光体各自发出的光混合经透镜作用复合成白光。这种通过三个波长（或波段）下转换激发能量形成白光发射的 LED，称为 3-pc-LED。图 2-16 是各类 pc-LED 构建方式。

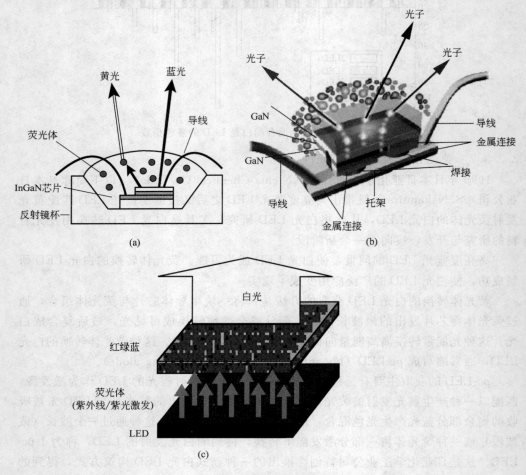

图 2-16　pc-LED 构建方式

(a) 1-pc-LED；(b) 2-pc-LED；(c) 3-pc-LED

多芯片组合的光色混合方式获取白光 LED 和荧光体转换方式获取白光 LED，两者相比较，就实际应用而言，各有利弊。前者，通过多块芯片光色混合，可获得高质量照明效果（高显色性和高发光效率），能根据需要调整光色。但这种途径必须采用多于两块的芯片，除成本过高外，由于芯片材质不同，不但会给电流控制带来不利，而且还会因为材质差异造成光色改变；后者，即 pc-LED，相对光色混合型而言，具有更多优势，例如：①只采用一块芯片作为光源，电路设计和控制简便，成本低；②荧光体的获取比较容易，制备工艺成熟，改善余地大，价格便宜；③发射光谱、激发光谱性质（谱峰位置、带宽等）易做调解，光谱分布宽。其缺点是：①下转换过程中，因斯托克斯位移而产生固有能量损耗，发光效率偏低；②半导体发光作为激发源，激发密度高，p-n 结受热使 LED 退化。同时封装后聚合物（如环氧树脂）也会因光降解而变黄，显色性变差；③荧光体的抗紫外线辐照性受限。

综合评价两种获取白光 LED 的途径，白光 LED 在替代传统照明体系的进程中，荧光体转换的白光 LED 研究与开发，将成为半导体固态照明工程的主体，转换用发光材料的研究与新体系探寻也将成为前导课题。

自 1996 年日本日亚公司推出 InGaN/YAG：Ce（即 $Y_3Al_5O_{12}$：Ce^{3+}）白光 LED 以来，白光 LED 用荧光体研究与新体系探找，急剧上升到发光材料研究领域前沿。然而迄今为止，除了已使用的 YAG：Ce 和正在投入市场的 Eu^{2+} 激活的硅酸盐体系外，尚未推出更多适用于白光 LED 专用的发光材料。原则上讲，适用于白光 LED 的荧光体至少应满足如下条件：①良好的热稳定性，要有高的猝灭温度，因为 LED 芯片的激发密度约 $200W/cm^2$，比传统荧光灯高出 3 个数量级，这就要求荧光体能承受 200℃ 的高温；②化学与物理稳定性好，不潮解，不变色；③与封装材料不起化学反应；④抗紫外线辐照能力强；⑤在紫外区、紫区及蓝区有强吸收能力；⑥荧光体各种光色发射的激发谱峰位置应相同或相近，并与光源芯片的发射波长匹配。针对光谱特性要求，更应满足如下条件：①在所希望的光谱区域内，激发谱带要宽；②所希望的发射中心波长范围应是窄带；③激发波长激发下要有高的量子效率（>90%）；④高温下要有稳定的发射特性和量子效率。

2.2.4　荧光体转换的白光 LED 用发光材料

关于转换用发光材料的研究，已有大量文献报道，涉及的体系很多，除 YAG 外，比较集中的基质化合物主要有：各种碱土金属硅酸盐、铝酸盐、碱土金属含氮硅酸盐、硅铝氮化物以及碱土金属硫属化合物或碱土金属硫代镓酸盐等。此外，碱土金属钼酸盐及钨酸盐的研究也颇为活跃。激活离子主要集中于 Eu^{2+} 及 Ce^{3+}，此外 Mn^{2+}、Mn^{4+}、Eu^{3+} 等用于白光 LED 用发光材料的红光发射组分的激活离子也有很多报道。

Eu^{2+} 和 Ce^{3+} 是白光 LED 用发光材料研究中两个重要激活离子。为了更广泛地应用，有必要对它们进行进一步深入了解。关于 Eu^{2+} 和 Ce^{3+} 电子构型、光谱特性等的研究已有大量资料、文献和专业书籍做过介绍，G. Blasse、苏勉曾等都做过相当深入的研究工作。近年来 P. Dorenbos 对 $4f^{n-1}5d$ 组态类型稀土离子，特别对 Eu^{2+} 和 Ce^{3+} 与光学特性有关的若干基础研究，从个体特性、相关规律性到相互关联性，包括吸收、发射峰位置预测，红移趋向及斯托克斯位移判断等都有颇多数据积累和新的见解。众人深入的理论工作和研究成果为新的白光 LED 用荧光材料探找和设计，提供了许多有价值的启示。

(1) Eu^{2+}　　Eu^{2+} 是由 Eu^{3+} 通过还原得到一个电子而获得的。高温固相反应中 $Eu^{3+} \rightarrow Eu^{2+}$ 的还原方式主要有：①不加还原剂，空气中直接高温灼烧，通过缺陷作用使 Eu^{3+} 几近全部或部分还原成 Eu^{2+}；②在适当流量的 NH_3 气流中高温灼烧；③一定比例的 H_2/N_2 气流中高温灼烧；④CO 气流中高温灼烧；⑤活性炭存在下惰性气氛中高温灼烧；⑥金属作还原剂，惰性气氛（高纯 N_2 或 Ar）中高温灼烧。

还原剂选择，即还原性强弱会直接影响 Eu^{2+} 的发光性能。例如，合成 Eu^{3+} 掺杂的 $(Sr, Mg)_3(PO_4)_2$ 时，在 NH_3 气流中 1300℃灼烧，气流流速为 400mL/min（强还原）情况下，产物在 365nm 激发下发射黄光；流速为 130mL/min（弱还原）情况下，产物在 365nm 激发下，发射带最强谱峰，位于紫区。这是因为，强还原条件下 Eu^{3+} 虽然还原较充分，但 Eu^{2+} 邻近晶格缺陷增多，往往缺陷群会形成一个发光中心，产生新的发射峰，而在弱还原条件下，还原不充分，呈现出 Eu^{3+} 与 Eu^{2+} 的混合光发射。

Eu^{2+} 电子构型为 $[Xe]4f^7 5s^2 5p^6$，与其相邻的下一个三价稀土离子 Gd^{3+} 电子构型相同。Eu^{2+} 的基态中有 7 个电子，自行排列成 $4f^7$ 构型，基态光谱项为 $^8S_{7/2}$。最低激发态构成有两种方式：一种是 $4f^7$ 内层形成，即 $4f^7(^6I_J)$ 和 $4f^7(^6P_J)$ 构型；另一种是 7 个 4f 电子中有一个电子被激发到 5d 上去，形成 $4f^6 5d$ 构型。如果最低激发态是由 $4f^7$ 内层构成的，则由基态到这些激发态的跃迁或这些激发态到基态的跃迁，都属于 f→f 禁戒跃迁；如果最低激发态是由 $4f^6 5d$ 构成的，则是 f⇌d 允许跃迁。大多数基质中 Eu^{2+} 的 $4f^6 5d$ 的能量比 $4f^7$ 状态能量低，因此一般情况下，Eu^{2+} 表现为 d→f 跃迁发射。由于外层的 5d 电子处于裸露状态，容易受到周围晶体场影响，所以 d→f 跃迁的光谱与晶格振动严重重叠，又由于 5d 能态被劈裂成带，因此呈现为宽的带状发射光谱，半高宽约为 $1000 \sim 2000 cm^{-1}$。而 f→f 跃迁发射呈线状或窄带。

f→d 跃迁，有较强吸收，Eu^{2+} 用于发光材料的激活离子，可提高发光效率，可利用基质晶格的影响，调整发射波长位置。

f→f 跃迁，可充分利用 f→d 跃迁的宽带吸收提高泵浦效率，Eu^{2+} 用于激光材料的激活离子，可提高储能，降低阈值。

Eu^{2+} 的 d→f 跃迁发射受周围结晶学环境的强烈影响，这种影响体现在两个方面：5d 能级重心位置 [5d 能带的均衡位置，称重心（barycenter）或质心（centroid）] 受周围离子或配体性质影响，如电子云扩展效应影响。换言之，5d 能级重心位置取决于化学键性质及配体的极化率：共价性增强，重心向下移动，谱峰位置红移；重心移动，是指 5d 组态的重心相对于自由离子组态重心位置向下移动的能量差。5d 能级劈裂，是指激发光谱中最高 5d 能级与最低 5d 能级之间的能量差。取决于配位多面体的大小与形状。即受晶体场的影响。场强增强，能级劈裂严重。表 2-1 给出了某些基质化合物中 Eu^{2+} 的 5d 能级晶体场劈裂和能级重心移动。Eu^{2+} 的 5d 能级劈裂大小，用 $10D_q$ 值表征。表 2-2 中给出一些体系中 Eu^{2+} 的 $10D_q$ 值及晶格常数。

表 2-1　Eu^{2+} 的 5d 能级晶体场劈裂 ε_{cfs} 和能级重心移动 ε_c　　单位：eV

对　称　性	化　合　物	ε_{cfs}	ε_c	f
八面体(octa-hedral)	KF	0.206	0.49	7
	NaF	2.27	0.34	
	LiCaAlF$_6$	2.13	0.19	
	CsCaF$_3$	2.54	0.63	
	RbCaF$_3$	2.29	0.54	
	KCaF$_3$	2.70	0.23	
	RbCl	1.41	0.81	
	KCl	1.49	0.87	
	NaCl	1.59	0.90	
	RbBr	1.39	0.85	
	KBr	1.36	0.88	
	NaBr	0.46	0.95	
	RbI	1.12	0.91	
	KI	1.18	0.99	
	NaI	1.32	1.02	
	SrS	1.49	1.71	(0.64)
	CaS	1.86	1.75	(0.62)
	MgS	1.74	1.66	0.58
	CaSe	1.56	1.71	(0.60)
立方体（cubal）	BaF$_2$	1.71	0.27	0.34
	SrF$_2$	1.84	0.30	0.34
	CaF$_2$	2.05	0.27	0.30
	CsI	1.03	0.98	
	SrCl$_2$	1.33	0.62	0.37
立方-八面体（cub-octa-hedral）	BaLiF$_3$	0.87	0.32	0.39
	RbMgF$_3$	0.81	0.43	
	KCaF$_3$	(0.56)	(0.23)	
	KHgF$_3$	0.87	0.01	0.03
	BaZrO$_3$	(0.78)	(1.43)	

注：括号内为估算值，$f=\varepsilon_c(Eu^{2+})/\varepsilon_c(Ce^{3+})$。

表 2-2　一些体系中 Eu^{2+} 的 $10D_q$ 值及晶格常数

Eu^{2+} 掺杂体系	离子半径之和/Å	$10D_q$/cm^{-1}	晶格常数/Å
MgS	0.676+1.84=2.516	19500	5.20
CaS	0.923+1.84=2.763	18750	5.69
CaSe	0.923+1.98=2.903	17300	5.91
NaCl	0.984+1.81=2.794	12120	5.64
KCl	1.234+1.81=3.044	10640	6.29
KBr	1.234+1.96=3.194	8410	6.60
CaF$_2$	0.923+1.33=2.253	17900	5.46
SrF$_2$	1.107+1.33=2.437	15610	5.80
BaF$_2$	1.251+1.33=2.581	14130	6.20

注：1Å=0.1nm。

　　从表 2-2 中可以看出，几种化合物，阳离子价态相同时，Eu^{2+} 与阴离子之间距离越近（即半径之和越小），$10D_q$ 值越大，表明劈裂越严重。

　　对于 Eu^{2+} 光谱特性研究来说，斯托克斯位移（ΔS）、发射带谱带宽度（一般指半高全宽 FWHM，简称半高宽以 Γ 表示。对于非对称的谱带常采用有效荧光线宽 $\Delta\lambda_{eff}$ 表示）及激发带谱峰红移（D）都是一些重要参数。电子状态与振动模式的结合决定发射光谱谱带的带宽，它与斯托克斯位移（吸收与发射能量最大值之差）有关。斯托克斯位移和带宽可分别写成：

$$\Delta S = (2s-1)\hbar\omega$$

$$\Gamma(T) = 2.36\hbar\omega\sqrt{s}\sqrt{\cot\left(\frac{\hbar\omega}{2K_B T}\right)}$$

式中，$\hbar\omega$ 为晶格声子能量；s 为 Huang-Rhys 因子。

$$s = \frac{1}{2}m\omega_q^2\frac{(\Delta R)^2}{\hbar\omega_P}$$

　　通过 s 和 $\hbar\omega$，将 ΔS 和 Γ 关联起来。按照上面两个关系式，以 $BaBe_2(BO_3)_2：Eu^{2+}$ 为例，声子能量分别为 $250cm^{-1}$、$500cm^{-1}$ 和 $1000cm^{-1}$ 时，作 $\Delta S(2+，A)$-$\Gamma(293K)$ 关系图（图 2-17）。由图中可以看出，数据点多数都位于 a～c 曲线区域间（图中实心三角形代表氯化物、溴化物、碘化物和硫化物，数据点又基本集中于a～b 区域内，$1000～2000cm^{-1}$ 之间）。

　　Eu^{2+} 的 f→d 跃迁吸收能量 E_{abs}、d→f 跃迁发射能量 E_{em}，它们与谱带红移或

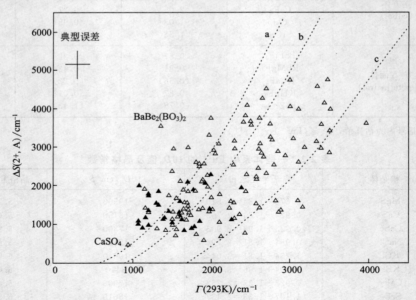

图 2-17　Eu^{2+} 在基质 A 中发射带宽（Γ）与斯托克斯位移（ΔS）的相关性

▲氯化物、溴化物、碘化物和硫化物；△所有给定化合物；a，b，c 区域

与斯托克斯位移之间的关系可分别以下面两个关系式表示：

$$E_{abs}(7,2+,A) = E_{Afree}(7,2+) - D(2+,A)$$

$$E_{em}(7,2+,A) = E_{Afree}(7,2+) - D(2+,A) - \Delta S(2+,A)$$

式中，7 为 Eu^{2+} 的 4f 电子数目；2+ 为 Eu^{2+} 价态；A 为参数（化合物 A）；E_{Afree} 为自由镧系离子 f→d 跃迁能量；D 为红移；ΔS 为斯托克斯位移。上面两个关系式提供了预测 Eu^{2+} 某些光谱特性的可能性。研究结果表明，绝大多数体系中，Eu^{2+} 的斯托克斯位移是 $1350cm^{-1}$，带宽为 $1600cm^{-1}$。如果斯托克斯位移超过 $4000cm^{-1}$ 或者带宽超过 $3000cm^{-1}$，则可能预示出会有异常发射。所谓异常发射是指线状发射或者特殊波长发射或者观察不到发射。例如：

$Ba_2LiB_5O_{10}:Eu^{2+}$　　$\Delta S = 10794cm^{-1}$　　异常发射　　$\lambda_{em}^{anom} = 630nm$

$Ba_2Mg(BO_3)_2:Eu^{2+}$　　$\Delta S = 7766cm^{-1}$　　$\Gamma(293K) = 3790cm^{-1}$　$\lambda_{em}^{anom} = 620nm$

$BaHfO_3:Eu^{2+}$　　$\Delta S = 7292cm^{-1}$　　$\Gamma(220K) = 4850cm^{-1}$　$\lambda_{em}^{anom} = 479nm$

表 2-3 列出 Eu^{2+} 掺杂体系中 Eu^{2+} 的一些光谱特性。

表 2-3　Eu^{2+} 掺杂化合物特殊发光（λ_{em}^{anom}）、斯托克斯位移（ΔS^{anom}）和带宽（Γ_{En}^{anom}）

化合物	λ_{abs}/nm	λ_{em}^{df}/nm	λ_{em}^{anom}/nm	$\Delta S^{anom}/cm^{-1}$	$\Gamma_{En}^{anom}(298K)/cm^{-1}$
BaF_2	382	403	590	1.14	0.51(77K)
$BaLiF_3$	333	—	410	0.70	0.37(270K)
$CsCaF_3$(300K)	425	—	510	0.49	0.60
$CsCaF_3$(77K)	425	—	610	0.88	0.48(77K)
$RbMgF_3$(Rb)	340	365	405	0.57	0.40
Sr_2LiSiO_4F	400	—	533	0.77	0.49
Cs_2SO_4	378	—	450	0.52	0.66
$Ba_2Mg(B_3O_6)_2$	390	425	476	0.57	0.43(4K)
$Ba_2LiB_5O_{10}$	375	—	630	1.34	0.30(4K)
I-CaB_2O_4	350	368	477	0.94	0.35
$Ba_2Mg(BO_3)_2$	413	—	608	0.96	0.47
$Sr_3(BO_3)_2$	485	—	578	0.41	0.50(4K)
$BaAl_3BO_7$	350	360	458	0.84	0.63
$BaMgSiO_4$	415	437	560	0.77	0.51(4K)
Ba_2SiO_4	434	—	505	0.40	0.29
Sr_2SiO_4	390	490	570	1.00	0.40
$BaHFO_3$(220K)	355	—	479	0.90	0.60
$Ba_4Ga_2S_7$	521	—	654	0.48	0.24(80K)

实验已证明，并不是所有基质化合物都能够将 Eu^{2+} 掺入进去，即是说 Eu^{2+} 并不是在任何基质化合物中都能稳定存在。原则上说，Eu^{2+} 在某种基质晶格中能稳定存在，是因为有一种含 Eu^{2+} 的稳定化合物生成。对于铕（II）多元氧化物能否稳定存在，Greedan 曾提出一个判断"指南"：①有一个氧化亚铕相存在，

必定也有一个锶（Sr）的相应的类似物存在（反言之不成立）；②氧化亚铈相必须有一个合适的晶格能；③在氢化物中，与 Eu^{2+} 共存的其他阳离子应不易被还原。

在白光 LED 用发光材料中，Eu^{2+} 作为激活离子被广泛应用。由于 Eu^{2+} 呈现较宽带发射，所以适合于 3-pc-LED 和 2-pc-LED，有时也用于 1-pc-LED。

（2）Ce^{3+}　Ce^{3+} 是三价稀土离子中室温下可产生 d→f 跃迁宽带发射的激活离子。Ce^{3+} 基态光谱项为 $^2F_{5/2}$；激发态由 $4f^1$ 组态和 $4f^65d$ 组态构成。劈裂的两个自由电子状态为 $^2F_{5/2}$ 和 $^2F_{7/2}$，两者能量差大约为 $2300cm^{-1}$。自由离子 Ce^{3+}，$4f^65d$ 激发态中 5d 电子形成一个 ^2D 能级，由于自旋-轨道耦合，^2D 能级劈裂成 $^2D_{3/2}$ 和 $^2D_{5/2}$。这些状态由于 5d 电子不受 $5s^25p^6$ 电子屏蔽，径向波函数向空间延展，在基质配位场作用下便产生强烈扰动。因此 5d 带的光谱特性就会受很大影响。

$^2D_{3/2}$ 位于 $49340cm^{-1}$，$^2D_{5/2}$ 位于 $52100cm^{-1}$。自由离子 5d 能级重心位于 $51230cm^{-1}$。$5d→{}^2F_{7/2}$ 和 $5d→{}^2F_{5/2}$ 跃迁产生的两个发射带，最强谱峰一般位于紫区和蓝区。但当 5d 在晶体场作用下或受化学键特性影响时，能级位置下降，会使发射带延伸到红区。表 2-4 给出一些体系中 Ce^{3+} 的发光特性。

表 2-4　一些体系中 Ce^{3+} 的发光特性

化　合　物	激发谱峰/nm	晶体场劈裂/cm^{-1}	重心移动/cm^{-1}	斯托克斯位移/cm^{-1}
$CaBPO_5$	194,210,238,258,286	16600	8240	3520
$SrBO_5$	192,219,241,258,277	15980	8405	4750
$BaBPO_5$	195,215,237,260,276	15050	8290	4750
$Y_3Al_5O_{12}$	—,227,270,340,456	14000	3450	3800
$YAl_3B_4O_{12}$	195,205,240,290	6500	3540	1900
$ScBO_3$	260,277,321,357	8000	3250	1200
$Sc_2Si_2O_7$	—,230,300,345	12500	3500	3600

Ce^{3+} 的谱带红移 $D(3+,A)$ 与晶格环境关系密切。实际上，红移是 5d 组态重心移动 ε_c 和晶体场劈裂 ε_{cfs} 共同产生的综合效应，即：

$$D(3+,A)=\varepsilon_c+\frac{\varepsilon_{cfs}}{r(A)}-1890$$

式中，$r(A)$ 是晶体场劈裂 ε_{cfs} 对红移 $D(3+,A)$ 贡献的分数；A 为基质化合物；3+ 是 Ce^{3+} 的价态；$1890cm^{-1}$ 是考虑到 Ce^{3+} 自由离子 f→d 跃迁能量估算的一个修正数值，即自由离子 5d 能级重心能量与其最低 5d 能级能量之差。

Ce^{3+} 在基质中产生可见区发射，一般是所处格位晶体场强度强，基质化合物共价性强，而且斯托克斯位移都比较大。表 2-5 给出较大量 Ce^{3+} 掺杂体系的光谱特性。从表中可以看出，Ce^{3+} 掺杂的 $Y_3Al_5O_{12}$ 及某些铝酸盐、硅酸盐等都具有这一特性。

表 2-5　Ce^{3+} 激活荧光体的光谱、红移及斯托克斯位移

基质化合物(A)	激发波长 $(\lambda_{abs})/nm$	发射波长 $(\lambda_{em})/nm$	红移 (平均值)$[D(A)]/cm^{-1}$	斯托克斯位移 $[\Delta S(A)]/cm^{-1}$
Ce^{3+} 自由离子	201		0	
$PbThF_6$	259	290	10730	4127
NaF	390	472	23699	4455
$BaThF_6$	256	293	10277	4933
$Ba_{1.15}Th_{0.85}F_{5.7}$	264	310	11461	5621
BaF_2	292	306	14640	1438
$LiBaF_3$	248	312	9017	8270
$SrAlF_5$	267	319	11887	6105
SrF_2	297	308	15261	1238
$LiSrAlF_6$	269	288	12165	2452
CaF_2	307	314	16509	1070
$LiCaAlF_6$	276	287	13344	1389
$KMgF_3 : (O_h)$	234	263	6605	4712
$KMgF_3 : (C_4)$	272	343	12575	7610
$LiMgAlF_6$	260	306	10878	5781
LaF_3	249	286	8751	4975
GdF_3	260	304	10878	5567
$CsGd_2F_7 : (Ce2)$	295	332	15442	3778
$RbGd_2F_7 : (Ce1)$	290	332	14857	4362
$KGdF_2$	271	319	12440	5552
YF_3	256	298	9915	5444
$CsY_2F_7 : (Ce1)$	265	310	11604	5478
$CsY_2F_7 : (Ce2)$	295	333	15212	3357
$Cs_2NaYF_6 : (blue)$	313	426	17391	8474
$Rb_2NaYF_6 : (blue)$	315	383	17365	5956
KY_3F_{10}	300	340	16084	3921
K_2YF_3	294	316	15319	2227
$LiYF_4$	292	306	15262	1597
BaY_2F_8	300	324	16047	2370
$Ba_4Y_3F_{17}$	296	312	15094	1919
$NaCaYF_6$	307	340	16767	3162
LuF_3	259	297	10573	4940
$LiYbF_4$	296	308	15556	1316
$LiLuF_4$	296	307	15140	1242
$BaLu_2F_8$	288	308	14618	2255
$Rb_2NaScF_6 : (Sc. Site)$	313	391	17391	6373
$CsLiCl_2$	350	382	20769	2393
$NaCl$	286	355	14375	6796
orth. $rh-BaCl_2$	325	337	18571	1095
cubic-$BaCl_2$	334	352	19400	1531
$SrCl_2$	324	340	18476	1452
$CsSrCl_3$	332	346	19220	1218
$CaCl_2$	292	346	15093	5345
$RbCaCl_3$	342	259	20100	1385

续表

基质化合物（A）	激发波长 (λ_{abs})/nm	发射波长 (λ_{em})/nm	红移 （平均值）[D(A)]/cm^{-1}	斯托克斯位移 [ΔS(A)]/cm^{-1}
LaCl$_3$	281	335	13753	5736
Cs$_2$LiLaCl$_6$	350	375	20769	1904
Cs$_2$NaLaCl$_6$	342	368	20100	2065
K$_2$LaCl$_5$	332	347	19220	1302
CeCl$_3$	326	336	18665	912
Cs$_2$NaCeCl$_6$	345	368	20355	1812
CsGd$_2$Cl$_7$	332	365	19230	2723
Cs$_2$NaGdCl$_6$	350	372	20769	1689
RbGdCl$_7$	340	375	19928	2745
Cs$_2$NaYCl$_6$	345	371	20559	2412
Cs$_2$LiYCl$_6$	249	372	20687	1771
Li$_3$YCl$_6$	335	358	19489	1918
LuCl$_3$	340	373	19928	2602
Cs$_2$NaLuCl$_6$	335	373	21171	1359
CsCdBr$_3$ ：（blue）	350	380	20769	2256
CsCdBr$_3$ ：（red）	360	625	21562	11780
LaBr$_3$	330	358	19037	2370
GdBr$_3$	368	415	22166	3077
RbGd$_2$Br$_7$	355	405	21171	3478
Cs$_2$LiYBr$_6$	360	387	21562	1938
LuBr$_3$	370	405	22313	2336
Cs$_3$Lu$_2$Br$_9$	365	408	21943	2887
Cs$_3$Gd$_2$I$_9$	392	428	23830	2146
Sr$_5$(PO$_4$)$_3$F ：（4f）	290	328	14857	3995
Sr$_2$B$_5$O$_9$Cl	280	301	13626	2492
Ba$_2$Gd(BO$_3$)$_2$Cl	365	415	21943	3301
Ba$_2$Y(BO$_3$)$_2$Cl	370	466	22313	5568
Ba$_2$Lu(BO$_3$)$_2$Cl	370	466	22313	5568
MgBr$_2$·6H$_2$O	345	375	20355	2319
Sr$_2$B$_5$O$_9$Br	315	331	17594	1535
CdOBr	371	403	22386	2140
LaOI	385	435	23748	3083
CaSO$_4$	296	303	15556	780
Gd$_2$O$_2$(SO$_4$)	331	354	19129	1963
Y$_2$O$_2$(SO$_4$)	329	357	19318	2384
Calcite	344	313	17391	2879
LaP$_5$O$_{14}$	293	309	15210	1767
CeP$_5$O$_{14}$	296	312	15556	1733
LaP$_3$O$_9$	290	305	14808	1808
LiLaP$_2$O$_{12}$	278	300	13369	2638
GdP$_3$O$_9$	300	325	16007	2564
YP$_3$O$_9$	300	328	16428	2824
Ba$_4$(SO$_4$)(PO$_4$)$_2$	315	365	17594	4349
LaPO$_4$	273	315	12778	4884

续表

基质化合物（A）	激发波长 (λ_{abs})/nm	发射波长 (λ_{em})/nm	红移（平均值）[$D(A)$]/cm^{-1}	斯托克斯位移 [$\Delta S(A)$]/cm^{-1}
$K_3La(PO_4)_2$	310	336	17100	2496
$Na_3La(PO_4)_2$	310	356	17082	4168
$Ba_3La(PO_4)_2$	315	365	17594	4349
$Sr_3La(PO_4)_2$	315	365	17594	4349
$NaSrLa(PO_4)_2$	310	344	17082	3188
$K_3Ce(PO_4)_2$	315	338	17594	2160
$GdPO_4$	300	322	16007	2277
YPO_4	320	333	17724	1673
$LuPO_4$	323	334	18122	1020
$La(C_2H_5SO_4)_2 \cdot 9H_2O$	256	314	10277	7215
$NaLa(SO_4)_2 \cdot H_2O$	294	318	15326	2567
Aqueous. $[Ce(OH_2)_9]^{3+}$	253	346	9814	10620
Aqueous. $[Ce(OH_2)_8]^{3+}$	295	346	15442	4997
$NaCe(SO_4)_2 \cdot H_2O$	305	325	16553	2018
SrB_6O_{10}	289	297	14738	932
SrB_6O_{10} ：(Ln_2)	312	338	17289	2465
SrB_4O_7	280	293	14080	1560
SrB_4O_7 ：$(Ln+vacancy)$	310	332	17082	2138
CaB_4O_7	316	335	17694	1795
$CaLaB_7O_{13}$ ：(La-site?)	316	330	17694	1343
$CaLaB_7O_{13}$ ：(Ca-site?)	273	291	12710	2266
$BaTbB_9O_{16}$	297	321	15602	2517
LaB_3O_6	270	300	12286	3704
$LaMgB_5O_{10}$	272	301	12568	3542
GdB_3O_6	270	305	12526	4250
$YMgB_5O_{10}$	271	300	12440	3567
$Ba_3Al_6(BO_3)_8$	315	400	17594	6746
$Sr_3Al_6(BO_3)_8$	311	390	17186	6513
$Sr_3(BO_3)_2$	351	393	20850	3045
$Ca_3Al_6(BO_3)_8$	315	382	17594	5568
$Ca_3(BO_3)_2$	358	390	20808	2292
$Mg_3Al_6(BO_3)_8$	306	378	16660	6225
$LaBO_3$	330	352	18970	2303
$GdAl_3(BO_3)_4$	320	338	18090	1664
$GdBO_3$	363	390	20960	1907
$Li_6Gd(BO_3)_3$	345	385	20559	3011
$YAl_3(BO_3)_4$	322	338	18259	1470
YBO_3	357	383	20815	1881
$Li_6Y(BO_3)_3$	346	388	20438	3129
$LuAl_3(BO_3)_4$	323	339	18380	1461
Vaterite-$LuBO_3$	365	388	21761	1944
Calcite-$LuBO_3$	342	365	20007	2375
$ScBO_3$	358	387	21656	1781
$CaAl_2B_2O_7$	334	384	19400	3898

基质化合物（A）	激发波长 （λ_abs）/nm	发射波长 （λ_em）/nm	红移 （平均值）[D(A)]/cm⁻¹	斯托克斯位移 [ΔS(A)]/cm⁻¹
$SrLaO(BO_3)$	350	420	20769	4762
$CaYO(BO_3)$	365	400	21943	2397
$Ca_4YO(BO_3)_3$	354	390	21091	2608
SiO_2	300	345	16007	4348
$Lu_2Si_2O_7$	351	381	21063	2243
$Sc_2Si_2O_7$	345	389	20766	3279
$CaB_2O(Si_2O_7)$	323	343	18380	1805
Mg_2SiO_4	373	432	22530	3662
$Ba_5La_3(PO_4)_5(SiO_4)$	315	370	17594	4719
$NaGdSiO_4$	355	387	21002	2329
$LiYSiO_4$	348	397	20604	3547
$LiLuSiO_4$	348	397	20604	3547
$LaBO(SiO_4)$	330	377	19037	3778
$La_{9.33}\square_{0.67}(SiO_4)_6O_2$：(4f)	285	378	14252	8633
$La_{9.33}\square_{0.67}(SiO_4)_6O_2$：(6h)	320	419	18090	7384
$Gd_{9.33}\square_{0.67}(SiO_4)_6O_2$：(4f)	289	382	14738	8492
$Gd_{9.33}\square_{0.67}(SiO_4)_6O_2$：(6h)	309	430	17820	9107
$X1\text{-}Gd_2SiO_5$：(Ce1)	345	426	20608	5511
$X1\text{-}Gd_2SiO_5$：(Ce2)	384	470	23298	4765
$X1\text{-}Y_2SiO_5$	365	430	22301	4141
$X2\text{-}Y_2SiO_5$：(Ce1)	359	394	22064	2463
$X2\text{-}Y_2SiO_5$：(Ce2)	381	480	23093	5413
$Mg_2Y_8(SiO_4)_6O_2$：(4f)	298	383	15783	7447
$Mg_2Y_8(SiO_4)_6O_2$：(6h)	331	435	19807	7223
$X2\text{-}Lu_2SiO_5$：(Ce1)	356	393	21730	2625
$X2\text{-}Lu_2SiO_5$：(Ce2)	376	462	22744	4951
$BaAl_{10.67}O_{17}$	304	345	16445	3909
$BaMgAl_{10}O_{17}$	304	350	16445	4323
$SrAl_{12}O_{19}$	261	302	11050	5201
$Ca_2Al(AlSiO_7)$	350	389	20769	2865
$CaAl_{12}O_{19}$	265	316	11604	6090
$CaMgAl_{11.33}O_{19}$	272	320	12575	5514
$La_{0.56}Al_{11.9}O_{19.4}$：(Ln-Ome)	370	405	22313	2336
$La_{0.56}Al_{11.9}O_{19.4}$	303	327	16337	2422
$LaMgAl_{11}O_{19}$：(Ce1)	270	335	12303	7086
$Ce_{0.92}MgAl_{11.13}O_{19.08}$	303	343	16337	3849
$GdAlO_3$	307	338	16356	3030
$Gd_3Sc_2Al_3O_{12}$	455	550	27362	3796
$YAlO_3$	303	345	16537	3769
$Y_3Al_5O_{12}$	458	535	26654	3209
$Y_3Ga_5O_{12}$	432	486	25261	2572
$CaYAlO_4$	366	455	22018	5344
$CaYAl_3O_7$	355	410	21171	3779
$LuAlO_3$	308	352	16873	4091

续表

基质化合物(A)	激发波长 $(\lambda_{abs})/nm$	发射波长 $(\lambda_{em})/nm$	红移(平均值)$[D(A)]/cm^{-1}$	斯托克斯位移 $[\Delta S(A)]/cm^{-1}$
$Lu_3Al_5O_{12}$	448	497	27019	2201
CaO	459	556	27296	3801
$LaLuO_3$	334	455	19657	7962
$SrLa_2BeO_5$:(8d)	433	485	26245	2476
$La_2Be_2O_5$	365	445	21943	4925
SrY_2O_4	397	560	24529	7332
$Ce_3(SiS_4)_2Cl$	388	477	23567	4809
$Ce_3(SiS_4)_2Br$	391	469	23765	4253
$La_3(SiS_4)_2I$:(Ce2)	345	409	20355	4536
$La_3(SiS_4)_2I$:(Ce1)	370	446	22313	4606
$Ce_3(SiS_4)_2I$	385	463	23366	4376
Y_2O_2S	467	670	27862	6488
Lu_2O_2S	469	627	28018	5373
$CePS_4$	455	541	27362	3494
$BaAl_2S_4$	385	444	23366	3452
$BaGa_2S_4$	383	442	23230	3485
$SrAl_2S_4$	397	462	24151	3544
$SrGa_2S_4$	410	448	24950	2068
$GaAl_2S_4$	396	440	24088	2525
$CaGa_2S_4$	425	466	25811	2070
$LaGaS_3$	439	502	26561	2859
ZnS :Li	424	480	25755	2751
SrS	430	480	26084	2422
CaS	458	505	27506	2032
MgS	480	525	28507	1786
(o-stab.)-β-La_2S_3	545	640	30991	2724
I-$LaLuS_3$:(La-site)	413	512	25127	4682
$BaLa_2S_4$	500	570	29340	2456
$SrLa_2S_4$	500	560	29340	2143
$CaLa_2S_4$	476	578	28332	3070
$SrGd_2S_4$	470	574	28063	3855
$CaGd_2S_4$	445	576	26868	5111
δ-Y_2S_3	530	670	30472	3943
SrY_2S_4 :(Ce1)	440	546	26613	4412
SrY_2S_4 :(Ce2)	500	625	29340	4000
CaY_2S_4	500	586	29340	2935
ε-Lu_2S_3	460	596	27601	4961
$MgSc_2S_4$	625	700	33340	1714
$SrSe$	433	470	26245	1818
$CaSe$	455	492	27362	1653
$Y_2SiO_3N_4$	425	480	25811	2696
$YSiO_2N$	370	405	22313	2335
$Y_5(SiO_4)_3N$:(Y2)	325	413	18571	6556
$Y_5(SiO_4)_3N$:(Y1)	355	461	21171	6477
$Y_4Si_2O_7N_2$	390	490	23699	5232

相对 Eu^{2+} 而言，Ce^{3+} 的发射带更宽，用于白光 LED 荧光体，更适于 1-pc-LED。有些荧光体也可用于 3-pc-LED 蓝光组分荧光体。

（3）Ce^{3+} 与 Eu^{2+} 的 f⇄d 跃迁能量之间的相关性　P.Dorenbos 对无机化合物基质中，Ce^{3+} 与 Eu^{2+} 的 f→d 跃迁能量之间的相关性，给出量化表征，特别是对吸收的红移、发射的斯托克斯位移、5d 组态的重心移动及 5d 能级晶体场劈裂等这些与跃迁能量相关因素之间建立了定量关系表达式。通过这些关联，在 Eu^{2+} 或 Ce^{3+} 中只要知道其中一个光谱学特性参数，就可推测出另一个的相应特性。这对于发光材料荧光性质的预测会有很大帮助。

如果 Eu^{2+} 和 Ce^{3+} 处在相同化合物并占据相同格位；两者周围晶格弛豫状态无太大差异；电荷补偿的缺陷位于第一配位阴离子壳层之外，则如下成立。

① Eu^{2+} 与 Ce^{3+} 的 f→d 跃迁能量（E）几近呈线性关系，即 Eu^{2+} 的吸收能量 $E(7,2+,A)$ 比 Ce^{3+} 的相应能量 $E(1,3+,A)$ 低大约 0.64 倍。两者关系可写成如下表达式：

$$E(7,2+,A)=(0.64\pm0.02)E(1,3+,A)+(0.53\mp0.06)$$

式中，7 为 Eu^{2+} 的 4f 电子数目；2+ 为 Eu^{2+} 的价态；A 为与基质化合物有关的因子；1 为 Ce^{3+} 的 4f 电子数目；3+ 为 Ce^{3+} 的价态。

② Eu^{2+} 与 Ce^{3+} 发射的斯托克斯位移呈线性关系（图 2-18），即 Eu^{2+} 的斯托克斯位移近于 Ce^{3+} 的斯托克斯位移的（0.61 ± 0.03）倍，其关系可写成如下表达式：

$$\Delta S(7,3+,A)=0.61\Delta S(1,3+,A)$$

一般来说，Eu^{2+} 发射的斯托克斯位移可写成：

$$\Delta S=(2s-1)\hbar\omega$$

斯托克斯位移值 ΔS 可通过激发光谱和发射光谱谱峰位置估算出来。

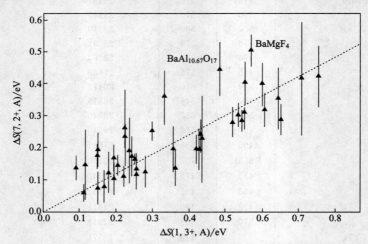

图 2-18　Eu^{2+} 和 Ce^{3+} 发射的斯托克斯
位移之间的相互依赖关系

③ Eu^{2+} 的晶体场劈裂（ε_{cfs}）（即指 $10D_q$）近于 Ce^{3+} 的 0.77 倍（图 2-19）。

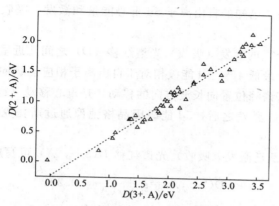

图 2-19　化合物中 Eu^{2+} 与 Ce^{3+} 的 f→d 跃迁产生红移的依赖关系

晶体场劈裂是指 $4f^n \to 4f^{n-1}5d$ 激发带中能量最高和能量最低两个强峰之间的能量差。当配位多面体形状相同时，晶体场劈裂可写成：

$$\varepsilon_{cfs} = \frac{\beta_{poly}^Q}{R_{av}^2}$$

式中，β_{poly}^Q 是一个取决于配位多面体类型的常数；Q 是中心离子电荷（Ce^{3+}，Q 为 3＋电荷；Eu^{2+}，Q 为 2＋电荷）；R_{av} 是处于周围弛豫晶格结构中 Ce^{3+} 与配体间距离，写成：

$$R_{av} = \frac{1}{N} \sum_{i=1}^{N} (R_i - 0.6\Delta R)$$

式中，R_i 是非弛豫晶格中与配位阴离子 N 形成的键长，pm；$\Delta R = R_M - R_{Ln}$，R_M 是被取代的阳离子半径；R_{Ln} 是 Ce^{3+} 或 Eu^{2+} 半径。

计算得：

$$\beta_{poly}^{2+} = 0.81\beta_{poly}^{3+}$$

Eu^{2+} 的大小取 $R_i = 12pm$ 时，则得晶体场劈裂为：

$$\varepsilon_{cfs}(7, 2+, A) = 0.77\varepsilon_{cfs}(1, 3+, A)$$

ε_{cfs} 值有时可通过比较精确的激发光谱或吸收光谱做出估算。

④ 5d 能级重心移动（ε_c），是指 5d 组态平衡位置相对于自由离子状态 5d 组态平衡位置的下移，其能量差平均值，Eu^{2+} 大约是 Ce^{3+} 的 0.61 倍。

5d 能级重心移动（ε_c）决定于配位阴离子化学性质（共价性）和物理性质（光谱极化率）。实验发现，有两种因素对 5d 能级重心移动有贡献，即：

$$\varepsilon_c = \varepsilon_1 + \varepsilon_2$$

式中，ε_1 是 5d 电子与配体轨道之间的共价作用，对共价性化合物最重要，如氯化物、溴化物、硫化物等；ε_2 是 5d 电子与配体电子之间的相关运动，它对离子性化合物非常重要，如氟化物、磷酸盐和硫酸盐等。

从 Eu^{2+} 或 Ce^{3+} 已知的自由离子 5d 重心能量和激发（吸收）光谱可对 ε_c 做出估算。

⑤ Eu^{2+} 与 Ce^{3+} 的激发（吸收）光谱红移（D）之间几近呈线性关系。

红移，指的是最低 $4f^{n-1}5d$ 能级相对于自由离子相应能级向下产生的移动。即激发（吸收）光谱谱峰位置向长波方向的移动，是重心移动（ε_c）和总晶体场劈裂（ε_{cfs}）的组合效应。激发之后，5d 能级因晶格弛豫通过斯托克斯位移还会进一步下移。

Ce^{3+} 的 f→d 跃迁激发（吸收）光谱红移 $D(3+, A)$ 可写成：

$$D(3+, A) = \varepsilon_c + \frac{\varepsilon_{cfs}}{r(A)} - 0.234$$

式中，$r(A)$ 为总的晶体场劈裂对红移的贡献。

Eu^{2+} 的 f→d 跃迁激发（吸收）光谱红移 $D(2+, A)$ 可写成：

$$D(2+, A) = f\varepsilon_c(3+, A) + 0.77\frac{\varepsilon_{cfs}(3+, A)}{r(A)} - c + [0.61\Delta S(3+, A)]$$

当自由离子状态取：

$$Eu^{2+}　　E_{Afree}(7, 2+, A) = 4.216eV$$
$$Ce^{3+}　　E_{Afree}(1, 3+, A) = 6.118eV$$

则

$$D(2+, A) = 0.64D(3+, A) - 0.233$$

某些基质中 Ce^{3+} 的激发带谱峰的红移 $D(3+, A)$ 可由下式估算出来：

$$D = 49340 - \frac{10^7}{\lambda_1}$$

式中，49340 为 Ce^{3+} 自由离子第一 f→d 跃迁能量，cm^{-1}；λ_1 为 Ce^{3+} 5d 激发带第一谱峰波长，nm。

由 Ce^{3+} 的光谱数据来预测 Eu^{2+} 的红移时，标准偏差约为 $\pm 0.12eV$；由 Eu^{2+} 的光谱数据来预测 Ce^{3+} 的红移时，标准偏差约为 $\pm 0.20eV$。

总结上述各量化关系，在所给定的限定条件下可归纳为：

$$E_{abs}(n, Q, A) = E_{Afree}(n, Q) - D(Q, A)$$
$$E_{em}(n, Q, A) = E_{Afree}(n, Q) - D(Q, A) - \Delta S(Q, A)$$

式中，$E_{abs}(n, Q, A)$ 和 $E_{em}(n, Q, A)$ 分别为二价或三价镧系离子最低 [Xe] $4f^n$ 组态与最低 [Xe]$4f^{n-1}5d$ 组态之间的能量差；n 为 $4f^n$ 基态的电子数目；Q 为离子电荷；A 为可变的化合物。

$E_{Afree}(n, Q)$ 对每种镧系离子均为常数。接近自由离子中第一 f→d 跃迁能量。$D(Q, A)$ 和 $\Delta S(Q, A)$ 分别表示化合物 A 中红移和斯托克斯位移。

总之，在满足限定条件情况下，通过上述关系，可借助于 Ce^{3+} 的已知光谱学

性质来预测 Eu^{2+} 的相关光谱学性质，或估算相关参数。反之亦然。

2.2.4.1　1-pc-LED 用荧光体

（1）$Y_3Al_5O_{12}$：Ce^{3+}（YAG：Ce^{3+}）　YAG：Ce^{3+} 是第一个被用于与 LED 匹配成为荧光体转换型白光 LED 用的发光材料，具有标志性。

1964 年，Gesusic 等发现了 YAG 具有的特殊光学性质——优异的激光晶体的基质。随后对有关稀土离子掺杂的 YAG：Ln^{3+} 体系荧光特性展开了广泛研究。YAG 属钇铝石榴石型晶体，其通式为 $X_3(A_3B_2)O_{12}$。YAG 即为 $Y_3(Al_3Al_2)O_{12}$，其中 Al_3 即为通式中 A_3，表示 Al 充填于由氧原子构成的正四面体中心。其中 Al_2 即为通式中 B_2，表示 Al 充填于由氧原子构成的正八面体中心，每一个单位晶胞由八个通式构成，YAG 属立方晶系。YAG 也可形成四方晶系。

纯 YAG 晶体的能带隙大，不吸收可见光，实现掺杂后，完成格位取代，则可产生发光。Ce^{3+} 掺入到 YAG 后，取代 $Y_3Al_5O_{12}$ 中部分 Y^{3+}（格位取代），吸收 470nm 蓝光而被激发产生 550nm 黄光发射。

Jacobs 研究了 YAG：Ce 中 Ce^{3+} 的光谱，给出了能级结构图（图 2-20）。指出 Ce^{3+} 在 YAG 中存在激发态吸收损耗。由图中可以看出，Ce^{3+} 离子基态为 4f，具有两个自由离子态，即 $^2F_{5/2}$ 和 $^2F_{7/2}$，能级间距为 2300cm^{-1}。就自由离子而言，激发态组态为 $4f^65d$ 的 5d 电子所形成的 ^2D 项会因自旋-轨道耦合作用劈裂成 $^2D_{3/2}$ 和 $^2D_{5/2}$ 两种能态，因为激发态 5d 电子的半径波函数在空间的伸展度比封闭的 $5s^25p^6$ 壳层大，故受基质晶格晶体场的影响强烈。Ce^{3+} 在 $Y_3Al_5O_{12}$ 基质中处于一畸变的立方位置 D_2，晶体场劈裂约为 10^4cm^{-1}，而自旋-轨道耦合作用造成的劈裂为 10^3cm^{-1}。由图 2-20 可以看出，YAG：Ce^{3+} 中最低两个 5d 能态强吸收带分别位于 340nm 和 460nm，5d→$^2F_{5/2}$ 和 5d→$^2F_{7/2}$ 跃迁发射，最强谱峰位于 550nm，谱带宽度 1500cm^{-1}。现在实用化了的 1-pc-LED 即是利用 YAG 中 Ce^{3+} 上述光谱特性构筑而成的，经多方改进了的这类 1-pc-LED 依然是当前市场的主要产品。然而要获得更长寿命产品（50000～100000h），亟待解决的重要问题是产品退化。研究

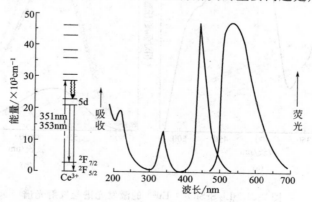

图 2-20　Ce^{3+} 在 YAG 中的光谱及能级

表明，不同类型 LED 退化机制不同，不同光输出，退化速率也不一样。经分析，引起蓝光 LED/YAG：Ce 白光 LED 退化的主要原因来源于两方面：①芯片 p-n 结过热，使周围环境温度升高，带隙受热，进而使环氧树脂变黄；②由于短波长光（紫外线及 $400\sim500\text{nm}$ 波长光）长时间辐照，聚合物及环氧树脂产生光降解变黄。实验结果证明，相同驱动电流下 5mm 的荧光体转换的白光 LED，其退化速率比同类型蓝光 LED 快。这是因为，掺到树脂中的荧光体颗粒是等方位发光的，即辐射能是通过树脂传递的，而散射颗粒又不起能量转换作用。因此树脂容易很快变黄。

关于 YAG：Ce^{3+} 下一章将更详细介绍。

(2) Li_2SrSiO_4：Eu^{2+}　　Li_2SrSiO_4：Eu^{2+} 是最新报道的 1-pc-LED。图 2-21 是该体系的激发光谱和发射光谱。激发波长由 220nm 延伸到 530nm，两个强谱峰分别位于 420nm 和 450nm，发射带谱峰位于 562nm。色坐标 $x=0.3346$，$y=0.3401$。由于红光组分增多，相对于 YAG：Ce^{3+} 而言，显色性明显得到改善（YAG：Ce^{3+}，$x=0.3069$，$y=0.3592$），发光效率与最好的 YAG：Ce^{3+} 相当（35lm/W）。由图 2-16 可以看出，体系中以 Li_2CO_3 形式引入 Li^+ 的量对发射强度影响很大，实验条件下，过量 5% 最佳。适当过量的 Li_2CO_3 提供的 Li^+ 补偿了合成过程中因 Li_2O 挥发而形成的 Li^+ 空位，不引入 Li^+ 或过量 Li^+ 都会降低发射强度。

图 2-22 是 Li_2SrSiO_4：Eu^{2+} 中 Eu^{2+} 浓度与其发射强度的关系。在 Li_2SrSiO_4：Eu^{2+} 中，Eu^{2+} 掺杂的临界浓度为 0.005mol。从图 2-22 中可以看出，不同波长激发，

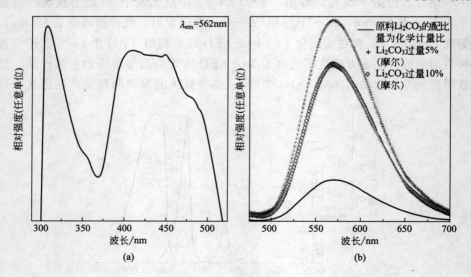

图 2-21　Li_2SrSiO_4：Eu^{2+} 的激发光谱与发射光谱

(a) 激发光谱；(b) 发射光谱

发射强度也明显不同，420nm 及 400nm 激发，强度最大，450nm 激发，发射强度降低。因此适用于 InGaN（420nm）/Li$_2$SrSiO$_4$：Eu^{2+}（562nm）组合复合成白光。

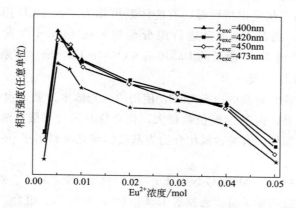

图 2-22　Li$_2$SrSiO$_4$：Eu^{2+} 中 Eu^{2+} 浓度与其发射强度的关系

图 2-23 是 InGaN(420nm)/Li$_2$SrSiO$_4$：Eu^{2+} 组合后白光 LED 的发光光谱，右上角是用于对比的 InGaN（455nm）/YAG：Ce^{3+} 的光谱。结构研究表明，Eu^{2+} 处于一个畸变的强晶体场中，所以发射光谱中红光成分增多。

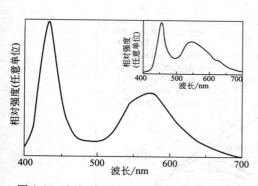

图 2-23　InGaN(420nm)/Li$_2$SrSiO$_4$：Eu^{2+}
组合后白光 LED 的发光光谱

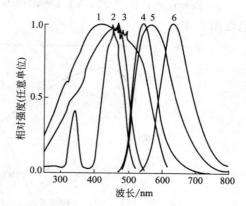

图 2-24　（M$_2$Si$_5$N$_8$：Eu^{2+}-M^{II}Si$_2$O$_2$N$_2$：Eu^{2+}）
体系的激发光谱与发射光谱
1～3—激发光谱；4～6—发射光谱；
1 对应 4，2 对应 5，3 对应 6

Li$_2$CaSiO$_4$：Eu^{2+} 虽然与 Li$_2$SrSiO$_4$：Eu^{2+} 属同构，但光谱特性差异很大。465nm（或 380nm）激发，其发射谱峰都位于 480nm，并且带宽较窄。斯托克斯位移很小，是该体系的一个特点。Dorenbos 对此有如下解释：①Eu^{2+} 与 Ce^{3+} 一样，斯托克斯位移大小取决于晶格（实际上是取决于发光中心晶格弛豫），只是 Eu^{2+} 斯托克斯位移小，仅为 Ce^{3+} 的 0.6 倍；②斯托克斯位移与发光中心周围配位类型有关。

关于各类硅酸盐体系将在以后章节中进行更详细的介绍。

（3）其他体系　从光谱特性看，有些体系可作为 1-pc-LED 用荧光体研究，如 α-SiAlON：Yb^{2+}，通过 Ca 掺杂进行组分调整，在 445nm 激发下可获得 550～560nm 发射；Ce^{3+} 或 Eu^{2+} 激活的 $LaMGa_3S_6O$（M＝Ca，Sr）体系也值得研究。

2.2.4.2　2-pc-LED 用荧光体

二波长（或波段）转换的白光 LED，使用的荧光体多为氮化物或含氮硅氧化物。这类化合物的特点是，由于 N 配位数目大，化合物共价性增强，激发波长与发射波长易红移，谱带易宽化。有关含氮化合物为基质的荧光材料用于 pc-LED 的研究，日趋活跃。

（1）$M_2Si_5N_8$：Eu^{2+}-$M^{II}Si_2O_2N_2$：Eu^{2+}（M＝Ca，Sr，Ba）　采用两种 Eu^{2+} 激活的碱土氮化硅酸盐与量子阱蓝光发射 LED[（InGa）N-GaN] 组合，形成暖白光发射的白光 LED，构筑成一个 2-pc-LED，图 2-24 是该体系的激发光谱与发射光谱，体系为：

红光组分　$M_2Si_5N_8$：Eu^{2+}　　$\lambda_{em}=620nm$

绿光组分　$M^{II}Si_2O_2N_2$：Eu^{2+}　　$\lambda_{em}=540nm$

$\eta=25lm/W$，$R_a>90$，CCT＝3200K。图 2-25 是该组合系统 2-pc-LED 体系的色度图。

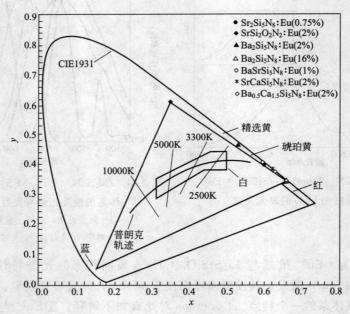

图 2-25　（$M_2Si_5N_8$：Eu^{2+}-$M^{II}Si_2O_2N_2$：Eu^{2+}）体系的色度图

　　这两种荧光体化学稳定性和热稳定性都很好。其晶体结构与经典氧硅酸盐结构不同，它是由四个邻近的 Si 原子连接的 N 原子形成的 [SiN$_4$] 四面体构成的。产生红光发射的 Sr$_2$Si$_5$N$_8$：Eu^{2+}，有一个三维刚性网络结构四面体 [SiN$_4$]，四面体带有一半 N 原子，它们分别连接在两个 [N$^{(2)}$] Si 和 [N$^{(3)}$] Si 原子上。其中 [N$^{(3)}$] 原子是处在 Si$_3$N$_3$ 的浓缩层中，Sr^{2+} 离子被十个 N 原子配位，而且主要是 N$^{(2)}$，Eu$_2$Si$_5$N$_8$、Ba$_2$Si$_5$N 与 Sr$_2$Si$_5$N$_8$ 都是同型异构的。

　　对于红光组分荧光体 (Ba$_{1-x-y}$Sr$_x$Ca$_y$)$_2$Si$_5$N$_8$：Eu^{2+} 可通过增大基质中小半径阳离子浓度或增大 Eu^{2+} 浓度来调节 Eu^{2+} 从黄到深红的发射谱峰位置。在正交结构的 M$_2$Si$_5$N$_8$ 中将 N$^{(2)}$ 用 O$^{(2)}$ 取代，可得到 SiAlON$_3$。为保持电中性，用 Al 部分取代 Si，形成化合物 M$_2$Si$_{5-x}$Al$_x$[N$^{(2)}$]$_{4-x}$[O$^{(2)}$]$_x$[N$^{(3)}$]$_4$，在 M$_2$Si$_{5-x}$Al$_x$N$_{8-x}$O$_x$：Eu^{2+} 中随 x 增大，Eu^{2+} 发射带产生红移，斯托克斯位移变大。M^{II}Si$_2$O$_2$N(M^{II}＝Ca，Sr) 是单层硅酸盐。[Si$_2$O$_2$N$_2$]$^{2-}$ 中，Si：(O/N)＝1：2 就是一个三维网络结构硅酸盐，而不是二维层状结构。SrSi$_2$O$_2$N$_2$ 中存在四面体 SiON$_3$，形成浓缩的 Si$_3$N$_3$ 环，每个 N 原子连接三个 Si，而所有 O 原子最终都被束缚在 Si 上。

　　同 YAG：Ce^{3+} 相比，两种氮硅酸盐中 Eu^{2+} 激发带宽。YAG：Ce^{3+} 激发带虽然窄，但发射带较宽。同氧化物基质荧光体相比，这两种含氮体系中 Eu^{2+} 的激发带与发射带都显著红移。这可归因于强的电子云扩展效应导致的 Eu^{2+} 离子净正电荷减少，因为 Eu^{2+} 与其 N 配体之间存在强的键合作用。

　　正交结构的 M$_2$Si$_5$N$_8$：Eu^{2+} 的斯托克斯位移很小 (约 2700cm^{-1})，因此这种材料可在蓝区到绿区都能很好地被激发；同时，小的斯托克斯位移可在保证高发光量子效率 (QE) 下有一个良好的热稳定性。最佳条件下，200℃时量子效率 QE＞90%。

　　关于含氮体系，第 6 章将详细讨论。

　　(2) 其他体系　Ca$_3$Si$_2$O$_7$：Eu^{2+}，激发带为 400～500nm，蓝光 LED 激发下发射带谱峰位于 600nm；Ba$_9$Sc$_2$Si$_6$O$_{24}$：Eu^{2+}，激发带从紫外区可延伸到蓝区，发射带谱峰位于 508nm。两者与蓝光 LED 匹配，可得到复合的白光 2-pc-LED。

　　与 1-pc-LED 相比，二波长 (或波段) 转换的白光 LED(2-pc-LED)，显色性、发光效率及相关色温都有一定改善。

2.2.4.3　3-pc-LED 用荧光体

　　从研究动态发展趋势看，对于白光 LED 转换用发光材料研究，新体系探找和 YAG：Ce^{3+} 体系改进工作几乎是齐头并进，但从主流文献动向看，仍是探索工作居于强势。在探找新材料体系研究中，针对 1-pc-LED、2-pc-LED 和 3-pc-LED 的工作是同时全面展开的，但明朗的趋势是更注重 3-pc-LED，即三波长 (或波段) 转换的白光 LED 用发光材料。这是因为：① 三波长转换的白光 LED 用荧光体的发光，是以紫外或紫光发射芯片激发，从白光 LED 发光色度与输入芯片的电流相关性衡量，随输入电流增加，蓝光 LED 与黄光 YAG：Ce 构成的白光 LED，其蓝光发射强度随之增强，白光色度变差；而紫外 LED 激发的三波长（或波段）转换的白光 LED，其白光色度则几乎不变，可以保证获得好的显色性；②三波长（或波段）转换的白光 LED 是由发红、绿、蓝三种光色的荧光体与紫外（或紫）芯片组合而成的，三种谱带的每个带宽都相对较窄；而实验结果证明，窄带发射光谱复合成的白光比宽带发射光谱复合成的白光，亮度更高，显色性更好。

　　三波长（或波段）转换用荧光体，至今尚未真正实用化，可能源自两方面原因。①与合适荧光体匹配的较理想的紫外发射 LED 芯片缺乏。虽然紫外线的波长范围很宽，从真空紫外到近紫外之间区域均属于紫外区，但对红、绿、蓝三种光发射都能同时十分有效激发的紫外 LED，其激发波段却很窄，而且要求斯托克斯位移尽可能小，因此困难较大。②已有的大量适于紫外（如 365nm）激发的荧光体，虽然可考虑作为白光 LED 用荧光体加以研究，但终究因为原本不是针对白光 LED 应用而开发的，所以不完全具备白光 LED 所要求的特质，难以实现两者的匹配，事实上也是如此。原来只是为某种特定应用目的开发的发光材料，如果最终不是定向应用，而是改用其他，往往不易充分体现出该荧光体的适宜优越性，甚至不能应用。因此，开发与研究三波长（或波段）转换的白光 LED 用荧光体，首要任务是寻找新的专用发光材料。

　　如前所述，三波长转换的白光 LED 用荧光体研究，是具有方向性的主流课题，短波长的紫外 LED 的问世，将会促使这一研究更加活跃。

　　实现三波长转换的白光 LED，其荧光体一般采用三种体系，如用紫外 LED（约 409nm）与 $Sr_4Al_4O_{25}$：Eu^{2+}（$\lambda_{em}=490nm$）、$SrAl_2O_4$：Eu^{2+}（$\lambda_{em}=520nm$）及 $Eu(BTFA)_3phen$（$\lambda_{em}=610nm$）三种荧光体组合复合成白光，结果是：色坐标 $x=0.321$，$y=0.365$。图 2-26 是该体系的三种荧光体激发光谱与紫光 LED 发射光谱的匹配情况。

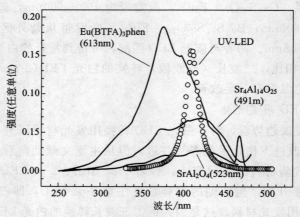

图 2-26　三种荧光体激发光谱与紫光 LED 发射光谱

有的情况下，只采用一种荧光体，紫外 LED 激发下荧光体同时发射红、绿、蓝三种光色，经透镜作用复合成白光。典型体系是：$Ba_3MgSi_2O_8$：Eu^{2+}，Mn^{2+}。375nm 激发下，荧光体同时发出 440nm、505nm 和 620nm 的蓝、绿、红三种光色，与紫外 LED 匹配复合成白光，色坐标 $x=0.38$，$y=0.35$（图 2-27）。

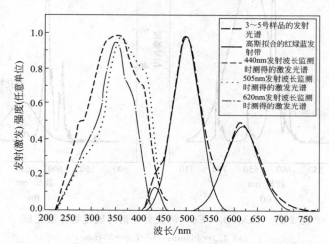

图 2-27 $Ba_3MgSi_2O_8$：Eu^{2+}，Mn^{2+} 的激发光谱与发射光谱

2.2.4.4   pc-LED 用红光发射荧光体

激发波长越长能量越低，因此适用于白光 LED 的红光发射荧光体的研究与开发尤为引人关注。碱土金属钨酸盐和钼酸盐是报道较多的基质。例如，Eu^{3+} 激发的 $CaMoO_4$ 在 394nm 和 467nm 激发下，产生 614nm 的红光发射，这是由于 $MoO_4 \rightarrow Eu^{3+}$ 产生能量传递，使 Eu^{3+} 发射强度增强的缘故。从图 2-28 可以看出，394nm 激发比 464nm 激发更有效。该体系适于与紫外 LED 匹配，用于 3-pc-LED 红光发射组分，或与蓝光 LED 匹配用于 2-pc-LED 红光发射组分，也可以与 YAG：Ce^{3+} 组合一起与蓝光 LED 匹配复合成白光，以补充红光成分。

由于 Eu^{3+} 对 $CaMoO_4$ 中 Ca^{2+} 的格位取代，属不等价取代，有空位存在，因此完成电荷补偿是必要的。实验结果证实，在体系中引入一定量适当电荷补偿离子，614nm 红光发射强度会明显增强，使 $CaMoO_4$：Eu^{3+} 用于白光 LED 红光组分更有实用价值。

$CaMoO_4$ 具有白钨矿结构，属四方晶系。晶胞参数为 $a=5.226$，$c=11.43$。$CaMoO_4$ 中只有一个钙格位，由八个 O^{2-} 与一个 Ca^{2+} 配位，形成一个畸变的十二面体立方结构。Mo^{6+} 与四个 O^{2-} 配位，位于氧四面体中心，形成 $MoO_4{}^{2-}$ 阴离子络合物。实验证明，当用半径小于 Ca^{2+} 的 Li^+ 作为电荷补偿剂时，基质晶胞参数变小，XRD 的峰值向高角位移动；而用离子半径大于 Ca^{2+} 的 Na^+ 或 K^+ 作为电荷补偿剂时，$CaMoO_4$ 基质的晶胞参数增大，XRD 的峰值向小角位移动。

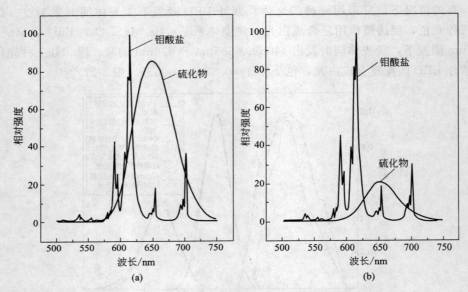

图 2-28　$CaMoO_4$：Eu^{3+} 的发射光谱与硫化物体系比较

(a) $\lambda_{exc}=464nm$；(b) $\lambda_{exc}=394nm$

图 2-29 是用 K^+ 作为电荷补偿离子时 $CaMoO_4$：Eu^{3+} 的激发光谱与发射光谱。为了比较，图中也给出了空穴补偿和无电荷补偿离子的光谱强度。

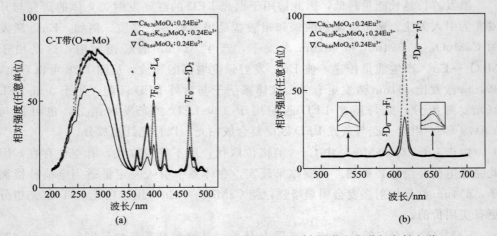

图 2-29　有电荷补偿离子存在时 $CaMoO_4$：Eu^{3+} 的激发光谱与发射光谱

(a) 激发光谱；(b) 发射光谱

从激发光谱可以看出，激发光谱由三部分组成：200～350nm 为 O→Mo 电荷迁移带，350～500nm 线状峰为 Eu^{3+} 的 f→f 跃迁吸收；394nm 附近的峰群归属于 Eu^{3+} 的 $^7F_0→^5L_6$ 跃迁，位于 467nm 附近的峰归属于 Eu^{3+} 的 $^7F_0→^5D_2$ 跃迁。这是 Eu^{3+} 可被用于与近紫外发射 LED 和蓝光发射 LED 匹配的两个有意义的激发峰。

Eu^{3+} 在 $CaMoO_4$ 中激发强度比在其他基质中都大，这是因为存在有特殊晶体结构避免了浓度猝灭的缘故。从发射光谱可以看出，614nm 发射强度最大，归属于 Eu^{3+} 的 $^5D_0 \rightarrow {}^7F_2$ 电偶极跃迁。发现 K^+ 补偿后，体系的 Eu^{3+} 发射强度明显增强，与未做补偿的 $CaMoO_4$：Eu^{3+} 比较，$Ca_{0.56}K_{0.24}MoO_4$：$0.24Eu^{3+}$ 的发射强度增强大约 3 倍。467nm 激发与 397nm 激发效果相近。曾有文献报道 397nm 激发下，$Ca_{0.76}MoO_4$：$0.24Eu^{3+}$ 的红光发射强度是传统 LED 灯用粉 CaS：Eu^{2+} 的 5 倍；在 467nm 蓝光激发下，其红光发射强度是 CaS：Eu^{2+} 的 1.15 倍，显然，经过 K^+ 电荷补偿后的 $CaMoO_4$：Eu^{3+} 红粉用于白光 LED 红光发射组分更会有效。

电荷补偿使 Eu^{3+} 发射强度增强，其原因分析如下：①电荷补偿后平衡了 Eu^{3+} 等量取代 Ca^{2+} 造成的电荷失衡；②碱金属氧化物在合成过程中同时起到了助熔剂的作用，提高了基质的结晶度；③碱金属离子占据 Ca^{2+} 格位后，在空间结构上抑制了 Eu^{3+} 的非辐射能量传递作用，增大了 Eu^{3+} 的发射强度。具体来说，高浓度 Eu^{3+} 掺杂，红光发射没有发光浓度猝灭。采用空穴平衡电中性时，Eu^{3+} 红光发射强度也会显著提高。但是，随着 Eu^{3+} 掺杂量加大，发射强度便会因浓度猝灭而明显下降。然而，采用碱金属离子作为电荷补偿剂，Eu^{3+} 的红光发射并未出现浓度猝灭现象。这表明，Eu^{3+} 红光发射浓度的增强并不仅仅是因为电荷补偿的作用。一些实验结果表明，$Na_5Eu(WO_4)_4$ 和 $K_5Eu(WO_4)_4$ 都为白钨矿结构，四方晶系，在这种结构中，Eu—O—W、O—W—O 键的键角分别为 100° 和 105°。Eu—W—O—Eu 这种空间构型有效地阻止 Eu^{3+} 离子之间的非辐射能量传递，从而确保 Eu^{3+} 在高浓度掺杂下红光发射强度不发生浓度猝灭。$Ca_{1-x}K_xMoO_4$：Eu^{3+} 中也存在类似空间构型，因此即使高浓度掺杂也会有很强发射产生。

白光 LED 转换用的红光发射荧光体，除 $CaMoO_4$：Eu^{3+} 外，还有 Y_2O_3：Eu^{3+}，Bi^{3+}、Y_2O_2S：Eu^{3+}、YVO_4：Eu^{3+}，Bi^{3+}、CaS：Eu^{2+}、$CaM_2Si_5N_8$：Eu^{2+}（M=Sr，Ba）以及 $CaAl_{12}O_{19}$：Mn^{4+} 等。Y_2O_3：Eu^{3+} 红光发射在 254nm 激发下有效，但长波紫外和蓝光激发效率极低，Bi^{3+} 引入后，由于 Bi^{3+} 对长波紫外吸收，并可以发生 $Bi^{3+} \rightarrow Eu^{3+}$ 的能量传递，敏化 Eu^{3+} 发光。因此，365nm 激发下会产生强的 611nm 特征发射，而使 Y_2O_3：Eu^{3+}，Bi^{3+} 可用于白光 LED 红光组分，YVO_4：Eu^{3+}，Bi^{3+} 中存在类似的能量传递过程，Bi^{3+} 敏化 Eu^{3+} 的发光。Eu^{3+} 掺杂的 $CaM_2Si_5N_8$ 体系，如前所述，在可见区有强的吸收。猝灭温度高，200℃ 温度下红光发射强度依然可以维持 90% 以上。Mn^{4+} 激活的 $CaAl_{12}O_{19}$ 体系，激发在 250～500nm，可用紫外线激发，也可用蓝光激发，发射谱峰位于 650nm（图 2-30），色坐标为 $x=0.728$，$y=0.269$。该体系既可用于 3-pc-LED，也可用于 2-pc-LED。

$Na_2SrSi_2O_6$：Eu^{3+}，在 400nm 激发下发射波长为 589nm 和 613nm，可用于 3-pc-LDE 红光组分。由于 Eu^{3+} 对 Sr^{2+} 的取代属不等价取代，添加适量的合适的电荷补偿剂，如 Al^{3+} 或 Ga^{3+} 等，Eu^{3+} 发射强度会增强 2～2.5 倍。

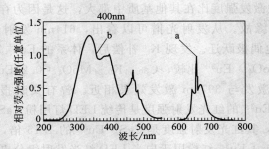

图 2-30　$CaAl_{12}O_{19}$：Mn^{4+} 的激发光谱与发射光谱

a—EX＝400nm；b—EM＝656nm

Ba_2ZnS_3：Mn^{2+} 近紫外线激发下，发射波长为 625nm，色坐标为 $x=0.654$，$y=0.321$，可作为 3-pc-LED 用发光材料。

第3章 发光材料性能的主要检测技术

单一技术难以提供发光材料性能鉴定的全部数据，往往需要多种测量手段综合应用才能表征材料的性能。概括地说主要有三大技术：衍射技术、显微技术和光谱技术。有时还需要组成分析和热分析等方法。

3.1 晶体结构和颗粒度测定——衍射技术应用

3.1.1 粉末 X 射线衍射

（1）粉末 X 射线衍射（XRD）图　每种晶体都有一组特征的 d 值（面间距），其 X 射线衍射线（或峰）的分布都是一定的，每种晶体内原子排列也是一定的，故衍射线的相对强度也是一定的，即每个晶体都有一套特征的粉末衍射数据（面间距 d 和衍射强度 I），可作为定性鉴定物质和该物质所处相的依据。多晶粉末样品研究的主要方法是依据布拉格方程：$n\lambda = 2d\sin\theta$。衍射图是通过衍射仪记录衍射峰得到的。粉末 X 射线衍射法灵敏度在 5% 左右。

（2）JCPDS 卡片　测得衍射图，常常采用比对法确认未知样品的化合物的所属晶系。比对时需有 JCPDS 卡片。每张卡片上都有编号，这个编号需从 JCPDS 卡片索引书中查出。该索引是以化合物英文名称第一个字母顺序排列的。依据所测得样品可能组成物相，找出该可能化合物卡片编号。再从卡片中找到该编号的卡片。一般来说，卡片上给出化合物分子式、英文名称、结晶学数据、来源文献、d 值（或 2θ 角）、强度 I 或相对强度 I/I_0 及 hkl。强度最强为 100，按 d 值大小依次给出 d 值并给出强度值。有时，同一种化合物可能有几张不同编号的卡片。这往往是由于存在不同构型或数据来源不同所致。图 3-1 是查得的不同编号的 $KMgF_3$ 晶体的卡片。

（3）晶体结构具体鉴定方法　鉴定待测样品时，将实验测得的衍射图及给出的数据与卡片对照，看 d 值相符程度。如果 d 值数据相等或非常接近（一般考察小数点后四位或后三位），可看成是结构相同或相近。例如，拟合成 $KMgF_3$ 多晶粉末，要鉴定所得产物是不是预期化合物，可按下列步骤进行：

① 测定 XRD，获得粉末 X 射线衍射图和相关结晶学数据（图 3-2）；

② 查找索引，发现有 5 张卡片，其编号分别是：03-1060、18-1033、75-0307、86-2480、86-2481（图 3-1）；

③ 将测得的实验数据 d 值与卡片对照。发现图 3-2 的数据与图 3-1(b)（编号：18-1033）的数据基本相符，故认定所得产物结构为立方晶系 $KMgF_3$。

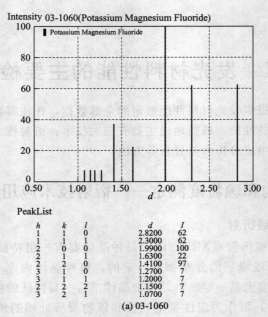

Intensity 03-1060(Potassium Magnesium Fluoride)

PeakList

h	k	l	d	I
1	1	0	2.8200	62
1	1	1	2.3000	62
2	0	0	1.9900	100
2	0	1	1.6300	22
2	1	0	1.4100	97
3	1	0	1.2700	7
3	1	1	1.2000	7
2	2	2	1.1500	7
3	2	1	1.0700	7

(a) 03-1060

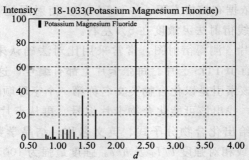

Intensity　　18-1033(Potassium Magnesium Fluoride)

PeakList

h	k	l	d	I
1	0	0	3.9880	2
1	1	0	2.8190	94
1	1	1	2.3020	83
2	0	0	1.9943	100
2	1	0	1.7842	1
2	1	1	1.6284	24
2	2	0	1.4101	36
3	0	0	1.3298	1
3	1	0	1.2614	6
3	1	1	1.2028	8
2	2	2	1.1516	8
3	2	1	1.0661	8
4	0	0	0.9972	2
4	1	1	0.9403	2
3	3	1	0.9150	2
4	2	0	0.8920	10
3	3	2	0.8505	1
4	2	2	0.8142	3
5	1	0	0.7823	4

(b) 18-1033

图 3-1

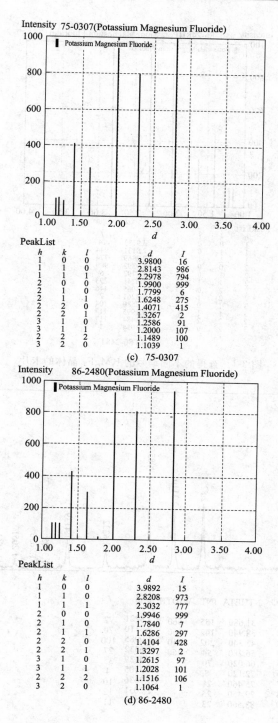

Intensity 75-0307(Potassium Magnesium Fluoride)

Potassium Magnesium Fluoride

d

PeakList

h	k	l	d	I
1	0	0	3.9800	16
1	1	0	2.8143	986
1	1	1	2.2978	794
2	0	0	1.9900	999
2	1	0	1.7799	6
2	1	1	1.6248	275
2	2	0	1.4071	415
2	2	1	1.3267	2
3	1	0	1.2586	91
3	1	1	1.2000	107
2	2	2	1.1489	100
3	2	0	1.1039	1

(c) 75-0307

Intensity　　86-2480(Potassium Magnesium Fluoride)

Potassium Magnesium Fluoride

d

PeakList

h	k	l	d	I
1	0	0	3.9892	15
1	1	0	2.8208	973
1	1	1	2.3032	777
2	0	0	1.9946	999
2	1	0	1.7840	7
2	1	1	1.6286	297
2	2	0	1.4104	428
2	2	1	1.3297	2
3	1	0	1.2615	97
3	1	1	1.2028	101
2	2	2	1.1516	106
3	2	0	1.1064	1

(d) 86-2480

图 3-1

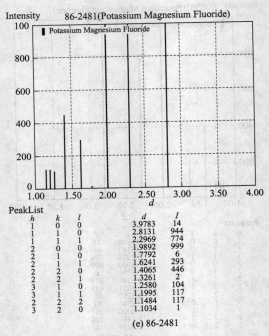

图 3-1　查得的不同编号的 KMgF₃ 晶体的卡片

Intensity　　　86-2481(Potassium Magnesium Fluoride)

PeakList

h	k	l	d	I
1	0	0	3.9783	14
1	1	0	2.8131	944
1	1	1	2.2969	774
2	0	0	1.9892	999
2	1	0	1.7792	6
2	1	1	1.6241	293
2	2	0	1.4065	446
2	2	1	1.3261	2
3	1	0	1.2580	104
3	1	1	1.1995	117
2	2	2	1.1484	117
3	2	0	1.1034	1

(e) 86-2481

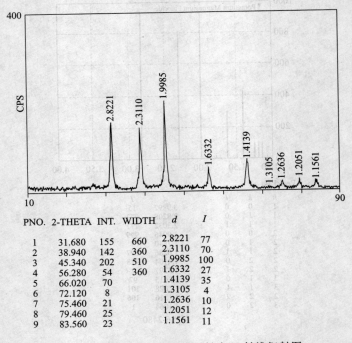

PNO.	2-THETA	INT.	WIDTH	d	I
1	31.680	155	660	2.8221	77
2	38.940	142	360	2.3110	70
3	45.340	202	510	1.9985	100
4	56.280	54	360	1.6332	27
5	66.020	70		1.4139	35
6	72.120	8		1.3105	4
7	75.460	21		1.2636	10
8	79.460	25		1.2051	12
9	83.560	23		1.1561	11

图 3-2　实验测得的 KMgF₃ 粉末 X 射线衍射图

（4）指标化　指标化是给每条衍射线标出衍射指数，即求出晶格常数。指标化方法很多，晶体对称性不同，往往采用的方法也不同，主要有卡片法、计算法和图解法，其中图解法用得较多。

图解法指标化，主要依据布拉格公式，导出 $\sin^2\theta$ 与 $[hkl]$ 关系，并作 $\sin^2\theta$-$[h^2+k^2+l^2]$ 图，求出各条线指标。以 $Y_2Sb_2O_7$ 为例，图解法指标化，求晶胞参数。

已知 $Y_2Sb_2O_7$ 属立方晶系，由布拉格公式 $n\lambda=2d\sin\theta$ 导出：

$$\sin^2\theta=\frac{\lambda^2(h^2+k^2+l^2)}{4a^2}$$

由 X 射线衍射图得到的数据（表 3-1），以 $\sin^2\theta$ 为纵坐标、$(h^2+k^2+l^2)$ 为横坐标作图（图 3-3）。由图 3-3 可以看出，能同时经过零点及 $\sin^2\theta$ 点的直线只有一条，并且其斜率为 $\lambda^2/4a^2$。可以注意到，横坐标 $(h^2+k^2+l^2)$ 的值为 0，1，2，3，…，但不存在 7、15、23 等。从图 3-3 中可得到第一条衍射线为 $[h=1,k=1,l=1]$，即 $[111]$，第二条为 $[h=2,k=0,l=0]$，即 $[200]$，第三条为 $[h=2,k=2,l=0]$，即 $[220]$，第四条为 $[h=3,k=1,l=1]$，即 $[311]$。由下式求出 a 值：

$$a^2=\frac{\lambda^2(h^2+k^2+l^2)}{4\sin^2\theta}$$

$$a=5.20$$

表 3-1　$Y_2Sb_2O_7$ 结晶学数据

$\theta/(°)$	$\sin^2\theta$	$d/Å$	I
14.88	0.066	3.00	100
17.20	0.087	2.61	10
24.65	0.174	1.85	30
29.30	0.240	1.58	10

注：1Å=0.1nm。

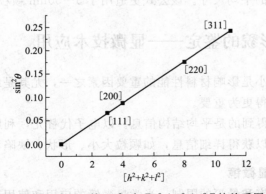

图 3-3　$Y_2Sb_2O_7$ 的 $\sin^2\theta$ 与 $[h^2+k^2+l^2]$ 的关系图

3.1.2　单晶 X 射线衍射

单晶衍射得到的是衍射斑点。现在多用四圆衍射仪，获取的斑点能直接反映晶体的倒易晶格，由格点间距离可算出单胞尺寸等。单晶 X 射线衍射图可以确定单晶结构、晶胞类型、空间群、单胞中所有原子的位置，从而可推出配位数、原子大小、键合状况等，此外，还可得到晶体缺陷状况：完整单晶在衍射图上均为斑点。若为二维缺陷或无序状态时，衍射图上出现的则是条纹或盘状。

3.1.3　粉末 X 射线衍射法测定多晶颗粒粒度

粉体荧光材料的粒度检测，属材料形貌分析。粒度常以"粒径"或"平均粒径"表示，但对于非球形的不规则形状颗粒，"粒径"的概念就会令人感到含混。于是便对粒度的定义进行如下描述：即粒度是"通过颗粒重心连接颗粒表面两点间线段长度的平均值"。然而，即使如此，粒度的概念也只是针对一个颗粒大小而言的。因此，对发光材料这种以大量颗粒组成的粉体，就需要用粒度分布来表征。粒度分布是指粉体样品中各种"粒径"大小颗粒占总质量的比例。测量粒度分布的仪器目前主要使用的是激光粒度计。此外，还有沉淀法、电阻法颗粒计数器等。粒度的测量方法很多，粉末 X 射线衍射技术是其中之一。

设 B 为衍射峰半高宽，则有：

$$B = \frac{k\lambda}{d\cos\theta}$$

式中，k 为形状因子（按球形粒子处理，故 k 取值为 0.89）；λ 为 X 射线波长（取 0.154nm）；d 为小晶体平均粒径；θ 为入射角。$B^2 = B_{测}^2 - B_{标}^2$。即 $B_{测}$ 为被测样品实际测得的半高宽，$B_{标}$ 为颗粒大于 100nm 的标准样品的半高宽，故 $B = 0.89\lambda/d\cos\theta$，即：

$$d = \frac{0.89\lambda}{B\cos\theta}$$

由此求得晶粒的平均尺寸。该公式更适用于 5～50nm 颗粒粒度的确定。

3.2　荧光粉形貌的鉴定——显微技术应用

颗粒形貌与大小是影响材料性能的重要因素之一，尤其是纳米发光材料研究的开展，形貌测量显得更为重要。

X 射线衍射法得到的是平均结构信息。以电子代替光，利用电子衍射来解析结构和颗粒形貌，可以获得详细信息，如颗粒大小、形状、缺陷和相变等。

3.2.1　透射电子显微镜

由于受到分辨率和景深的限制，光学显微镜的应用和使用范围明显受限，甚至已不适于几微米大小颗粒的观察。

透射电子显微镜分辨率达 0.2nm，这样高的分辨能力除了用图像中能够分辨的物体上两个点的最短距离表征外，甚至还可以从对已知晶格常数的晶体薄片拍摄的晶格像得到的晶格分辨率来表征。电子束透过薄的样品，经物镜成像，经放大镜、中间镜、投影镜几级放大，最后在荧光屏上形成一个经放大的试样图像，通过选择区电子衍射技术，控制成像的试样区。

透射电子显微镜（TEM）的被测样品的制备技术要求很高。因为电子束穿透力弱，故要求样品很薄（几十纳米）。荧光粉样品：用电子束透过率高的有机材料膜，在样品表面印下与表面形貌一致的复膜，再用金、碳等进行表面蒸镀处理，以增强膜的力学强度、耐电子轰击性和增加反差。

3.2.2　扫描电子显微镜

扫描电子显微镜（SEM）的工作原理为：电子束轰击样品上某个点，产生次级电子，如二次电子、背散射电子及阴极射线荧光辐射等。二次电子能量低（$E<50\text{eV}$），区域小，主要是样品近表面几纳米薄层内和电子入射点横向近距离内，故二次电子像的分辨率较高。二次电子产率与样品表面形态有密切关系，所以二次电子像能很好地反映样品表面形貌；阴极射线荧光转换成电信号，可以形成样品的阴极射线荧光像。荧光信号通过光学系统与光谱仪连接可进行光谱分析，与电子束感生电流结合可进行材料晶格缺陷与发光特性研究。

3.2.3　其他显微技术应用

扫描隧道显微镜（STM）用于测量样品表面原子结构形貌，分辨率高；原子力显微镜（AFM）主要用来研究绝缘体、导体和半导体。此外，高分辨电子显微镜（HREM）可以观察到原子的尺寸、局部结构变化，如各位占有率或空位等。

图 3-4 是用于发光材料结构或形貌尺寸测量表征的几种显微镜适应的波长范围。

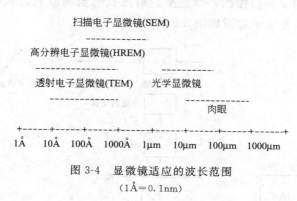

图 3-4　显微镜适应的波长范围

（1Å＝0.1nm）

3.3　电子运动能量探测——光谱技术应用

衍射技术能够给出长程有序结构的平均结果，光谱技术可以给出局部有序信息，同时还可以得到配位数、对称性及电子对能量吸收、转换和发射能力特性数据。

3.3.1　发光材料吸收能量测量——漫反射光谱、激发光谱和吸收光谱测定

由于荧光粉无法使光透过，测其吸收光谱不仅难度大，而且数据不准确，所以常测其漫反射光谱。一般采用已知反射率（％）的 MgO 粉作为比对标准。现代荧光分光光度计可直接给出吸收光谱图。不过，这样得到的吸收光谱应该看成是一种参照结果。因为如本书前面所述，吸收光谱与漫反射光谱并非是同一个概念。实际测量方法及原理大体如下：在单色仪入口狭缝前放置一个装有 MgO 的样品槽，MgO 经仪器光源照射产生的反射光照射到单色仪出口狭缝前的光电倍增管上，并用与光电倍增管连接的检流计记录下来，在所要求的光谱范围内对各个波长进行测量。然后，将 MgO 槽换成装有待测样品的槽，同样记录测量结果，得到样品的漫反射值，进而获取样品的能量吸收信息。这些测量过程全部由仪器完成，直接提供吸收光谱图。

激发光谱利用荧光光度计可直接测定。具体测定方法虽然大体都相同，但由于仪器不同（甚至同一台仪器）所测结果也会有差异。因此，仪器校正非常重要。方便的测量方法是以波长 254nm 激发，先测得待测样品的一张粗查的发射光谱图。从图上选取最强的发射峰，以其波长作监测，从 200nm 扫描，作出的图视为激发光谱。此图上的最强谱峰应是样品的特征激发光峰。激发光谱的测量系统是：光源经单色仪分光输出，当某些波长的激发光照射样品时，样品发出光，其强度用光电倍增管检测。在样品与光电倍增管之间放滤光片，以滤去杂光，只允许样品发出的光通过并吸收激发光的反射光。由光电倍增管输出的光经放大器放大后进入 x-y 记录仪的 y 轴，同时所选择的激发波长画于 x 轴，最后给出一张以激发光波长为函数的激发光强度的 x-y 扫描图，即是某发射波长为监测波长时该样品的激发光谱图。激发光谱测量系统示意图如图 3-5 所示。

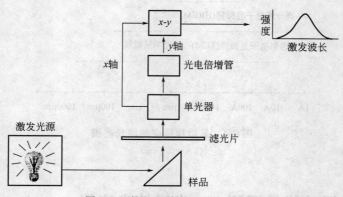

图 3-5　激发光谱测量系统示意图

3.3.2　发光材料发射能量测量——发射光谱测定

如前所述，发射光谱是指荧光粉被某波长的光照射（激发）时产生荧光，该荧

光发射强度随发射波长变化的扫描图谱。具体测量方法是：用已选定的波长作激发波长，从适当的波长位置（视激发截止波长位置而定）开始扫描。视所使用的仪器情况及对发射波长截止位置估测情况，一般扫描至 800nm 即可。有时为了进一步确认激发峰和发射峰位置，从发射谱峰中选出最强峰作监测波长，再从 200nm 开始扫描作激发光谱。甚至可再次从这一激发光谱中选取最强峰作一张激发光谱图。发射光谱的测量系统是：固定某一选择的激发波长（如 254nm），激发光源照射在样品上后发出的光经滤光片滤光（同时吸收反射光），再经单色仪分光，进入光电倍增管检测发射强度，最后输入 x-y 记录仪的 y 轴，最终输出一张以发射波长为函数的发射光强度的 x-y 扫描图，此为该样品在选定的激发波长激发下的发射光谱图。发射光谱测量系统示意图如图 3-6 所示。

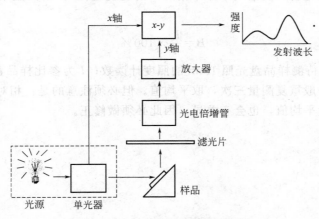

图 3-6　发射光谱测量系统示意图

3.3.3　显色性测定

发光材料的发光颜色是用色坐标来表征的，即发光材料光色测量是样品在特定波长激发下发射光谱的测定，由发射光谱转换为色坐标并求得显色指数。

近年来，由于在发射单色仪的输出光路中采用了光纤耦合系统，利用荧光光度计也可完成一些关于光色参数的测量。早期采用"万能光电色度计"测量色坐标，而更早期的色坐标是通过发射光谱计算得到的。

关于白光 LED（WLED）光色参数的测量，可参照化学工业出版社出版的《发光学与发光材料》一书提供的方法："置于积分球（直径 100～150mm）底部，发光面竖直向上（二极管的供电系统全面积分球外），积分球壁沿水平中心轴的一端开适当小窗作为 1 入缝。这就构成了发光二极管光色参数测量系统。如图 3-7 所示的一小挡板，其大小只能挡住 WLED 的直射光不进入光纤入端"。上述测量方法，需有三只已知总光通量的 LED 作为总光通量标准。其次，在积分球顶部开一小窗，用已知色温的白炽标准灯对取代二极管位置的 MgO 槽照射，漫反射光经光

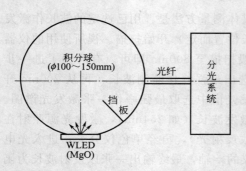

图 3-7　白光 LED 显色性测定系统

纤对整个系统进行光谱校正。

测得发光二极管的光谱功率分布（SPD）和总光通量，依据 SPD，按有关计算方法求出色坐标 x、y、色温 T_c 和显色指数 R_a 等。

3.3.4　发光亮度测量

一般采用照度计法测定荧光粉的相对亮度。所谓"相对亮度"，是指"在特定波长光稳定激发下，待测荧光粉与同一牌号的参比荧光粉（光谱功率分布相同）的亮度之比"。由测量结果计算出相对亮度：

$$B = \frac{I_c}{I} \times 100\%$$

式中，I_c 为待测样品盘光照 1min 的照度计读数；I 为参比样品盘光照 1min 的照度计读数。一般重复测量三次，取平均值。但必须注意的是：相对亮度值，即使取三次重复测量平均值，也会有差异，因此必须做修正。

第4章　铈（Ⅲ）掺杂钇铝石榴石

4.1　钇铝石榴石荧光材料的发展历史

最早于 1957 年由 Gilleo 与 Geller 合成 $Y_3Fe_5O_{12}$（YIG），并发现其具有铁磁性。1964 年 Geusic 等将铝（Al）和镓（Ga）元素取代铁（Fe）的晶格位置，发现 $Y_3Al_5O_{12}$（YAG）具有特殊的激光光学性质，至此人们开始大量研究这一体系。20 世纪 70 年代开始进行把稀土元素作为激活剂引入荧光粉的相关研究工作，发现稀土元素的引入可使荧光粉的发光性能有明显改善。在 70 年代 Ce 激活的 YAG 荧光粉被成功研制出来作为超短余辉飞点扫描荧光粉。90 年代，随着日本日亚公司高效蓝光 LED 的研制成功，并与黄色 YAG 荧光粉搭配形成白色光源。白光 LED 已经成为一种非常有前景的无污染的绿色固体普通照明光源，并引起各国政府及科研机构的高度重视，我国也制定了"国家半导体照明工程"规划。

4.2　钇铝石榴石荧光粉的基本物理性质

钇铝石榴石体系荧光粉具有的最大实用价值是以 YAG 作为基质而以 Ce^{3+} 作为激活剂的 $Y_3Al_5O_{12}$：Ce(YAG) 荧光粉。

图 4-1 为 YAG 晶体结构图，从图中同时可以看出铝原子与氧原子所形成的是四配位多面体和六配位多面体。钇铝石榴石结构的空间群为 Ia3d。

钇铝石榴石（$Y_3Al_5O_{12}$）空间群为 Oh(10)- Ia3d，属立方晶系，其晶格常数为 1.2002nm，它的分子式又可写成 $L_3B_2(AO_4)_3$。其中，L、A、B 分别代表三种格位。在单位晶胞中有 8 个 $Y_3Al_5O_{12}$ 分子，一共有 24 个钇离子，40 个铝离子，96 个氧离子。其中每个钇离子各处于由 8 个氧离子配位的十二面体的 L 格位，16 个铝离子各处于由 6 个氧离子配位的八面体的 B 格位。另外，24 个铝离子各处于由 4 个氧离子配位的四面体的 A 格位。八面体的铝离子形成体心立方结构，四面体的铝离子和十二面体的钇离子处于立方体的面等分线上，八面体和四面体都是变形的，其结构模型如图 4-2 所示。石榴石的晶胞可看成是十二面体、八面体和四面体的连接网。

纯钇铝石榴石晶体的价带与导带间的能隙相当于紫外线的能量，故钇铝石榴石晶体本身无法被可见光所激发，即不能吸收可见光，因此纯钇铝石榴石粉体颜

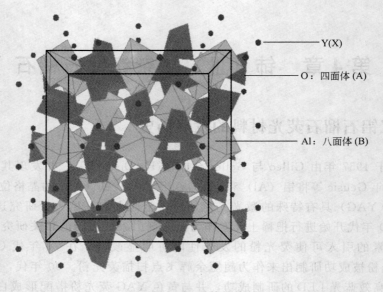

图 4-1　YAG 晶体结构图

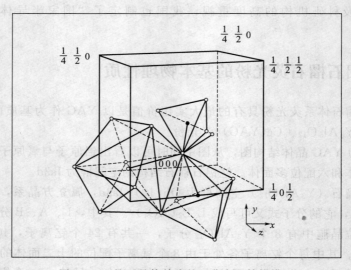

图 4-2　石榴石晶体单胞的八分之一结构模型

色呈白色。若将纯的钇铝石榴石晶体中掺入不同种类的稀土离子形成发光中心，可发出不同颜色的荧光，如掺入三价铈离子（Ce^{3+}）于晶格中取代钇位置时，形成 $Y_{3-x}Al_5O_{12}$：Ce_x，可被 470nm 蓝光激发而产生 530～580nm 的黄光；掺杂三价铽离子（Tb^{3+}）可发出绿光；掺杂三价铕离子（Eu^{3+}）可发出红光；掺杂三价铋离子（Bi^{3+}）则可发出蓝光。

4.3 钇铝石榴石荧光粉的发光机理

4.3.1 固体发光的一般原理

在发光材料的晶体中，电子受到自己所属原子核和相邻原子的作用，这样电子在晶体中的能量状态就可分裂成一系列能带，习惯上常把晶体中电子具有的一系列能带称为许可带。每个许可带所包含的量子态数目和容纳的电子数是一定的。在许可带之间，还存在一系列的能量带隙，晶体中的电子能量不具有这些能量范围内的数值，称为禁带。

晶体中的电子在能带上的填充，遵循能量最低原理和泡利原理，在通常状况下，内层电子能级所对应的能带都是被电子填满的，称为满带。能量最高的满带，是由价电子填充的，称为价带。能带中不存在任何电子的能带称为空带。能量最低的空带称为导带。

在实际晶体中，由于存在各种杂质、缺陷以及晶体表面和界面，都有可能破坏晶格的周期性。而在这些周期性遭到破坏的地方，有可能产生一些特殊的能量，在禁带中形成某些束缚态。当部分电子或空穴被束缚在这些区域附近时，形成了一些能量值在禁带中的特殊能级，称为定域能级。定域能级和发光过程密切相关，因为发光材料中一般都要掺入某些杂质原子，或者基质材料本身存在某些缺陷，这些杂质或缺陷会在晶体中形成定域能级，直接影响发光性能。定域能级在禁带中有发光中心能级和电子陷阱两种形式，电子陷阱对发光的持续时间起重要作用。

目前发光材料的发光机理基本是用能带理论进行解释，无论哪一种形式的发光，都包括三个过程：激发过程、能量传输和发光过程。

（1）激发与发光过程　发光体中可激系统（发光中心、基质和激子等）吸收能量以后，从基态跃迁到较高能量状态的过程称为激发过程。受激系统从激发态跃迁回基态，而把激发时吸收的一部分能量以光辐射的形式发射出来的过程，称为发光过程。一般有三种激发和发光过程。

① 发光中心直接激发与发光　发光中心吸收能量后，电子从发光中心的基态 A 直接跃迁到激发态 G（过程 1），当电子从激发态 G 回到基态 A（过程 2），激发时所吸收的部分能量以光辐射的形式发射出来，这种发光成为自发发光（图 4-3），发光只在发光中心内部进行。若发光中心受激后，电子不能从激发态 G 直接回到基态 A（禁戒的跃迁），而是先经过亚稳态 M（过程 2），然后通过热激发从亚稳态 M 跃迁回到激发态 G（过程 3），最后回到基态 A 发射出光子

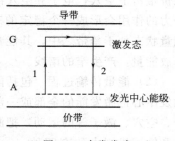

图 4-3　自发发光

的过程（过程 4），称为受迫发光（图 4-4）。发光的余辉时间比自发发光长。发光的衰减和温度有关。

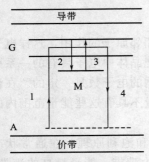

图 4-4　受迫发光

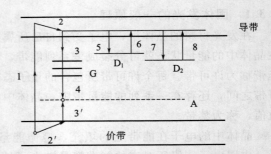

图 4-5　基质吸收引起的激发发光过程

② 基质激发发光　如图 4-5 所示，基质吸收了能量后，电子从价带激发到导带（过程 1），在价带中留下空穴。通过热平衡过程，导带中的电子很快降到导带底（过程 2），价带中的空穴很快上升到价带顶（过程 2′），然后被发光中心俘获（过程 3′）。导带底部的电子，又可经过三个过程产生发光，现介绍如下。

a. 直接落入发光中心激发态的发光　导带底的电子直接落入发光中心的激发态 G（过程 3），然后又跃迁回状态 A，与发光中心上的空穴复合发光（过程 4）。

b. 浅陷阱能级俘获的电子产生的发光　导带底的电子被浅陷阱能级 D_1 俘获（过程 5），由于热扰动，D_1 上的电子再跃迁到导带，然后与发光中心复合发光（过程 6）。

c. 深能级俘获电子产生的发光　深能级 D_2 离导带较远，常温下电子无外界因素长期停留在该能级上。如果发光中心未经过非辐射跃迁回基态，对发光体加热或用红外线照射，电子便可以从 D_2 跃迁到导带（过程 8），然后与发光中心复合发光。

基质吸收引起以上的三种发光过程，是晶态发光体最主要的发光过程，其可以单独出现，也可以同时出现。发光的最后阶段是在发光中心上进行的。发光辐射主要由发光中心决定，这是晶态发光体复合发光的特征。

③ 激子吸收引起的激发和发光　晶体在受到激发时，电子从价带跃迁到价带，在价带留下空穴，电子和空穴都可以在晶体中自由运动。但是，电子和空穴由于库仑力的作用会形成一个稳定的态，这种束缚着的电子-空穴对，称为激子。激子的能量状态处于禁带之中，其能量小于禁带宽度，一对束缚着的电子-空穴对相遇会释放能量，产生窄的谱线。

（2）能量传输过程　包括能量传递和能量输运两个方面。能量传输是指某一个激发中心把激发能的全部或一部分转交给另一个中心的过程。能量输运是指借助电子、空穴、激子等的运动，把激发能从晶体的一处输运到另一处的过程。能量的传递和输运机制大致有四种：①再吸收；②共振传递；③借助载流子的能量输运；

④激子的能量传输。

4.3.2　YAG：Ce 发光机理

稀土元素的电子结构都是 N 壳层的 4f 支壳层没有被电子填满，而 O 壳层的 5s、5p 支壳层都是填满的。因此，稀土材料表现出丰富的光谱特性。在铈原子中有两个 4f 电子，它的电子组态列于表 4-1 中。从表 4-1 中可以看出，铈原子中含有两个 4f 电子，当铈原子在晶格中形成三价离子时，Ce 原子将失去三个电子，成为三价铈离子 Ce^{3+}，失去的三个电子分别是最外壳层的两个 6s 电子和一个 4f 电子（表 4-1）。失去一个 4f 电子后，在 4f 能级上只留下一个 4f 电子，这个 4f 电子有两个能态，一个是 $^2F_{7/2}$（量子数：$S=1/2$，$L=3$，$J=7/2$），一个是 $^2F_{5/2}$（量子数：$S=1/2$，$L=3$，$J=5/2$），两个能级的能量差为 $2000cm^{-1}$。当电子从 4f 态激发到 5d 态后，由于 5d 态的寿命很短，一般只有几纳秒，因此很快从 5d 态跃迁回 4f 态，三价铈离子不同于其他三价稀土离子，它从 5d 到 4f 的跃迁是允许的电偶极跃迁，因此这个跃迁产生发光。5d 轨道在离子的外层，而 4f 态在原子的内层，因此，5d 轨道受晶格的影响比较大，而 4f 态受晶格的影响比较小，5d 轨道受晶格的作用不再是原有的分立能级，而是形成连续的能带，而 4f 态受到外壳层电子云的屏蔽作用，仍然是个分立的能级，其能级结构如图 4-6 所示。从 5d 形成的

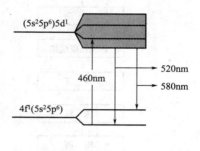

图 4-6　铈的能级结构

能带到 4f 态的两个能级跃迁的发射光谱也是两个带谱，通常 Ce^{3+} 离子的发光在紫外区，但是，当 5d 轨道和晶格之间的相互作用比较强时，5d 轨道的劈裂加大，使得 5d 轨道所形成的能带加宽，从 5d 轨道到 4f 态的跃迁进入可见区。5d 轨道的寿命极短，相应的余辉为 $30\sim100ns$。

表 4-1　Ce 原子和 Ce^{3+} 离子的电子组态

项　　目	K	L	M	N	O	P
	1s	2s 2p	3s 3p 3d	4s 4p 4d 4f	5s 5p 5d	6s 6p
Ce	2	2 6	2 6 10	2 6 10 2	2 6 0	2 0
Ce^{3+}	2	2 6	2 6 10	2 6 10 1	2 6 0	

4.4　钇铝石榴石荧光粉的制备

荧光粉的制备技术到目前为止发展已经相当成熟，但随着对荧光粉性能要求的不断提高，新的合成方法仍在陆续开发，其最终目的仍是合成出化学组成纯度高、

粒径大小适中、良品率高的理想产品。目前工业上合成荧光粉仍以高温固相法为主，同时燃烧法、溶胶-凝胶法、共沉淀法、喷雾热解法等也逐渐应用到工业生产中。钇铝石榴石荧光粉本质上属于离子化合物，其结构中离子间具有特定的空间堆叠方式，亦即属于一般所称晶体化合物中的一种，而晶体化合物还包括分子化合物等。在实际合成过程中并不需要将荧光粉材料制成一颗单晶，只需合成出具有纯相的结晶态粉末即可。荧光粉成分的均匀度和结晶性及晶粒大小与发光效率有密切关系。为了检测合成荧光粉的粉体特性，可利用 X 射线衍射仪、扫描电镜、激光光谱仪等仪器测量其发光特性。

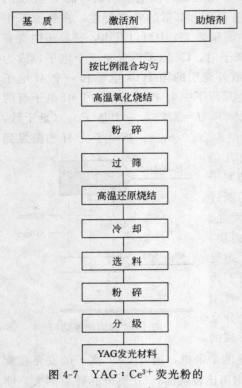

图 4-7　YAG：Ce^{3+} 荧光粉的
制备工艺示意图

4.4.1　高温固相法

　　钇铝石榴石 YAG 黄色荧光粉较好的激活剂是 Ce。当激活剂为 Eu 时，发出的颜色是红色。YAG：Ce 荧光粉是由含钇的金属碳酸盐、氧化物、Al_2O_3、CeO_2、助熔剂 H_3BO_3 等按一定比例混合，经过高温氧化还原烧结而成。其制备工艺示意图如图 4-7 所示。

　　原材料如 $Y_2(CO_3)_3$（或 Y_2O_3）、Al_2O_3、CeO_2、H_3BO_3 需要选用荧光纯级产品，其颗粒大小决定了烧结后的 YAG 荧光粉的粒度大小和分布，根据使用的需要来选定原材料的纯度和粒度指标。

　　激活剂 Ce 的最佳浓度范围为（$Y_{3-x}Al_5O_{12}$：Ce_x, $0.01 \leqslant x \leqslant 0.06$）。由于 Ce 的含量较低，配料时，以 CeO_2 的形式加入，并研磨混合均匀，可避免烧结时 Ce 的不均匀分布，以此来提高产品的合格率。当继续提高 Ce 的掺入量到一定程度后，不仅不会对荧光粉的相对亮度有提高，反而会产生"浓度猝灭"效应降低荧光粉的相对亮度。

　　对于 YAG：Ce 荧光粉的合成过程中可以采用多种助熔剂，如硼酸、$MgCl_2$ 和 NaCl 混合物等，加入量一般为原料混合物总质量的 1%～3%。助熔剂起着降低基质结晶温度和电荷补偿以促进激活剂形成发光中心的作用。对材料的发光性能也有很大影响，如提高荧光粉的相对亮度。

　　以氧化钇（Y_2O_3）或硝酸钇 [$Y(NO_3)_3 \cdot 6H_2O$]、氧化铝（Al_2O_3）或硝酸

铝［Al(NO₃)₃·9H₂O］、氧化铈 (CeO₂) 或硝酸铈［Ce(NO₃)₃·6H₂O］及硝酸钆［Gd(NO₃)₃·6H₂O］为原料，依化学计量比称取使其形成的配方为 $(Y_{3-x-y}Ce_xGd_y)$：Al_5O_{12}。称取一种原料以研磨方式均匀混合。将混合物置入坩埚中，并于空气中以 $10℃/min$ 的速度升温至 $1200℃$ 进行煅烧并保温 $15h$，然后随炉冷却至室温。将在空气中氧化烧结后的粉体研磨后置于 H_2/N_2 (5%/95%) 还原气氛中于 $1400℃$ 进行还原 $10h$，此过程将粉体中的激活剂离子 Ce^{4+} 还原成 Ce^{3+}。将还原后得到的粉体粉碎、研磨及分级后即得到所需的 YAG 荧光粉。固相法制造过程简单，合成条件控制比较容易，但合成出的粉体团聚严重，破碎研磨破坏原来的良好晶型，衰减严重，且粉体粒径较大且不均匀。图 4-8 是 YAG：Ce^{3+} 的 XRD 图。

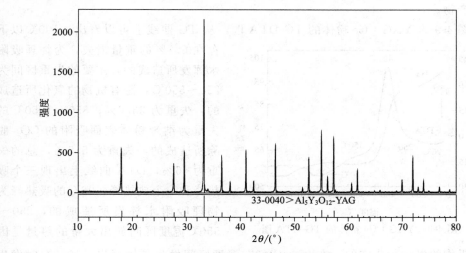

图 4-8　YAG：Ce^{3+} 的 XRD 图

4.4.2　溶胶-凝胶法

溶胶-凝胶法 (sol-gel) 是 20 世纪 60 年代发展起来的制备无机材料的新工艺，是一种具有广阔应用前景的软化学合成方法。

所谓溶胶是指分散在液相中的固态粒子足够小 (1～100nm)，以致可以依靠布朗运动保持无限期的悬浮；凝胶是一种包含液相组分而具有内部网络结构的固体，其中的液体与固体呈现高度分散的状态。溶胶-凝胶法分为两类：原料为无机盐的水溶液溶胶-凝胶法和原料为金属醇盐溶液的醇盐溶胶-凝胶法。其基本原理为：无机盐或金属盐溶于溶剂 (水或有机溶剂) 形成均质溶胶，溶质与溶剂发生水解或醇解反应，反应产物聚集成纳米级的微小粒子并形成溶胶，溶胶经蒸发干燥转变为凝胶。凝胶再经干燥、焙烧去除有机成分，转化为最终产物。

已有很多研究者采用溶胶-凝胶法制备了 $Y_3Al_5O_{12}$ 粉体，制备的粉体化学均匀性好，产物纯度高。另外，在 $900℃$ 即可合成 $Y_3Al_5O_{12}$，显著降低了发光材料的合成温度，节约能源。但这种方法周期很长，常以周、月计算，原料价格比较昂贵，有些原料为有机物，对健康有害；另外，由于凝胶中存在大量微孔，在干燥过程中又将驱除许多气体、有机物，所以干燥时会产生收缩。

　　例如，按分子式的化学计量比分别称取硝酸钇、硝酸铝、硝酸铈及硝酸钆使其形成的配方为 $(Y_{3-x-y}Ce_xGd_y)$：Al_5O_{12}。将金属盐类置于去离子水中配成一定浓度的盐溶液，取与金属等物质的量剂量的柠檬酸作为螯合剂加入溶液中，再将乙二胺加入水溶液中调整溶液的 pH 值到 10 以上。以 110～120℃加热溶液使其形成黏稠状黏液，将黏稠状黏液冷却后得到凝胶。将凝胶在空气中 1200℃条件下，煅烧 5h 并随炉冷却，将冷却后的黑褐色灰状物置于坩埚中，在 H_2/N_2（5％/95％）还原气氛中以 1400℃进行还原 10h，随炉冷却后将还原物破碎、研磨过筛即得到所需的产物。

　　图 4-9 为 YAG：Ce 粉体的 TG-DTA 图，从 TG 曲线上可以看出，100℃以下存在 6.7％的重量损失，为物理吸附水挥发所造成的，主要的失重区间为 250～550℃，是有机物的氧化所造成的，失重为 33.6％；850～1050℃的失重为纳米粉体表面吸附的 CO_2 脱除所造成的，失重为 5.5％，总的失重为 46％，DTA 曲线上出现三个吸热峰和一个放热峰，96℃的吸热峰为物理吸附水挥发所造成的，250～550℃温度区间放出大量的热量是因

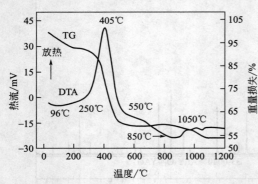

图 4-9　YAG：Ce 粉体的 TG-DTA 图

为有机物的氧化所造成的，在 850～900℃温度区间发生晶体析出，1050℃时发生晶型转变，当温度超过 1100℃时体系稳定下来。

　　图 4-10 是 YAG：Ce 粉体的 XRD 图。可知，经过 1400℃还原后，具有钇铝石榴石结构的衍射峰已经完全形成且不存在任何杂相。

4.4.3　燃烧合成法

　　燃烧合成法是指通过前驱体的燃烧而获得材料的方法。其具体过程是：当反应物达到放热反应的点火温度时，以某种方法点燃，随后反应即由放出的热量维持，燃烧产物就是所制备的材料。燃烧合成法的主要特点是：生产过程简便，反应迅速，产品纯度高，发光亮度不易受破坏，节省能源，节约成本。石士考等采用甘氨酸燃烧法合成 YAG：Tb 荧光粉，在 1450℃时获得了纯度较高、尺寸为 0.6～1.4μm 的 YAG：Tb 荧光粉；张华山等采用柠檬酸-凝胶燃烧法制备 YAG 纳米粉体，在 1100℃合成了纯度高、尺寸为 50nm 的粉体。上述研究者采用燃烧不同的前驱体合成了性能较好的 YAG 粉体，但都存在反应过程剧烈而难以控制、不易工业

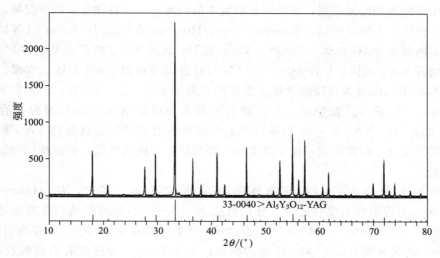

图 4-10　YAG：Ce 粉体的 XRD 图

大规模生产等缺点。

4.4.4　喷雾热解法

喷雾热解法是近年来新兴的合成无机功能材料的方法。其工艺过程如下：先以水、醇或其他溶剂将反应原料配成溶液，再通过喷雾装置将反应液雾化并导入反应器中，在那里将前驱体溶液的雾流干燥，反应物发生热分解或燃烧，从而得到与初始反应物完全不同的具有全新化学组成的超微粒产物。很多文献报道，采用喷雾热解法合成了球形 YAG 粉体，制备的粉体非聚集、具有球形形貌且粒径分布均匀、比表面积大、颗粒之间化学成分相同。Sang Ho Lee 等用喷雾热解法制备了形貌和发光性能优良的 YAG：Ce 荧光粉，加入 BaF_2 作为助熔剂，当助熔剂的添加量为 9%（质量）时，该荧光粉的粒度均匀且没有团聚，荧光粉的平均粒径尺寸为 $1.73\mu m$。所制备的 YAG：Ce 荧光粉具有较宽的发射光谱，范围为 $500 \sim 670nm$，最强峰出现在 $537nm$ 处。应用该荧光粉的白光 LED 的色坐标为（0.3643，0.4248），显色指数约为 62.8，光强度为 2.21cd。但采用此法存在以下的缺点：

① 能耗高　喷雾热解法的干燥过程要求蒸发掉雾滴中的所有水分，造成巨大的能量消耗；

② 产物颗粒强度低　雾化的液滴在成球过程中，外层的水分优先蒸发，由此在液滴的外层形成固相壳层。随着干燥过程的继续，液滴内部的水分蒸发，固相壳层形成气孔、裂纹，导致球形颗粒的强度降低。

4.4.5　化学共沉淀法

化学共沉淀法是制备多元复合材料的一种常用方法。其主要过程如下：在原料溶液中添加适当的沉淀剂，使得原料溶液中的阳离子形成各种形式的沉淀物，然后过滤、洗涤、干燥、焙烧。Yonghui Zhou、Hongzhi Wang、Ji-Guang Li 等以氨水为沉淀剂制备 YAG 粉体，Yonghui Zhou 和 Hongzhi Wang 的研究发现在 900℃即可以制得 YAG 粉体；Ji-Guang Li 在 950℃时合成纯相的 YAG 粉体。李霞、丁志立、A. K. Pradhan 等以碳酸氢铵为沉淀剂，分别在 800℃、900℃、1000℃下制得了纯相 YAG 粉体。张华山、朴贤卿采用尿素为沉淀剂在 1200℃时分别合成了 YAG 纳米粉体和 YAG：Nd 粉体。以上研究者采用共沉淀法制备的 YAG 粉体都具有以下优点：粒度均匀，化学纯度高，颗粒细，合成温度低。但是难以控制粉体的形貌。

图 4-11 是 YAG：Ce 前驱体的红外吸收光谱。其中，在 3440cm^{-1} 和 1520cm^{-1} 附近出现的吸收谱带，分别对应 H—O—H 的伸缩振动和弯曲振动；在 1400cm^{-1}、1100cm^{-1}、840cm^{-1} 附近出现的吸收谱带是由于 CO_3^{2-} 的存在引起的；601cm^{-1} 的吸收峰对应于 Al—O 键的振动；在 3175cm^{-1} 附近没有出现吸收谱带，表明前驱体中基本不存在 NH_4^+ 离子。

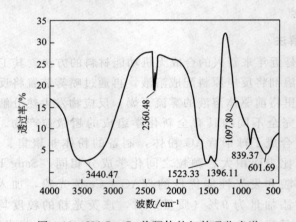

图 4-11　YAG：Ce 前驱体的红外吸收光谱

图 4-12 是 YAG：Ce 前驱体的 XRD 图，并没有检测到 $Y_2(CO_3)_3$ 和 $Ce_2(CO_3)_3$ 的存在，这是由于前驱体中 $Y_2(CO_3)_3$ 和 $Ce_2(CO_3)_3$ 是无定形的。所以，前驱体主要由无定形氢氧化铝和碳酸钇组成，其分子式可写为 $10[Al(OH)_3]$·$3[Y_2(CO_3)_3 \cdot nH_2O]$。另外，存在少量的 $Ce_2(CO_3)_3 \cdot H_2O$。

图 4-13 是 YAG：Ce 前驱体的 TG-DSC 曲线。前驱体的热分解过程大致可分为以下三个阶段：

① 从室温至约 400℃，失重约 30%，在 120℃左右出现一宽的吸热峰，同时在此温度区间未见新的物相出现，因而这一阶段主要为前驱体中吸附水的脱除；

② 400～760℃，失重约 8%，在 550℃附近出现一较宽的吸热峰，对应于氢氧化铝的分解；

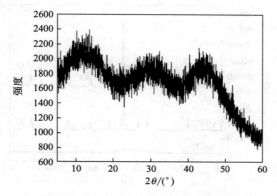

图 4-12　YAG：Ce 前驱体的 XRD 图

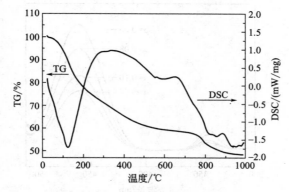

图 4-13　YAG：Ce 前驱体的 TG-DSC 曲线

③ 760～900℃之间，失重约 10％，在 810～860℃范围出现一较宽吸热峰，是碳酸钇的分解引起的。同时，在此宽吸热峰中间有一很弱的放热峰，表明在碳酸钇分解的同时，生成无定形的 YAG。另外，在 890℃附近有一个尖锐的放热峰，对应于无定形 YAG 向晶态 YAG 相的转化。升温至 900℃后，样品的重量便不再发生变化。

由不同温度下焙烧产物的 X 射线衍射光谱（图 4-14）可以看出，前驱体经过 800℃煅烧后为无定形相；在 900℃时，无定形相全部转变为 YAG 相；温度进一步提高，YAG 相没有变化，只是衍射强度进一步增大，这是因为随着焙烧温度的升高，结晶度得到改善，颗粒进一步长大。可见，前驱体在 900℃时即可合成纯 YAG 相，这比传统的高温固相法低约 600℃。另外，在 760～900℃之间，前驱体的 DSC 曲线只存在一个放热峰，不同温度下焙烧产物的 XRD 图，也没有检测到 YAP、YAM 等中间相的存在。这表明在热处理过程中，没有产生过 YAP、YAM 等中间相。

由图 4-15 可以看出，YAG：Ce 荧光粉的激发光谱为双峰结构，在近紫外区

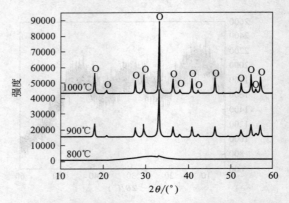

图 4-14　前驱体在不同焙烧温度下的 XRD 图（O 为 YAG）

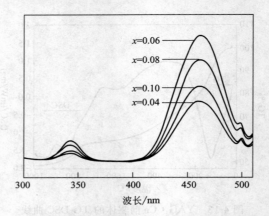

图 4-15　不同 Ce 掺杂浓度的 $Y_{3-x}Ce_xAl_5O_{12}$ 的激发光谱

340nm 处有一激发峰，在可见区有一最大激发峰在 467nm 处，Ce^{3+} 的 4f 能级由于自旋-耦合而劈裂为两个光谱支项 $^2F_{7/2}$ 和 $^2F_{5/2}$，其中 $^2F_{5/2}$ 为基谱项。340nm 的激发峰对应于 $^2F_{5/2} \rightarrow {}^5D$ 的跃迁，467nm 的激发峰属于 $^2F_{7/2} \rightarrow {}^5D$ 的跃迁。

4.4.6　溶剂热法

　　要制备形貌规则、无团聚、晶型完整的氧化物复合材料，溶剂热法是一个很好的选择。因为溶剂热整个反应过程都是在低温液相环境中进行的，不易造成粉体的团聚；在高温（100～1000℃）高压（10～100MPa）条件下，物质传输更易、更快，所得产物纯度高，晶型完整，成分均匀。而氧化物的晶格势能和其在溶剂中的低溶解度是影响反应的不利因素，因此溶剂的选择对制备材料来说非常重要。受到中间产物 YAM 和 YAP 等杂相的影响，合成纯相 YAG 的温度一般都偏高，在250℃左右。吴作贵等以乙二胺水溶液作为溶剂，在220℃条件下保温 5h 成功制备了纯相 YAG：Ce 粉体，颗粒平均尺寸在 300nm 左右，延长保温时间到 10h，颗粒尺寸减小为 200nm 左右，发光强度也达到最大。Tetsuhiko Isobe 等以 1,4-丁二醇为溶剂，同时添加 PEG 到溶剂中，利用可搅拌的反应釜，在 300℃ 条件下保温 2h 便得到了颗粒尺寸在 10nm 左右的 YAG：Ce。结果表明，PEG 成功对 YAG：Ce 粉体表面进行了改性，减少了表面缺陷对激发光的吸收，有效提高了粉体的量子效率。E. Lauren 等以 1,4-丁二醇和乙二醇为溶剂在 225℃ 条件下保温 4～14 天，合成了颗粒尺寸小于 10nm 的 YAG：Ce 粉体，并且观察到一种掺入了醇类的氧化铝中间相，这种氧化铝中间相钝化了粉体的比表面，提高了荧光粉的量子效率。Tetsuhiko Isobe 等所制备的粉体虽然都为纳米级，性能更优良，但都使用了醇盐为原料。醇盐不仅价格昂贵，而且会污染环境，吴作贵等用钇、铝、铈的硝酸盐通过共沉淀法制备了前驱体，以油酸和油胺为溶剂，在 300℃ 下保温了 6 天，同样制备出了颗粒尺寸小于 10nm 的 YAG：Ce 粉体。研究结果表明，颗粒尺寸小于 10nm 的颗粒的电子-声子耦合作用相比较大尺寸的颗粒（30nm 或 200nm）要小得多，有效提高了荧光粉的发光性能。

溶剂热法制备的 YAG：Ce 粉体性能优良，但是周期都过长，普通的聚四氟乙烯内衬经受不住长时间的高温，会发生严重变形，溶剂热法还需进一步研究改进才能适合工业生产。

4.4.7　微乳液法

微乳液是一种介于普通乳状液与胶团溶液之间的热力学稳定体系，通常是由水和油与大量表面活性剂、助表面活性剂（一般是中等链长的醇）混合自发形成，呈透明或半透明。由微乳液的体系特点来看，W/O（油包水）制备纳米颗粒。W/O 型微乳液中的水核是一个"微型反应器"，或称纳米反应器。这个反应器拥有很大的界面，在其中可增溶各种不同化合物。用微乳液法制备 YAG：Ce 的优点在于，不同的表面活性剂分子可以对粒子表面进行修饰，并且控制微粒的大小，粒子之间不易聚结。朱穗君以十六烷基三甲基溴化铵作为表面活性剂，形成均相油包水微乳液，经沉淀制备了 YAG：Ce 前驱体，在 980℃ 下煅烧得到了纳米级 YAG：Ce 荧光体，粒径约为 35nm，并且对不同方法制备的荧光粉发光强度及寿命进行了测试。结果表明，用双系微乳液所得样品性能最好，单系次之，共沉淀法再次之。郭瑞等采用反相微乳液法，以水/曲拉通 X-100/正己醇/环己烷＋正己烷为微乳体系，氨水为沉淀剂，成功制备纳米球形 YAG：Ce 荧光粉，产品为球形，粒径约为 50nm，分散性良好。

用微乳液法制备 YAG：Ce 粉体，所用到的表面活性剂和油对无机盐的比例太大，不仅增加了成本，而且使产率过低。

4.5　YAG：Ce 粉体发光性能的影响因素

4.5.1　Ce 掺杂浓度对 YAG：Ce 粉体发射光谱的影响

YAG：Ce 荧光粉的发射光谱是用 467nm 的可见光激发，检测不同波长的发光强

度而测定的。如图 4-16 所示，其发射光谱为可见区内的宽谱，最强发射峰位于 526nm，

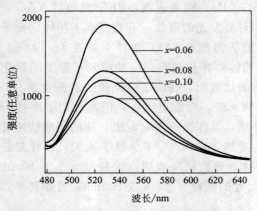

图 4-16　不同 Ce 掺杂浓度的 $Y_{3-x}Ce_xAl_5O_{12}$ 的发射光谱

颜色为黄色，属于 Ce^{3+} 的 5d→4f 特征跃迁发射。$Y_{3-x}Ce_xAl_5O_{12}$ 荧光粉的激发光谱和发射光谱的峰值和峰形不随掺杂浓度的改变而变化，但相对强度在 $x=0.06$ 时，达到最大值，随后出现减弱趋势。这是因为在 YAG：Ce^{3+} 荧光粉中，Ce^{3+} 为激活中心，当掺杂浓度较低时，随掺杂量的增加，发光中心逐渐增加，发光强度增加；当掺杂量过大时：其一，Ce^{3+} 离子半径比 Y^{3+} 离子半径大 10% 以上（$r_{Ce}^{3+} = 0.118nm$，$r_Y^{3+} = 0.096nm$），因而当 Ce^{3+} 含量过高，发生取代反应较为困难，不能参与反应的 Ce 可能以氧化物形式与 YAG 相共存，影响荧光粉的发光强度；其二，激活剂浓度过高，还可能引起猝灭效应。由图 4-16 可以看出，当 $x=0.06$ 时，样品的发光效率较好。由于 YAG：Ce 荧光粉属于 5d→4f 特征跃迁而发光，5d→4f 跃迁为允许的电偶极跃迁，因此该荧光粉具有超短余辉，可用于飞点扫描荧光粉。该荧光粉可被 460nm 蓝光激发，发射 530nm 左右的黄光，可与高效蓝光 LED 匹配制备双基色白光 LED。

4.5.2　焙烧温度对 YAG：Ce 粉体发射光谱的影响

图 4-17 为不同焙烧温度下 YAG：Ce 粉体的发射光谱。表明焙烧温度极大地影响粉体的发射强度。粉体的发射强度随着烧结温度的升高而增强。这是由于颗粒的结晶度随着焙烧温度的增加而增大，颗粒结晶度的增大引起发光强度的增强。

另外还发现，随着热处理温度的升高，发射峰明显地向长波方向移动表明。900℃时；粉体的发射光谱峰的波长为 524.6nm，当烧结温度升高到 1200℃ 时，波长增加为 528.2nm。三价铈离子 Ce^{3+}，在 4f 能级上只有一个 4f 电子，这个 4f 电子有两个能态，一个是 $^2F_{7/2}$，另一个是 $^2F_{5/2}$，两个能级的能量差为 2000cm^{-1}。Ce^{3+} 的发射产

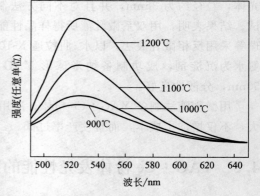

图 4-17　不同焙烧温度下 YAG：Ce 粉体的发射光谱

生在晶体场 $5d^1$ 与 $^2F_{5/2}$ 和 $^2F_{7/2}$ 的基态之间。发射峰向长波方向移动表明，5d 最低能量轨道的能级能量变高。采用柠檬酸溶胶和聚丙烯酰胺法制备 YAG：Ce 粉体时，也可观察到发射峰向长波方向移动的现象。

图 4-18 所示的 YAG：Ce 是通过共沉淀的方法制备的。提高焙烧温度能明显提高发光强度，原因有两个，一是它可以提高 YAG 颗粒的结晶度，二是高温有助于 Ce^{3+} 进入 YAG 晶格。但是多次焙烧并不会使 Ce^{3+} 的发射峰迁移。

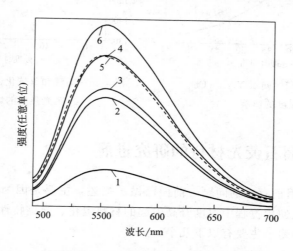

图 4-18　不同焙烧温度和次数对 YAG：Ce 发光强度的影响

1—1000℃，5h，1 次；2—1200℃，5h，1 次；3—1200℃，5h，2 次；
4—1200℃，5h，3 次；5—1200℃，5h，4 次；6—1500℃，5h，1 次

4.5.3　热处理时间对 YAG：Ce 粉体荧光强度的影响

将合成的 YAG：Ce 荧光粉在 500℃的空气气氛中热处理不同时间，并比较荧光粉的相对荧光强度，结果如图 4-19 所示。结果表明，在 500℃的空气气氛中，荧光粉的发光亮度随热处理时间的延长而降低。这是由于 YAG：Ce 荧光粉中三价铈被空气中的氧气氧化形成 Ce^{4+} 所致。

4.5.4　酸、碱处理对 YAG：Ce 粉体荧光强度的影响

图 4-20 为荧光粉分别于 1.5mol/L 硝酸和 1.5mol/L 氢氧化钠溶液中浸泡不同时间后的荧光强度曲线图。由图可以看出，经硝酸或氢氧化钠处理后，荧光粉的发光强度都有所下降；而且，处理时间越长，发光强度下降得越多。其中，经硝酸处理后，荧光粉的发光强度下降的幅度更大。经氢氧化钠处理后，可能导致部分荧光粉被溶解，从而引起荧光强度的降低；而经硝酸长期浸泡后，部分荧光粉可能被溶解，同时，三价铈可能被氧化，所以，经过硝酸处理后的荧光粉的荧光强度降低得更多。

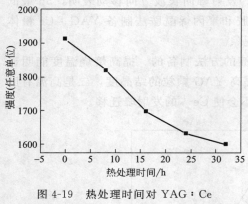

图 4-19　热处理时间对 YAG：Ce
发光强度的影响

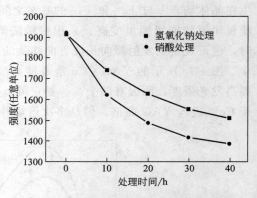

图 4-20　硝酸和氢氧化钠处理对荧光粉
荧光强度的影响

4.6　钇铝石榴石荧光材料的研究进展

YAG：Ce^{3+} 目前存在的问题，前面已做了描述，主要是因为斯托克斯位移造成的能量损耗以及使用过程中温度升高引起的材料退化、光谱特性改变。针对这些问题，实施的改善途径主要有以下几个。

4.6.1　调整 $Y_3Al_5O_{12}$ 基质组分

$(Y_{1-x}Ln_x)_3(Al_{1-y}Ca)_5O_{12}$：Ce（Ln＝Gd，Lu）体系中，在蓝光激发下，发射出强的黄光和绿光，发射带从 470nm 延伸到 700nm 附近。光谱结构不仅与 Ce^{3+} 密切相关，而且与 Gd^{3+}、Lu^{3+} 的含量有关。通过 Gd、Lu 部分取代 YAG 中 Y 可调节激发和发射波长位置，而不改变 YAG 晶体结构。研究结果表明，Gd^{3+} 取代 Y^{3+} 时，当 Gd^{3+} 量较小时，发射波长随 Gd^{3+} 加入量增加而向长波移动，发射强度稍有下降。当 Gd^{3+} 量达到一定值时，强度显著降低；Lu^{3+} 取代 Y^{3+} 的情况，发射波长随 Lu^{3+} 含量增加逐渐蓝移，但发射强度基本不变。为了改善白光质量，在 YAG：Ce^{3+} 中分别加入 Pr^{3+}、Sm^{3+} 和 Eu^{3+}。这些离子都会在 Ce^{3+} 的黄光发射带上增加红光发射；蓝光激发下，Eu^{3+} 与 Ce^{3+} 共掺到 YAG 中，只在 Ce^{3+} 的宽发射带的橙红区内叠加了一个很弱的 Eu^{3+} 的发射峰，因为 Eu^{3+} 在蓝区吸收很差；Pr^{3+} 和 Ce^{3+} 共掺到 YAG 中，在发射光谱中除了 Ce^{3+} 的黄绿光发射外，还可以观察到位于 611nm 的 Pr^{3+} 发射。由于 Pr^{3+} 在 450～470nm 区域内有一系列较强的激发峰，故其发射峰强度比 Eu^{3+} 强；Sm^{3+} 与 Ce^{3+} 共掺到 YAG 中，在 616nm 处观察到 Sm^{3+} 的发射，因为 Sm^{3+} 在 470nm 附近也有较强吸收，所以 Sm^{3+} 的红光发射也较强，锰元素是一种具有丰富价态的过渡元素，研究表明，Mn 离子可以作为激活元素掺入 YAG 中。不同价态的 Mn 离子 Mn^{2+}、Mn^{3+}、Mn^{4+} 具有不同的发光特性，而离子价态则主要取决于材料基质的电荷补偿以及材料的制备环境。例如，Mn^{2+} 的发射范围主要为 $400 \sim 520nm$，主要是由于 Mn^{2+} 在能级 $^6A_1—^4A_1$ 和 $^6A_1—^4T_2$ 之间的跃迁。Mn^{4+} 的激发范围为 $460 \sim 480nm$，主要是由于 $^2E—^4A_2$ 的能级跃迁。此外，Mn^{3+} 可以取代石榴石中 Al 离子的八面体氧空位，并且通过 $^5E—^5T_2$ 的能级跃迁可在橙红区产生发射峰。研究发现，Mn^{3+} 和 Mn^{4+} 的掺入使得 YAG：Ce 荧光粉的发射峰从 528nm 红移至 538nm，半高峰宽也扩大了 11nm，这主要是由于 Mn^{4+} 的 $^2E—^4A_2$。刘如熹、石景仁等研究表明，$Y_3Al_5O_{12}$：Ce^{3+} 中以 Tb^{3+} 或 Gd^{3+} 部分取代 Y^{3+} 时，发生红移；掺杂量增加，发射强度减弱。Pan 等观察到 Ce^{3+} 的掺杂量在 $1\% \sim 15\%$ 之间增加时，发生红移的现象。也可以通过掺杂红光发射中心，如 Eu^{3+}、Pr^{3+}、Sm^{3+} 等产生红光发射。这些方法都能有效地改善显色指数。

4.6.2　YAG：Ce^{3+} 粉体颗粒修饰提高发光强度

修饰方法主要有：①通过溶剂热法合成 YAG：Ce 粒子，但不经过高温处理，只通过软化学方法将稀土离子掺杂到 YAG 纳米粒子中，得到的 YAG：Ce 纳米粒子平均粒径为 10nm，吸附在 YAG：Ce 表面的溶剂对其发光有促进作用；②通过聚乙二醇（PEG）对 YAG：Ce 纳米粒子表面进行修饰。由于纳米粒子的表面钝化，使表面空位浓度降低，抑制了 Ce^{3+} 的氧化并促进 Ce^{3+} 对 Y^{3+} 的格位取代，缓解了 Ce^{3+} 格位环境空间结构畸变；③通过各种合成方法有机结合，控制产物粒度。例如，采用溶胶-凝胶法、燃烧法、高温固相法相结合的方法合成平均粒径为 40nm 的 YAG：Ce^{3+}。与传统高温固相法产物相比，发射谱峰稍有蓝移，发射强度却明显提高。这种合成方法的特点是能从分子水平上促进 Ce^{3+} 在 YAG 中的分布。采用共沉淀和喷雾干燥法制备了无团聚的 YAG：Ce^{3+} 荧光粉。前驱体经热处理完成固相反应和烧结，进一步通过酸洗、碱洗获得了性能良好的荧光粉。前驱体料浆浓度为 0.2mol/L、0.4mol/L、0.6mol/L 时，颗粒形貌分别呈碎屑、表面光滑和空心褶皱状的球形。表面光滑的球形前驱体经 1100℃ 热处理 4h 后，XRD 未检测到其他杂相；随着热处理温度升至 1550℃，荧光粉相对亮度继续提高。酸洗、碱洗能够去除颗粒间夹杂和表面附着的碎屑，打开团聚，使粒度分布变狭窄，D_{50} 由 5.61μm 变为 7.04μm。此方法可以获得基本无团聚的荧光粉，有利于提高荧光粉的发光亮度。

目前，由 InGaN/GaN 蓝色发光二极管（LEDs）与 YAG：Ce^{3+} 荧光粉组成的白色 LED 已经开发成功并已在国内外市场投放。可以预料，超高亮度的白色发光二极管将取代白炽灯泡而广泛用于各种场合的无汞化高效率长寿命照明，其发展速度相当惊人。我国是稀土大国，能开发用于工业合成性能优良稀土掺杂 YAG 荧光粉的方法和工艺，有助于将我国的资源优势转化为经济优势。YAG 荧光粉今后研究的趋势有：①深入研究石榴石的晶体结构，从原则半径电子立场了解发光中心位置、数量，提高发光中心的能量，筛选最佳能量传递原子，稳定 YAG 晶体结构，补充 610nm 光谱的能量成分；②研究其他的软化学法合成 YAG：Ce 荧光粉，有助于获得粒度均匀且细小、形状规则一致、纯度高、能控制相组成的 YAG：Ce 荧光粉；③调整荧光粉中稀土离子的掺杂量及其种类，适当地添加其他稀土敏化离子使其具有高的发光效率。

第 5 章 硅酸盐发光材料

20 世纪 90 年代，随着应用 InGaN 材料的高亮度蓝光 LED 在技术上的突破，在 1996 年出现了用蓝光 LED 与 YAG 荧光粉〔(Y，Gd)$_3$Al$_5$O$_{12}$：Ce^{3+}〕组合而成的白光 LED，并被誉为将超越白炽灯、荧光灯和 HID 灯的第四代照明光源。但是用蓝光 LED 的蓝光与 YAG 荧光粉的黄光组合而成的高亮度白光 LED 因显色指数低而存在固有的缺陷，因此这些年其他体系荧光粉的制备引起了极大关注。

以硅酸盐为基质的发光材料由于具有良好的化学稳定性和热稳定性，已经成为一类应用广泛的重要的光致发光材料和阴极射线发光材料。如 Zn$_2$SiO$_4$：Mn 早在 1938 年就用于荧光灯，作为光色校正荧光粉，至今仍是彩色荧光灯用荧光粉。如阴极射线显示管上，它也是常用的主要荧光粉。近年来，随着等离子平板显示器 (PDP) 的快速发展，Zn$_2$SiO$_4$：Mn 成为 PDP 三基色荧光粉的主要绿色组分。Klasens 很早就对铅激活的 SrO-MgO-SiO$_2$、SrO-ZnO-SiO$_2$、BaO-MgO-SiO$_2$、BaO-ZnO-SiO$_2$ 进行了综合研究。

硅酸盐发光材料具有较宽的激发光谱，可以被紫外线、近紫外线、蓝光激发而发出各种颜色的光，成为白光 LED 荧光粉的重要组成部分，近年来成为人们研究的热点。硅酸盐体系各种化合物数量很多，其中二价铕激活的焦硅酸盐、碱土正硅酸盐是主要的发光材料。本章重点讨论这两个体系的硅酸盐发光材料。

5.1 硅酸盐体系发光材料

主要硅酸盐体系发光材料的相图如图 5-1 所示，主要包括碱土正硅酸盐、含镁正硅酸盐及焦硅酸盐等。

5.1.1 正硅酸盐

正硅酸盐主要包括二元体系正硅酸盐和含镁的三元体系正硅酸盐。

5.1.1.1 二元体系正硅酸盐

正硅酸盐 2ZnO·SiO$_2$ 为硅锌矿，晶格属菱面结构，其结构特点是其中有络合的四面体离子〔SiO$_4$〕$^{4-}$。Si—O 距离为 1.62Å[❶]，O—O 距离在 2.62～2.64Å 之间变化。四面体离子〔SiO$_4$〕$^{4-}$ 之间的连接仅通过阳离子 Zn^{2+} 来实现。

---

❶ 1Å=0.1nm。

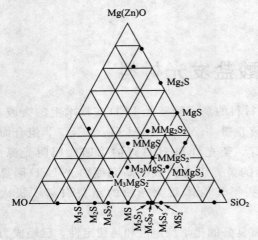

图 5-1　主要硅酸盐体系发光
材料的相图（M＝Ca，Sr，Ba）

图 5-2 及图 5-3 给出了 Zn_2SiO_4：Mn 的发射光谱和激发光谱。

图 5-2 给出的发射光谱中，在 525nm 处是一窄带，随着 Mn 含量的增加，谱带会加宽。

由图 5-3 可看出，300nm 以下的紫外线都可有效地激发 Zn_2SiO_4：Mn（或 Zn_2SiO_4：Mn，As）发光，大于 300nm 的紫外线，不能激发材料发光。如在高压汞灯下材料不发光。

碱土正硅酸盐也能实现发光，不同碱土金属离子的配合能实现不同的发光颜色。图 5-4 给出了碱土金属正硅酸盐 M_2SiO_4：Eu（M＝Ca，Sr，Ba）中不同碱土金属离子的含量对发光体发射峰位置的影响。

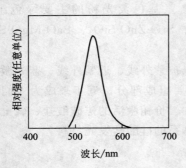

图 5-2　Zn_2SiO_4：Mn 的发射光谱

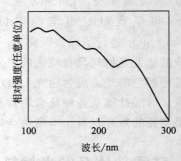

图 5-3　Zn_2SiO_4：Mn 的激发光谱

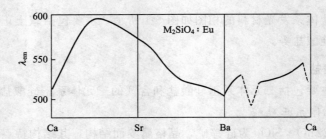

图 5-4　M_2SiO_4：Eu 中不同碱土金属离子的含量与发光体
发射峰位置之间的关系（M＝Ca，Sr，Ba）

由图 5-4 可知，M 为单一碱土金属 Ca、Sr、Ba 时，对应正硅酸盐的发射峰值分别是 515nm、575nm 和 505nm，按 Ca、Sr、Ba 顺序，发射峰值呈先红移后蓝移趋势。M 为两种碱土金属混合时，发射峰值也呈现一定规律性。当 M 为 Ca、Sr 时，随 Sr 含量的增加，发射峰由 515nm 逐渐红移至 595nm（此时达最大值），之后再增加 Sr 的含量，发射峰蓝移；当 M 为 Sr、Ba 时，发射峰在 Ba 含量增加的过程中，始终呈现蓝移现象；当 M 为 Ca、Ba 时，峰值的规律性较差，部分 Ca/Ba 组成比对应发光体的发射峰值的数据有待于进一步研究（图中虚线部分）。

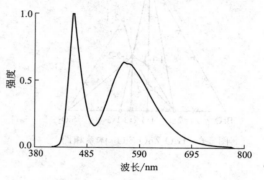

图 5-5 Sr_3SiO_5：Eu^{2+} 与发射 460nm 蓝光的 InGaN 光谱

Park 等报道了新型的光转换材料——铕激活的硅酸盐 Sr_2SiO_4：Eu^{2+} 和 Sr_3SiO_5：Eu^{2+}，Sr_3SiO_5：Eu^{2+} 与发射 400nm 蓝光的 InGaN 匹配产生白光。增大 SrO 在基质中所占比 Sr_3SiO_5，如图 5-5 所示，Sr_3SiO_5：Eu^{2+} 与发射 460nm 蓝光的 InGaN 匹配产生白光。

Sr_3SiO_5：Eu^{2+} 经过共掺杂 Ba^{2+} 后，显色指数提高到 85，色温达 2500～5000K，成为一种优良的暖白色光。M. Pardha Saradhi 等成功合成了 Li_2SrSiO_4：Eu^{2+}，在 400～470nm 激发下，出现一个 500～700nm 的宽发射带，其色坐标值为（0.3346，0.3401），而 YAG：Ce 的色坐标值为（0.3069，0.3592），由此表明，与 YAG：Ce 相比，Li_2SrSiO_4：Eu^{2+} 涂覆在 LED 上有效地改善了红光发射。

5.1.1.2 含镁的三元体系正硅酸盐

(1) 含镁的三元体系正硅酸盐的基本结构及相图 在 MO-MgO-SiO₂（M＝Ca，Sr，Ba）三元体系中，随 Ca、Sr、Ba 半径增大，体系形成的三元化合物出现不规则变化。M＝Ca 时，体系中存在 $3CaO \cdot MgO \cdot 2SiO_2$、$2CaO \cdot MgO \cdot 2SiO_2$、$CaO \cdot MgO \cdot SiO_2$ 和 $CaO \cdot MgO \cdot 2SiO_2$ 四个三元化合物；M＝Sr 时，仅存在两个三元化合物 $3SrO \cdot MgO \cdot 2SiO_2$ 和 $2SrO \cdot MgO \cdot 2SiO_2$ 型；而 M＝Ba 时，则出现 $3BaO \cdot MgO \cdot 2SiO_2$、$2BaO \cdot MgO \cdot 2SiO_2$、$BaO \cdot MgO \cdot SiO_2$、$BaO \cdot 2MgO \cdot 2SiO_2$ 和 $BaO \cdot MgO \cdot 3SiO_2$ 五个三元化合物（图 5-6～图 5-9）。

(2) 镁硅钙石化合物的基本物理性质 $M_3MgSi_2O_8$（M＝Ca，Sr，Ba）是镁硅钙石结构，20 世纪 70 年代初其结构就已确定。$Ca_3MgSi_2O_8$ 属单斜晶系，空间群为 $P_{21/a}$，晶胞参数 $a＝13.254Å$，$b＝5.293Å$，$c＝9.328Å$。该结构有三个不等价的 Ca 格位，配位数分别是 8、9 和 9，此外还有一个八面体的 Mg 格位。

$M_2MgSi_2O_7$ 和 $M_3MgSi_2O_8$ 中阴阳离子大部分以强共价性离子键相结合，具有热稳定性、化学稳定性优异的特点，是一类发光性能和应用特性均优良的发光材料。

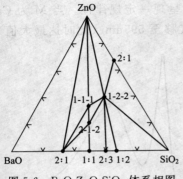

图 5-6　BaO-ZnO-SiO₂ 体系相图

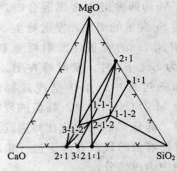

图 5-7　CaO-MgO-SiO₂ 体系相图

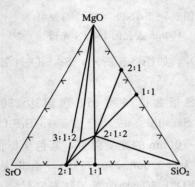

图 5-8　SrO-MgO-SiO₂ 体系相图

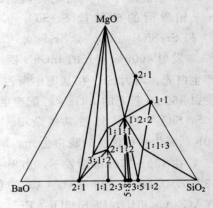

图 5-9　BaO-MgO-SiO₂ 体系相图

5.1.2　焦硅酸盐

（1）焦硅酸盐的结构　作为发光材料的三元硅酸盐体系的研究主要集中在焦硅酸盐和含镁正硅酸盐，许多高效发光材料是 Eu^{2+} 激活的碱土硅酸盐，三元硅酸盐体系的化合物更是种类繁多，图 5-10 及图 5-11 是相关体系的相图。

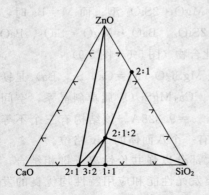

图 5-10　CaO-ZnO-SiO₂ 体系相图

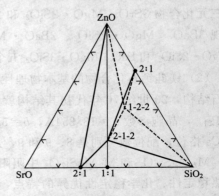

图 5-11　SrO-ZnO-SiO₂ 体系相图

在 MO-ZnO-SiO$_2$（M＝Ca，Sr，Ba）三元体系中，随碱土金属离子半径逐渐增大，体系的复杂性随之增大。当 M＝Ca 时，体系中仅出现一个 2CaO・ZnO・2SiO$_2$ 型三元化合物；M＝Sr 时，体系中除 2SrO・ZnO・2SiO$_2$ 外，还存在 SrO・2ZnO・2SiO$_2$ 型化合物；而 M＝Ba 时，则出现 2BaO・ZnO・2SiO$_2$、BaO・2ZnO・2SiO$_2$ 和 BaO・ZnO・2SiO$_2$ 三个新三元物相。

将 MO-ZnO-SiO$_2$（M＝Ca，Sr，Ba）和 MO-MgO-SiO$_2$（M＝Ca，Sr，Ba）体系对应比较可知，对于同一种碱土金属 MO-MgO-SiO$_2$ 体系较 MO-ZnO-SiO$_2$ 体系复杂，主要表现在体系中形成的三元物相和二元物相的复杂，以及由此而造成的相区的复杂性。另外，在 MO-ZnO-SiO$_2$ 体系中出现的三元物相的类型在 MO-MgO-SiO$_2$ 体系中均存在，这说明 Mg 较 Zn 更容易与碱土金属形成硅酸盐化合物。

（2）焦硅酸盐化合物的基本物理性质　　晶体结构主要是黄长石类，分别为镁黄长石 Ca$_2$MgSi$_2$O$_7$、锌黄长石 Ca$_2$ZnSi$_2$O$_7$、钙铝黄长石 Ca$_2$Al$_2$SiO$_7$。分子式可统一写成（Ca，Sr，Ba）$_2$（Mg，Zn）Si$_2$O$_7$，发射峰值波长随所用的 Ca、Sr 和 Ba 的相对比例而变，Zn/Mg 比例的变化影响很小。其中，Ca-Sr 可以形成连续固溶体，Ca-Ba 研究较少，Sr-Ba 固溶体可扩展到 80％（原子百分数），其后，溶解度有一个跳跃，形成 Ba$_2$MgSi$_2$O$_7$，其结构不同于 Ca$_2$MgSi$_2$O$_7$ 和 Sr$_2$MgSi$_2$O$_7$。Zn、Cd 可作为第二个阳离子取代 Mg，Mg-Zn 可以互相替换形成连续固溶体。

Ca$_2$MgSi$_2$O$_7$ 是焦硅酸盐的代表，它们与称为黄长石类质同晶型矿群密切相关，属四方晶系结晶。两个 SiO$_4$ 四面体通过共用一个氧原子连在一起，形成孤立的 Si$_2$O$_7$ 基团，Si$_2$O$_7$ 基团通过四配位中的 Mg 离子和八配位中的 Ca 离子结合在一起。Mg^{2+} 周围的四个氧离子距离为 0.3109nm，形成一个稍微扁平的四面体。Ca^{2+} 周围的八个氧离子间距为 0.244～0.271nm，平均距离为 0.2569nm。

Ca$_2$MgSi$_2$O$_7$ 的晶胞参数 a＝7.789Å，c＝5.018Å，Sr$_2$MgSi$_2$O$_7$ 的晶胞参数 a＝0.806Å，c＝0.519Å。

焦硅酸盐作为白光 LED 发光材料研究得较多，如 Mani 等采用 Ba$_2$（Mg，Zn）Si$_2$O$_7$：Eu^{2+} 和一些红光转换材料与近紫外 LED 复合得到白光 LED 灯，具有很好的发光性质。

GE 专利（专利号：6,255,670）也研制出了一种能被紫外线激发的 Ba$_2$（Mg，Zn）Si$_2$O$_7$：Eu^{2+} 荧光体，它相对于已知的磷光体 Ba$_2$ZnSi$_2$O$_7$：Eu^{2+} 和 Ba$_2$MgSi$_2$O$_7$：Eu^{2+} 具有优势。发现荧光体 Ba$_2$ZnSi$_2$O$_7$：Eu^{2+} 的合成温度相对 Ba$_2$MgSi$_2$O$_7$：Eu^{2+} 较低，但 Ba$_2$ZnSi$_2$O$_7$：Eu^{2+} 的量子效率也比 Ba$_2$MgSi$_2$O$_7$：Eu^{2+} 要低。同时也发现，加入适量的锌可以降低 Ba$_2$（Mg，Zn）Si$_2$O$_7$：Eu^{2+} 的合成温度，并因此避免形成玻璃相。同时，由于存在大量的 Mg，形成的荧光体具有较高的量子效率。

镁硅钙石硅酸盐化学式为 M$_3$MgSi$_2$O$_8$（M＝Ca，Sr，Ba），空间群为 P$_{21/a}$。其中，Ca$_3$MgSi$_2$O$_8$ 属于单斜晶系，Sr$_3$MgSi$_2$O$_8$、Ba$_3$MgSi$_2$O$_8$ 属于正交晶系。理

论上，镁硅钙石结构有 3 个不同的 M 格位：12 配位的 M（Ⅰ）、10 配位的 M（Ⅱ）、10 配位的 M（Ⅲ）。

乔彬等研究了以碱土镁硅酸盐（$R_3MgSi_2O_8$，R＝Ba，Sr，Ca）为基质，以一定量的 Eu、Mn 为激活剂的硅酸盐发光材料，结果发现在合适的工艺及原材料配比下能得到亮度及色度均较好的红色荧光粉。不同碱土金属所制备的荧光粉的激发光谱与发射光谱如图 5-12 所示。

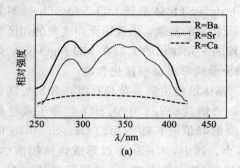 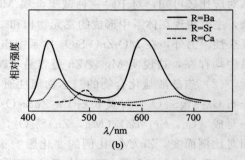

图 5-12　不同 $R_3MgSi_2O_8$ 基试样激发光谱与发射光谱

5.1.3　其他硅酸盐发光材料

山田健一通过在对碳酸钙和一些关于硅酸钙与铝酸钙水合物的反复测试中找到了一种红色发光材料，即含有 Eu^{3+} 离子的硅酸钙 $CaEu_4Si_3O_{13}$。在研究中，也发现用一些 La^{3+} 离子来代替 $CaEu_4Si_3O_{13}$ 中的 Eu^{3+} 离子作为催化剂而得到新的红色荧光粉 $Ca(Eu_{1-x}La_x)_4Si_3O_{13}$ 能有更好的性能。而且在三基色白光 LED 中，用 $Ca(Eu_{1-x}La_x)_4Si_3O_{13}$ 作为红色荧光粉将会比 Y_2O_2S：Eu^{3+} 红色荧光粉有更高的转换效率，在理论计算上得到更高的平均显色指数 R_a，因此 $Ca(Eu_{1-x}La_x)_4Si_3O_{13}$ 红色荧光粉在三基色白光 LED 应用中有更大的应用优势。

另外，在硅酸盐基质中掺入卤素元素，也可用于白光 LED 的制备。如 $Sr_4Si_3O_8Cl_4$：Eu^{2+} 可以与 Y_2SiO_5：Ce^{3+}，Tb^{3+} 和 Y_2O_2S：Eu^{3+} 组合作为 LED 荧光粉，分别发出蓝光、绿光、红光，其发射光谱如图 5-13 所示。Tb^{3+} 和 Eu^{3+} 的发射为 f→f 跃迁，该白光发射体系不会出现由于 InGaN 工作电流改变白光发射不稳定的现象。但是由于 Tb^{3+} 和 Eu^{3+} 为线

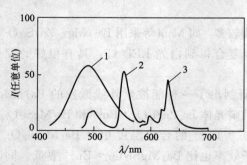

图 5-13　$Sr_4Si_3O_8Cl_4$：Eu^{2+}、Y_2SiO_5：Ce^{3+}，Tb^{3+} 和 Y_2O_2S：Eu^{3+} 的发射光谱（$\lambda_{ex}=365nm$）

1—$Sr_4Si_3O_8Cl_4$：Eu^{2+}；2—Y_2SiO_5：Ce^{3+}，
Tb^{3+}；3—Y_2O_2S：Eu^{3+}

发射，故该体系发射白光可能会有显色性偏低的缺点。

Ding 等用 Eu^{2+} 和 Mn^{2+} 共掺杂到 $Ca_3SiO_4Cl_2$ 基质中，发射出峰值为 512nm 和 568nm 的黄绿色光，这主要是由于 Eu^{2+} 和 5d→4f 跃迁和从 Eu^{2+} 的能量传递到 Mn^{2+} 而产生的 $^4T_{1g}(^4G)$→$^6A_{1g}(^6S)$ 的跃迁。该荧光粉具有高效的宽带发射和较高的猝灭温度，而且能与近紫外 InGaN 芯片较好地配合，其色坐标为 (0.3281, 0.3071)，显色指数为 84.5，光效为 11 lm/W，是一种很有前途的白光 LED 用荧光粉。

5.2　发光机理

稀土离子的发光主要来源于从 $4f^7(^6P_1)$→$4f^7(^8S_{7/2})$ 同一组态内的禁戒跃迁 (f→f 跃迁)、$4f^65d$ 组态到基态 $4f^7(^8S_{7/2})$ 之间的跃迁（5d→4f 跃迁）以及电荷迁移（CTS）跃迁，即电子从配体（氧和卤素等）充满的分子轨道迁移到稀土离子内部部分填充的 4f 壳层时，在光谱中产生较宽的电荷迁移。谱带的位置随着环境的变化较大。

（1）4f→4f 跃迁的发光特征

① 发射光谱呈线状，受温度影响小（线谱）。

② 基质变化对发射波长的影响不大。

③ 浓度猝灭小。

④ 温度猝灭小，400～500℃仍发光。

⑤ 谱线丰富，从紫外→红外。

（2）5d→4f 跃迁的发光特征

① 宽带吸收和发射（带谱）。

② 基质对发射光谱的影响较大，不同的基质中发射光谱可以位移，一直从紫外区到红外区。

③ 荧光寿命短。

④ 发射强度比 f→f 跃迁强。

⑤ 价态不易稳定。

在基质中 Eu^{2+} 离子为最易氧化的二价稀土离子，其谱带的能量最低，最容易观察到 d→f 跃迁。Eu^{2+} 的 d→f 跃迁发射波长可在很大范围内波动，基本上覆盖了可见区和紫外区，使 Eu^{2+} 在作为荧光材料和可调谐固体激光材料方面有很大的优越性。

基质晶格对稀土离子的 5d 能级和 4f→5d 跃迁的影响：稀土离子在晶体中所处的晶体场环境对其 5d 能态和 4f→5d 跃迁的影响非常明显。5d 能级受晶体场影响产生的能级劈裂约为 $10000cm^{-1}$。跃迁的最大吸收和发射中心的位置随着基质晶格环境的变化而发生明显的变化，发射波长可以从紫外区到红外区任意变化。且在某些异质同晶系列化合物中发射中心位置可以随基质化学组成的变化有规律地向长波或短波方向移动。

除了基质晶格对稀土离子发光有重要影响外，基质晶格与稀土离子之间的能量传递也会影响发光材料的发光。一般情况下，作为发光中心的稀土离子的浓度相对较低，有效激发取决于基质的吸收强弱和基质对稀土离子的能量传递效率的高低。某些基质的阴离子团吸收激发能并传递给稀土离子而使其发光，即基质中的阴离子团起敏化作用。如基质中的 TiO_4^{4-}、WO_4^{2-}、MO_4^{2-}、VO_4^{3-}、PO_4^{3-} 等阴离子团的吸收系数大，发射带又位于近紫外区，和稀土离子的吸收能级相重叠，因而对稀土离子的发光起敏化作用。特别是阴离子团中的中心原子（M）和介于中间的氧离子 O^{2-} 以及取代基质中阳离子位置的稀土离子（RE）形成一条直线，即接近180°时，基质阴离子团对稀土离子的能量传递最有效。其典型例子是 YVO_4：Eu^{3+}，V-O 对短波紫外线的吸收能力强，发射光谱的峰值在450nm附近，与 Eu^{3+} 的吸收几乎重叠，V-O-Y(Eu) 的角为170°，从而实现了高效发光。

掺杂 Eu^{2+} 的荧光材料发光的原因是由于化合物中 Eu^{2+} 的存在，Eu^{2+} 会经历从 $4f^6 5d \rightarrow 4f^7$ 的电子跃迁。发射光谱带的波长位置受基质材料结构的影响很大，会从接近紫外线变化到光谱中的红区。这是因为由 5d 层的晶体场的分裂造成的，随着晶体场强度的增加，发射光谱带移动到波长较长的范围内。$5d \rightarrow 4f$ 跃迁的发射峰值能量受指示电子间斥力的晶体参数的影响较大，即受 Eu^{2+} 阳离子和周围阴离子之间的距离以及其周围的阴离子和阴离子的平均距离的影响较大。

Eu^{2+} 离子的基态为 $^8S_{7/2}$，在大部分基质中的发光都是来自 $4f^6 5d \rightarrow 4f^7$ 跃迁的宽带发射，但在有些基质中 Eu^{2+} 的 $4f^6 5d$ 能级下限比较高，二价稀土离子的 5d 能级下限的位置对于其发光行为影响很大，稀土离子 4f 组态内部的跃迁受晶体场影响很小，受晶格振动的影响也较小，跃迁过程中的电子-声子耦合属于弱耦合，发射以零声子跃迁为主。在二价稀土离子 4f 与 5d 组态之间的跃迁中，电子-声子的耦合属于强耦合，需要在低温条件下才有可能观察到其发射光谱或吸收光谱的零声子线，很多情况下电子-声子的耦合较强，即使在液氦温度（或更低）下也难以观察到零声子线。

在类似于 Eu^{2+} 的 $d \rightarrow f$ 跃迁的电子-声子强耦合的情况下，光谱的线型符合 Guassion 分布：

$$G(p) = (2\pi\sigma^2)^{-1/2} \exp\left[\frac{-(p-s)^2}{2\sigma^2}\right]$$

其最大值位于 $p=s$ 处，这里：

$$\sigma^2 = \frac{s\left[1 + \exp\left(\frac{-\hbar\omega}{KT}\right)\right]}{1 - \exp\left(\frac{-\hbar\omega}{KT}\right)}$$

式中，σ 为算符；p 为在跃迁中耦合的声子数；s 为 Huang-Pekar 因子；$\hbar\omega$ 为声子能量；K 为常数；T 为温度。

Eu^{2+} 离子 5d 能级的位置受晶体场的影响很大，如果 5d 能级下限高于其 4f 激发态能级 $^6P_{7/2}$，就有可能在低温下出现 Eu^{2+} 的 $4f \rightarrow 4f$ 线状发射，如 SrB_4O_7：Eu^{2+}。

G. Blasse 对 Eu^{2+} 的 $4f^65d$ 能级位置随基质的变化进行了研究，指出在以下情况下 Eu^{2+} 的 $4f^65d$ 能级下限将处于比较高的位置：组态的晶体场分裂中心处于较高能量位置，其晶体场分裂比较小，将这些条件引申到基质的选择，要求基质中阴离子应该是电负性较大、电子层扩展效应较弱，另外与 Eu^{2+} 离子相邻的阳离子的离子半径比较小，所带的电荷比较大，同时 Eu^{2+} 离子的配位数应该比较大。

5.3　硅酸盐发光材料的制备过程

硅酸盐荧光材料化学稳定性好，耐酸、耐碱、耐水性优良。在水、弱酸、弱碱中能长时间保持稳定（30 天以上），因此其应用范围大大扩展。其次硅酸盐荧光材料耐高温性能好，高于传统 ZnS 材料 400℃以上，高于铝酸盐体系黄绿色发光材料 250℃以上，这对高温封装非常有利。另外，硅酸盐荧光材料生产成本低，以硅酸盐为基质的发光材料，原料高纯二氧化硅价廉易得，烧结温度比铝酸盐体系低 100℃以上，对拓展市场规模非常有利。硅酸盐荧光材料的结晶体透光性好，结晶程度高于 YAG 体系。由于硅酸盐荧光粉的这些优点使得其在 LED 的应用具有更加广泛的适应性。从 1996 年起，大连路明发光科技股份有限公司（以下简称大连路明公司）的肖志国等陆续发明了一系列稀土激活的新型硅酸盐基质发光材料。如正硅酸盐体系：$xMO \cdot ySiO_2$：Eu，Re，M＝Ca，Sr，Ba；焦硅酸盐体系：$2MO \cdot Mg(Zn)O \cdot 2SiO_2$：Eu，Re；镁硅钙石结构的硅酸盐体系：$3MO \cdot Mg(Zn)O \cdot 2SiO_2$：Eu，Re。实现了宽带激发，激发带宽可达到 300nm。特点是该材料可应用于半导体照明领域。该材料在白光 LED 上的应用，打破了国外对白光 LED 的专利垄断，实现了我国自主知识产权保护。此工作获得了国内外的认可：该发明专利获得中国授权，专利号：ZL98105078.6；专利名称：硅酸盐长余辉发光材料及其制造方法。该发明专利还获得了美国授权（专利名称：Long afterglow silicate luminescent material and its manufacturing method；专利号：USP6093346）；并在德国、西班牙、意大利、法国、英国、韩国、日本分别取得授权，其专利号分别为：69731119.8、97947676.9、36211BE/2004、B040719592、0972815、KR0477347、特许第 3948757 号。

硅酸盐发光材料的制备方法与其他荧光材料制备方法一样有很多种，如固相法、溶胶-凝胶法、燃烧法等。但实际应用中多采用的是固相法，其制备工艺流程图如图 5-14 所示。

具体的制备步骤如下：①混合原材料；②灼烧；③对灼烧的材料进行各种工艺处理，包括磨碎、分级和干燥等。原材料可包含各种化合物粉体，如碱土金属碳酸盐、硝酸盐、氢氧化物、氧化物、草酸盐和卤化物、硅的化合物（包括一氧化硅和二氧化硅）和含铕的铈化合物（包括氧化铈、氟化铈和氯化铈等）。

在灼烧已混好的原材料时，为了加快其反应，一般可加入一种或几种助熔剂。

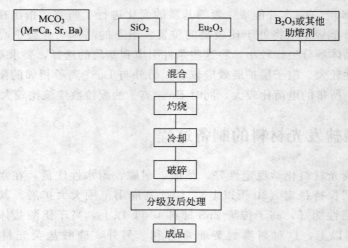

图 5-14　硅酸盐发光材料的制备工艺流程图

助熔剂通过两种方式改善烧结过程：第一种方式是利用液相烧结机理促进晶体生长；第二种方式是吸收并且收集来自晶粒的杂质，改善烧结材料的相纯度，形成质量较好、缺陷较少的晶体。助熔剂可能包含不同种类的卤化物，如氟化锶、氟化钡、氟化钙、氟化铈、氟化铵、氟化锂、氟化钠、氟化钾、氯化锶、氯化钡、氯化钙、氯化铈、氯化铵、氯化锂、氯化钠、氯化钾，或含硼助熔剂化合物（包括硼酸、氧化硼、硼酸锶），以及其他常用的助熔剂。

混合原材料可以使用研磨机、V 形混合器、搅拌器进行混合。原材料可以干混，也可以加入水或有机溶剂湿混，所用的有机溶剂可以是甲醇，也可以是乙醇。

硅酸盐发光材料的灼烧温度大约为 1300℃，保温时间为 3～4h。一般需在 N_2 和 H_2 的混合气体中还原。

为了得到粒径合适、高质量的硅酸盐发光材料产品，一般还需对灼烧后的块体进行一系列后处理，如破碎、分级及包膜等，最后得到粒径分布较好、光衰较小的产品。大连路明公司率先对发光粉进行包膜表面处理。包膜前后的粉体老化实验结果见表 5-1。

表 5-1　LMS1-550 系列发光粉包膜前后性能比较

发光粉	色坐标		色温/K	显色指数	发光效率 /(lm/W)	光衰/%
	x	y				
061201	0.3233	0.3362	6498	70.1	61.2	16.99
061201-500	0.3469	0.3504	7610	74.6	50.8	
061201-包	0.3256	0.3378	6502	71.2	61.8	5.66
061201-包-500	0.3348	0.3456	7003	73.5	58.3	

注：061201：批号为 061201 的 LMS1-550-A 发光粉；061201-500：061201 封装后点亮 500h；061201-包：061201 包膜后；061201-包-500：061201-包封装后点亮 500h。

5.4　硅酸盐发光材料的性能

5.4.1　硅酸盐发光材料的发光性能

（1）正硅酸盐基质发光材料的发光性能　　正硅酸盐发光材料可以写成如下通式：xMO・ySiO$_2$：Eu，M＝Ca，Sr，Ba，Zn，Mg。

大连路明公司所研制的 LMS 系列发光材料的激发光谱与发射光谱如图 5-15 所示，从图 5-15 可以看出，基质中碱土元素对发光材料的激发光谱与发射光谱影响比较大，随 Sr 含量的增加，发射光谱呈现红移的趋势，最大能达到 560nm，这是因为碱土元素对硅酸盐发光材料的晶体结构有较大的影响所致。

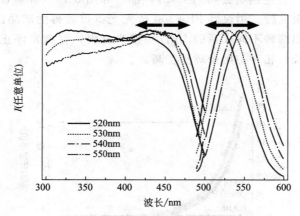

图 5-15　LMS 系列发光粉的激发光谱与发射光谱

因此可以通过调节荧光材料内所含的碱土元素的比例来制备不同颜色的发光材料。发光材料的颜色"调控板"如图 5-16 所示。简单来说，通过调整系数 β 的值，在 1.0～1.5 范围内可以获得蓝紫到黄颜色的发光；在 1.5～2.0 范围内可以获得蓝到黄颜色的发光；在 2～3 范围内可以获得绿到橙红颜色的发光。

T. Maeda 等在美国专利申请书 2004/0104391 中也介绍，当硅酸盐荧光材料中 Ba 和 Ca 的含量非常少时，换句话说，当荧光材料中碱土金属大多数为 Sr 时，荧光材料很有可能呈现出一种单斜晶结构，或者一种由单

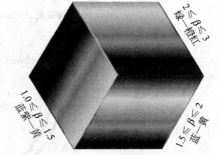

图 5-16　发光材料的颜色"调控板"［主要组成：aMO・bM′O・cSiO$_2$・dR：Eu$_x$，Ln$_y$，$(a＋b)/c＝\beta$］

斜晶和斜方晶晶体结构的混合物组成的结构。当在荧光材料中加入比所需量多的 Ba，而 Ca 的量很少或没有 Ca 时，Eu^{2+} 离子周围的晶体场很弱。如果 Ba 的含量很

低，而 Ca 的含量高于所需的用量，晶体结构又可能是单斜晶结构。最后，如果 Ba 和 Ca 的含量相对于荧光材料中 Sr 的量来说都高于所需用量，那么硅酸盐荧光材料很可能具有六方晶系结构。在这些情况中的各个情况下，根据 Maeda 等的成果，预计荧光材料会更绿，并发射黄色色纯度很低的光。

研究也发现在 Sr-Ba 基硅酸盐荧光材料体系中钙取代钡或锶通常将会降低发射强度，当钙的取代低于 40％时，它们有助于将辐射线移至较长波长范围内，以镁取代钡或锶通常将会降低发射强度，将辐射线移至较短波长范围内。然而，少量镁取代钡或锶（＜10％）将提高发射强度，并将辐射线移至较长波长范围内。

LED 用发光材料最大的特点是要有宽谱激发，这和蓄光型发光材料有着相似的特性。图 5-17（大连路明公司的 LMS 产品）和图 5-18（日本日亚公司的 YAG）是在 150W 氙灯激发后，用仪器 FP-6300 荧光光谱仪测得的产品的余辉性能曲线。通过曲线可以看出两种不同体系的 LED 用发光材料，在激发停止后，都有余辉性能。激发的时间长，相对初始余辉亮度高。

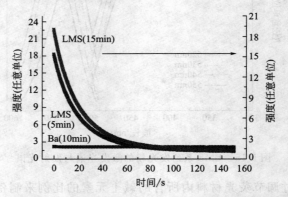

图 5-17　激发 5min、15min 后 LMS 和空白样品 BaSO₄ 的衰减曲线

（光谱带宽：10nm；λ_{ex}：450nm；λ_{em}：547nm）

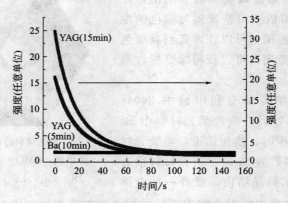

图 5-18　激发 5min、15min 后 YAG 和空白样品 BaSO₄ 的衰减曲线

（光谱带宽：10nm；λ_{ex}：460nm；λ_{em}：550nm）

（2）**焦硅酸盐体系**　焦硅酸盐发光材料可以写成如下通式：$x\text{MO} \cdot y\text{Mg}(\text{ZnO}) \cdot z\text{SiO}_2$：Eu，M ＝ Ca，Sr，Ba，Zn，Mg，图 5-19 给出了 $\text{M}_2\text{MgSi}_2\text{O}_7$：Eu 中不同碱土金属离子及含量与对应发光体的发射峰值的关系。

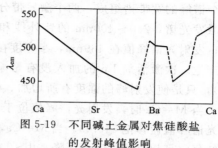

图 5-19　不同碱土金属对焦硅酸盐的发射峰值影响

由图 5-19 可明显看出，M ＝ Ca，Sr 时，随 Sr 含量的增大，峰值由 544nm（M＝Ca）逐渐下降至 472nm（M＝Sr）；当 M＝Sr，Ba 时，也存在如上发射峰蓝移现象，但蓝移的幅度较小；当 Ba/Sr 约等于 3 时，峰值出现急剧逆转，开始大幅度红移，M 完全为 Ba 时，峰值大约是 510nm；M＝Ba，Ca 时，峰值随 Ca/Ba 组成比增大呈现先蓝移后红移趋势。

图 5-20 是 Eu^{2+}、Ln 共激活和 Eu^{2+} 激活的镁黄长石结构的焦硅酸盐化合物长余辉发光材料的发射光谱与激发光谱（M＝Sr）。激发光谱由 250～450nm 范围内的

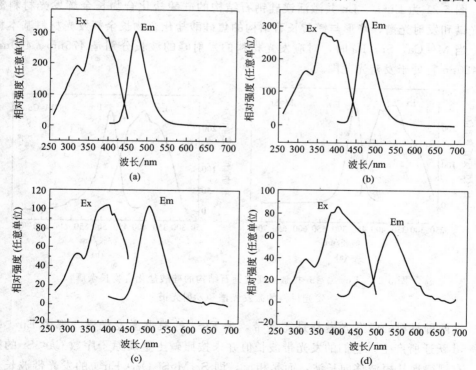

图 5-20　Eu^{2+}、Ln 共激活和 Eu^{2+} 激活的镁黄长石结构的焦硅酸盐化合物长余辉发光材料的发射光谱与激发光谱（M＝Sr）

（a）$\text{Sr}_2\text{MgSi}_2\text{O}_7$：$\text{Eu}^{2+}$；（b）$\text{Sr}_2\text{MgSi}_2\text{O}_7$：$\text{Eu}^{2+}$，Ln；（c）$(\text{SrCa})\text{MgSi}_2\text{O}_7$：$\text{Eu}^{2+}$，Ln；

（d）$\text{Ca}_2\text{MgSi}_2\text{O}_7$：$\text{Eu}^{2+}$，Ln

两个谱峰的宽带谱组成，两个激发带分别位于约 320nm 和约 375nm，是 Eu^{2+} 的典型激发光谱，250~400nm 的紫外线和 450nm 以下的蓝光，可有效地激发材料发光；发射光谱峰值在 469nm，半宽度在约 50nm，发射光谱由 Eu^{2+} 的 4f→5d 跃迁所产生。次激活剂 Ln 的加入没有影响发光材料发射峰的峰形及位置（470nm 左右），只是使发射峰的强度有所增加。

当 M＝Ca 时，发射光谱峰值位于 536nm，半宽度约 85nm；当 M＝Ba 时，发射光谱峰值蓝移至 440nm。当 M＝Ca，Sr 时，随 Ca 含量的增加，发射峰出现明显的红移，且相对峰高逐渐下降，由 100 减少到 62，半宽度逐渐加大，由 49.3nm 增加到约 85nm。Sr 或 Ca 含量较高时，组成比对发射峰位置影响较大，Ca/Sr 比在 0.4~0.7 之间时，Ca/Sr 比对发射峰没有实质性的影响，当 Ca 取代 Sr 时，在 460nm 处还出现一个弱的发射峰，且随 Ca 含量的继续增加，该发射峰变得逐渐明显。当 M＝Ba，Sr 时，发射峰存在蓝移现象，但蓝移的幅度较小；当 Ba/Sr 比约等于 3 时，峰值出现急剧逆转，开始大幅度红移；M＝Ba，Ca 时，峰值随 Ca/Ba 比增大呈现先蓝移后红移趋势，这些可能和 Eu^{2+} 所占据晶格位置的大小有关。

图 5-21 为 Eu^{2+}、Ln 共激活镁硅钙石结构的硅酸盐化合物长余辉发光材料激发光谱和发射光谱，峰形与镁黄长石结构的焦硅酸盐化合物长余辉发光材料基本相同，当 M＝Ca，Sr，Ba 时，对应发光材料的发射峰的波长分别是 475nm、460nm 和 430nm，处于发蓝光范围。

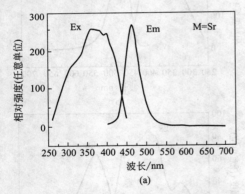 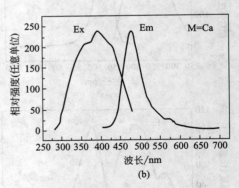

图 5-21　Eu^{2+}、Ln 共激活镁硅钙石结构的硅酸盐化合物长余辉
发光材料的激发光谱和发射光谱

这两种材料的激发光谱都是宽谱带，为 Eu^{2+} 的典型激发光谱，都由 Eu^{2+} 的 4f→5d 跃迁所产生。它们的发光带波长值并未按照碱土金属原子序数 Ca＜Sr 的递增，有规律地从短波移向长波，而是相反，即 $Sr_2MgSi_2O_7$：Eu^{2+} 的发光带波长小于 $Ca_2MgSi_2O_7$：Eu^{2+}，这和 Eu^{2+} 所占据晶格位置的大小有关。

$Sr_3MgSi_2O_8$：Eu^{2+}，Re^{3+} 的短波范围扩展到约 260nm，长波到 450nm，而 $Ca_3MgSi_2O_8$：Eu^{2+}，Re^{3+} 的波长范围为 275~480nm。$Sr_2MgSi_2O_7$：Eu^{2+} 的发

光带峰值在 475nm，$Ca_2MgSi_2O_7$：Eu^{2+} 的发光带峰值位于 535nm。

　　大连路明公司的夏威等采用高温固相法合成了一系列新的宽激发带材料 $M_2MgSi_2O_7$：Eu，Dy（M＝Ca，Sr），通过对荧光光谱和发光特性分析发现，该系列的硅酸盐基质荧光粉具有很宽的激发光谱，激发带均延伸到了可见区，紫外线或可见光照射后可分别产生黄、绿、蓝不同颜色发射，尤其是在 1210℃ 制备的该系列 $Ca_2MgSi_2O_7$：Eu，Dy 荧光粉非常适合作为白光 LED 用黄光发射荧光材料，其激发光谱范围要比 $Sr_2MgSi_2O_7$：Eu，Dy 和（Sr，Ca）$MgSi_2O_7$：Eu，Dy 宽，在 450～480nm 的蓝光区域内能够形成有效激发，恰好与蓝光 LED 芯片的发射波长非常匹配，适合作蓝黄复合方式制备白光 LED 的发光材料。最主要的是，研究人员将 $Ca_2MgSi_2O_7$：Eu，Dy 荧光粉与商用的 YAG：Ce 荧光粉分别与发射波长为 462nm 的 InGaN 芯片配合封装，在相同的激发条件下，$Ca_2MgSi_2O_7$：Eu，Dy 荧光粉的光效虽然只有 YAG 的 80%，但红色比增加，白光 LED 的色温、显色指数都很好，有利于暖白光 LED 的制备。

5.4.2　硅酸盐发光材料的其他物理性能

　　（1）LMS 系列产品的形貌分析　图 5-22 是大连路明公司 LMS-A 系列产品的 SEM 图，从图可以看出，经高温固相合成的硅酸盐系列发光材料具有较好的分散

(a) LMS1-560-A　　　　　　　　　　(b) LMS1-550-A

(c) LMS1-540-A　　　　　　　　　　(d) LMS1-530-A

图 5-22　LMS-A 系列产品的 SEM 图

性，形貌比较规则，其平均粒径大约为 $20\mu m$。

（2）LMS 系列产品的物相分析　图 5-23 是大连路明公司 LMS 系列产品的 XRD 图，该图也表明该硅酸盐产品具有良好的结晶性，属于正硅酸盐结构。

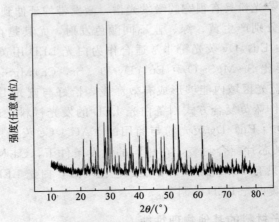

图 5-23　LMS 系列产品的 XRD 图

5.5　硅酸盐发光材料的封装性能

图 5-24 和表 5-2 分别是大连路明公司 LMS 系列产品的封装效果和各项封装性能。

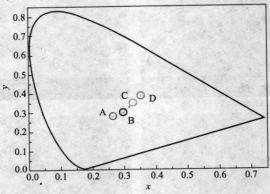

图 5-24　LMS 系列产品的封装效果

表 5-2　LMS 系列产品的各项封装性能

产　品	显色指数(R_a)	色温/K	发光效率/(lm/W)
A	69	11000	69
B	76	7909	72
C	72	5681	78
D	66	4602	77

5.6　硅酸盐发光材料的应用特性

　　前面介绍了通过调节元素的组成可以调节荧光粉的颜色。在硅酸盐发光材料体系当中，可以在一定范围的 LED 色温要求内（图 5-25），根据指定 LED 的色温来合成所需的发光材料。

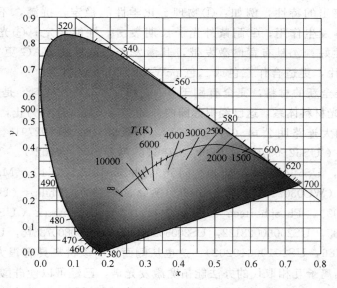

图 5-25　白光 LED 产品的色温调控

　　① 激发波长较宽，在 300～500nm 均为有效激发，可以被近紫外、紫光及蓝光芯片所激发，所以作为白光 LED 的应用极为广泛。

　　② 发光颜色极为丰富，覆盖从 505nm 的蓝区到 560nm 的黄区，可以满足不同的应用要求。

　　③ 硅酸盐发光材料物理、化学性能稳定，抗潮，不与封装材料、半导体芯片等发生作用，耐紫外光子长期轰击，有更低的光衰。

　　④ 光转化效率高，结晶体透光性好。

5.7　硅酸盐发光材料的研究进展

　　前几章的论述已经对蓝光 LED＋YAG 黄色发光材料合成白光进行了详细研究。但是，除了 YAG∶Ce 和一些有机发光材料外，很少有在 450～470nm 蓝光激发下较高发光效率材料的报道。如前几章所述，在 $MO\text{-}Mg(Zn)O\text{-}SiO_2$（$M$＝Sr,Ca,Ba,Zn）的硅酸盐体系中存在很多二元和三元化合物。某些激活剂离子（如 Eu^{2+}、Ce^{3+} 等），在这些化合物的化学计量比组成及附近的很大组成范围内都具有宽激发性能，激发光谱峰值位于 360nm 左右，其尾峰则延展到 450nm；采用碱土金属离子互相取代的办法，还可以进一步拓宽其激发光谱，如 $Sr_{1.95}Ba_{0.05}SiO_4$：Eu^{2+} 的激发光谱峰值位于 390nm 左右，但其尾峰延展到了 480nm，已经可以用蓝光激发。根据组成的变化，其发射光谱则可从蓝光（450nm）一直连续变化到红光（620nm），发光光谱可调范围比 YAG 要大，这对提高显色性非常必要。这些特性说明它可能是一种白光 LED 用发光材料。此外，硅酸盐基质发光材料还具有一些突出的特性，例如：①物理、化学性能稳定，抗潮，不与封装材料、半导体芯片等发生作用；②耐紫外光子长期轰击，性能稳定；③光转化效率高，结晶体透光性好；④具有宽谱激发带，其激发光谱范围比 YAG 更宽，可应用于紫外-蓝光芯片，更适合作三色或二色 pcW-LED 用发光材料。

这是一类全新的材料，完全有别于 YAG 和 TAG 发光材料，是最有可能超越 YAG 的新发光材料体系，这已经引起国内外的广泛关注。迄今为止，专利申请已达九十多件，如大连路明公司（ZL98105078，US6093346，EP0927915，KR0477347）、GE/Gelcore（US6255670，US2004007961，WO2005004202）、Toyoda Gosei（US6809347，US6943380，WO02054503，US20100155761）、Matsushita Electric Industrial（WO03021691）、Lumileds（WO03080763）、Philips（US2005200271，US20080203892）、Phosphortech（WO2004111156）、Intematix（US20060027781，US20060027785，US20060028122，US20060261309，US20080073616，US20080111472，US20080116786，US20100019202），这也从侧面说明该材料具有很大的发展潜力。采用碱土金属离子互相取代的办法能拓宽激发光谱，已经可以使硅酸盐基质发光材料应用于紫外芯片，但对于蓝光芯片来说，这还是不够的。国内外从 20 世纪 90 年代末开始对碱土硅酸盐体系发光材料应用于白光 LED 进行研究，目前已经取得很大进展，用蓝光 LED 芯片封装后的白光 LED 发光效率可以达到同样芯片封装 YAG 的 95%～105%，已经完全达到实用水平。但从发表论文的时间和报道的性能指标看，均落后于产业界（专利）的研究，同时也比 WLED（white light emitting diode）用氮化物基质发光材料的研究要晚。

碱土金属离子与 Eu^{2+} 的离子半径相似，如 $[Eu^{2+}]=0.112nm$，$[Ca^{2+}]=0.099nm$，$[Sr^{2+}]=0.112nm$，$[Ba^{2+}]=0.134nm$，从而使 Eu^{2+} 离子在碱土硅酸盐基质中更加稳定，也更容易进入晶体格位。最早有关 Eu^{2+} 离子在碱土金属正硅酸盐中发光的报道出现在 20 世纪 40 年代。当时由于稀土比较昂贵，光谱仪也不够先进，研究并不充分。随后，Thomas L. Barry、G. Blasse 和 P. Dorenbos 等对 Eu^{2+} 离子在碱土金属硅酸盐中的发光分别进行了系统研究。发现 Eu^{2+} 离子的发光寿命约为 $0.2～2\mu s$，Eu^{2+} 离子的发光有很大的温度依赖特性：发射谱峰位置都红移，发射峰宽化，在某一温度下会因电子-声子相互作用而发生发光猝灭。

Thomas L. Barry 仔细研究了 Eu^{2+} 离子激活的碱土金属正硅酸盐组成

（Sr_2SiO_4-Ba_2SiO_4、Sr_2SiO_4-Ca_2SiO_4、Ca_2SiO_4-Ba_2SiO_4）和发射光谱的关系，证实 Eu^{2+} 离子在 Sr_2SiO_4-Ba_2SiO_4 系统有更高的发光效率，它们之间能形成连续型固溶体。Ba_2SiO_4：Eu^{2+} 的发射光谱峰值为 505nm，Sr_2SiO_4：Eu^{2+} 的发射光谱峰值为 575nm。β-Ca_2SiO_4 和 Sr_2SiO_4 在 1200℃能形成无限固溶体，但其发光效率较低。Ca_2SiO_4-Ba_2SiO_4 之间能形成中间相 $Ba_5Ca_3Si_4O_{16}$，Eu^{2+} 离子在该基质中的发射光谱峰值为 490nm。

Thomas L. Barry 等采用在固相反应中加入助熔剂 NH_4Cl 的办法，来加快反应速率，同时促进产物的晶化，而且样品的色彩更鲜艳。经化学分析表明，加入的 NH_4Cl 只有极少量的残留，而且，绝大多数残留的 NH_4Cl 都是水溶性的，通过水洗可以除去。对 M_2SiO_4：Eu^{2+}（M＝Ca，Sr，Ba）的三种体系进行了如下详细研究。

① Sr_2SiO_4：Eu^{2+}-Ba_2SiO_4：Eu^{2+} 体系　　Ba_2SiO_4：Eu^{2+} 的化学稳定性不如 Sr_2SiO_4：Eu^{2+}，水洗过程能导致 Ba_2SiO_4：Eu^{2+} 基本不发光，而 Sr_2SiO_4：Eu^{2+} 的发光则基本不受水洗的影响，含 50％和 75％ Sr_2SiO_4：Eu^{2+} 固溶体的发光也同样不受水洗的影响，只要 Sr_2SiO_4：Eu^{2+} 在 $Sr_xBa_{2-x}SiO_4$：Eu^{2+} 固溶体的含量高于 10％，水洗过程对发光的影响就可以忽略。

表 5-3 是 $Sr_xBa_{2-x}SiO_4$：Eu^{2+} 组成与发光光谱峰值位置的关系，通过改变基质组成，发射光谱峰值可在 505~575nm 之间连续变化。其激发光谱是宽带，但在 T. L. Barry 文献中光谱的测量范围比较窄，只有 350nm 以下的数据，其发射光谱也是宽带。图 5-26 是发光强度的温度依赖特性，说明固溶体的温度依赖特性好于纯相，$BaSrSiO_4$：$0.02Eu^{2+}$ 在 100℃的发光强度下降低了 5％。Ba_2SiO_4：Eu^{2+} 即使在氮气中灼烧，铕也是以＋2 价状态存在，而 Sr_2SiO_4：Eu^{2+} 则必须在还原气氛中灼烧，才能保证所有铕呈现＋2 价状态。

表 5-3　Sr_2SiO_4：Eu^{2+}-Ba_2SiO_4：Eu^{2+} 体系的组成与光谱数据

物质的量百分比 Ba_2SiO_4：$0.02Eu^{2+}$	物质的量百分比 Sr_2SiO_4：$0.02Eu^{2+}$	发射峰（λ_{em}）/nm	W_h/nm	相对强度
100	0	505	60	74.9
90	10	510	63	71.1
80	20	515	67	70.4
70	30	519	68	80.0
60	40	521	70	73.9
50	50	524	72	68.3
40	60	531	84	67.5
30	70	543	93	63.6
20	80	556	102	61.2
10	90	568	106	62.3
0	100	575	108	61.7

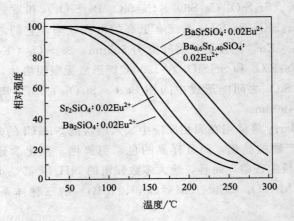

图 5-26　Ba_2SiO_4-Sr_2SiO_4 体系单元相和两个固溶相
发光强度的温度依赖性曲线（253.7nm 激发）

② Sr_2SiO_4：Eu^{2+}-Ca_2SiO_4：Eu^{2+} 体系　β-Ca_2SiO_4 和 Sr_2SiO_4 在 1200℃能形成无限固溶体，其组成与发光光谱峰值的关系见表 5-4。发射光谱比 Sr_2SiO_4：Eu^{2+}-Ba_2SiO_4：Eu^{2+} 体系更宽，光谱的对称性也更差，其发光效率比不上 Sr_2SiO_4：Eu^{2+}-Ba_2SiO_4：Eu^{2+} 体系。

表 5-4　Sr_2SiO_4：Eu^{2+}-Ca_2SiO_4：Eu^{2+} 体系的组成与发光光谱峰值的关系

物质的量百分比 Ca_2SiO_4：$0.02Eu^{2+}$	物质的量百分比 Sr_2SiO_4：$0.02Eu^{2+}$	发射峰(λ_{em})/nm	W_h/nm	相对强度
100	0	510	100	20.4
90	10	543	150	23.9
80	20	538	170	30.8
70	30	574	190	36.5
60	40	589	172	31.8
50	50	598	148	34.9
40	60	591	128	28.2
30	70	592	120	47.1
20	80	590	114	44.7
10	90	583	108	47.5
0	100	575	110	48.4

③ Ca_2SiO_4：Eu^{2+}-Ba_2SiO_4：Eu^{2+} 体系　Eu^{2+} 在该基质中的发光效率也很低，其组成与发光光谱峰值的关系见表 5-5。值得注意的是，在组成为 30% Ca_2SiO_4-70% Ba_2SiO_4 附近，发射光谱峰值有一个急剧减少，它对应中间物相 $Ba_5Ca_3Si_4O_{16}$。

表 5-5　Ba_2SiO_4：Eu^{2+}-Ca_2SiO_4：Eu^{2+} 体系的组成与发光光谱峰值的关系

物质的量百分比 Ca_2SiO_4：$0.02Eu^{2+}$	物质的量百分比 Ba_2SiO_4：$0.02Eu^{2+}$	发射峰(λ_{em})/nm	W_h/nm	相对强度
100	0	508	108	27.2
90	10	546	144	20.9
80	20	534	144	9.1
70	30	540	140	10.1
60	40	525	132	17.4
50	50	523	136	25.1
40	60	533	140	37.5
30	70	491	138	53.0
20	80	532	84	47.0
10	90	527	78	38.1
0	100	510	66	39.5

Eu^{2+} 离子的吸收光谱和发射光谱通常是宽带，这是由 $4f^65d$ 的激发态到基态 $^8S_{7/2}(4f^7)$ 的跃迁。其发射可由紫外线变化到红色光，这主要取决于基质晶格如共价性、阳离子尺寸及晶体场强度等。例如，在 $SrAl_2O_4$：Eu^{2+} 和 $BaAl_2O_4$：Eu^{2+} 中，可观测到 Eu^{2+} 离子的绿色发射，该长波发射可用以下模型来解释：Sr^{2+} 和 Ba^{2+} 在 $SrAl_2O_4$、$BaAl_2O_4$ 晶格中形成线型链，在该链中的 Eu^{2+} 离子除了受到最邻近的阴离子的负电荷影响外，还受到链方向邻近的阳离子的正电荷影响。正电荷能使一个 d 轨道优先取向，使其能量降低，导致 Eu^{2+} 离子的发射红移。在 $CsCdBr_3$：Eu^{2+} 中也可观测到相同的现象，其结构为共面的 $[CdBr_6]^{4-}$ 八面体组成的平行阵列链，链内两个 Cd 离子之间的距离为 $0.3361nm$，只有链间 Cd 离子之间距离（$0.7675nm$）的一半。$CsCdBr_3$：Eu^{2+} 的发射波长为 476nm。

S. H. M. Poort 等研究了 Eu^{2+} 离子在 $(Ca，Sr)_2MgSi_2O_7$、$MSiO_3$（$M=Ba$，Sr，Ca）、$BaSi_2O_5$、$BaMgSiO_4$、$CaMgSiO_4$、$SrLiSiO_4F$ 中的发光。这些基质材料中存在碱土金属离子链。在某些情况下，在该链中的 Eu^{2+} 离子呈现长波发射特性，原因是由于 d 轨道的优先取向。而在 $(Ca，Sr)_2MgSi_2O_7$：Eu^{2+} 中，用部分 Sr 取代 Ca 时，晶格常数增加，在该链方向 d 轨道的优先取向效应削弱，使 Eu^{2+} 离子的发射蓝移。而在 $SrSiO_3$：Eu^{2+} 和 $CaSiO_3$：Eu^{2+} 中，碱土金属离子链很接近，可观察到蓝色 Eu^{2+} 离子发光。这说明要使 Eu^{2+} 离子呈现长波发射，只需 1 个 d 轨道优先取向。

$Ca_2MgSi_2O_7$ 和 $Sr_2MgSi_2O_7$ 均为镁黄长石结构。这种结构存在一个 8 个氧离子配位的 Ca/Sr 格位，在 $Ca_2MgSi_2O_7$ 和 $Sr_2MgSi_2O_7$ 的镁黄长石结构中，碱土金属离子沿着 c 轴形成链，Sr 取代部分 Ca 时，晶格常数 c 增大。$Ca_2MgSi_2O_7$：Eu^{2+} 和 $Sr_2MgSi_2O_7$：Eu^{2+} 在 4.2K 时，发射光谱峰值分别为 545nm 和 475nm；而在室温时分别为 535nm 和 470nm。$(Ca,Sr)_2MgSi_2O_7$：Eu^{2+} 在 4.2K 的发射光谱如图 5-27 所示，详细情况见表 5-6。实际上，该材料有一定的余辉发光性能，余

辉发光时间取决于 Eu^{2+} 离子浓度和是否有辅助激活剂。其激发光谱为一宽带，已经延伸到了蓝绿区（≤480nm），因而，它们可以作为 WLED 用发光材料。

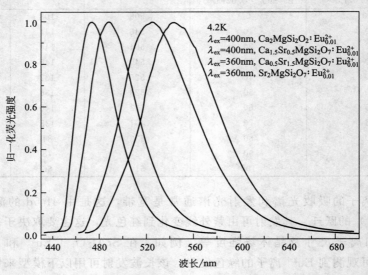

4.2K
$\lambda_{ex}=400nm$, $Ca_2MgSi_2O_2$：$Eu^{2+}_{0.01}$
$\lambda_{ex}=400nm$, $Ca_{1.5}Sr_{0.5}MgSi_2O_7$：$Eu^{2+}_{0.01}$
$\lambda_{ex}=360nm$, $Ca_{0.5}Sr_{1.5}MgSi_2O_7$：$Eu^{2+}_{0.01}$
$\lambda_{ex}=360nm$, $Sr_2MgSi_2O_7$：$Eu^{2+}_{0.01}$

图 5-27　$(Ca,Sr)_2MgSi_2O_7$：Eu^{2+} 在 4.2K 的发射光谱

表 5-6　Eu^{2+} 激活的 $MSiO_3$（M＝Ba，Sr，Ca）、$BaSi_2O_5$、Sr_2LiSiO_4、$BaMgSiO_4$、$CaMgSiO_4$ 和 $(Ca,Sr)_2MgSi_2O_7$ 的发光性能（$T_{1/2}$ 为达到 4.2K 发射峰强度
一半时的温度；T_q 为发射完全猝灭温度）

组　　成	发射峰值(4.2K)/nm	$T_{1/2}$/K	T_q/K	斯托克斯位移/cm^{-1}
$Ca_2MgSi_2O_7$：Eu^{2+}	545	280	550	4500
$Ca_{1.5}Sr_{0.5}MgSi_2O_7$：$Eu^{2+}$	525	280	550	4000
$Ca_{0.5}Sr_{1.5}MgSi_2O_7$：$Eu^{2+}$	490	280	550	3000
$Sr_2MgSi_2O_7$：Eu^{2+}	475	300	500	2500
$SrSiO_3$：Eu^{2+}	440	130	230	1500
$CaSiO_3$：Eu^{2+}	465	100	160	1900
$BaMgSiO_4$：Eu^{2+}	440	300	＞550	3000
	510	230	＞550	5000
	570	200	380	6000
$CaMgSiO_4$：Eu^{2+}	470	430	＞550	4000
	550	260	470	5000
$BaSiO_3$：Eu^{2+}	550	280	400	7000
$BaSi_2O_5$：Eu^{2+}	520	460	＞550	7000
$SrLiSiO_4F$：Eu^{2+}	535	450	＞550	8000

　　$SrSiO_3$ 和 $CaSiO_3$ 存在不同的同质异象体，在大气压下为 α-或假钙硅石型结构，该结构由 Sr^{2+} 或 Ca^{2+} 离子和 $[Si_3O_9]^{6-}$ 环交替组成。在 α-$SrSiO_3$ 中，Sr^{2+}

离子占据被 8 个氧离子包围的 3 个不同的位置；而在 α-CaSiO$_3$ 中，Ca^{2+} 离子可以占据 7 个 8 氧配位的不同位置。BaSiO$_3$ 有两种结构，即低温型和高温型，低温型属于假钙硅石型结构；而高温型则与 BaGeO$_3$ 的高温型结构相同，只有一个不规则 8 氧配位的 Ba^{2+} 离子位置。BaSi$_2$O$_5$ 也有两种结构，即低温型和高温型，低温型属于斜方晶系结构，含有一个 9 氧配位的 Ba^{2+} 离子位置；而高温型则为单斜晶系，有 2 个被 8 个或 9 个氧离子包围的 Ba^{2+} 离子位置，二者之间的结构差别比较小。

SrSiO$_3$：0.005Eu^{2+} 和 CaSiO$_3$：0.005Eu^{2+} 的发光性质相似，在 4.2K，SrSiO$_3$：0.005Eu^{2+} 的发射光谱峰值为 440nm，CaSiO$_3$：0.005Eu^{2+} 的发射光谱峰值为 465nm，其激发光谱和发射光谱如图 5-28 所示，均为宽带，但其激发光谱还不够宽，发射光谱也位于蓝区。二者的发光受温度的影响很大，其发光猝灭温度较低，分别为 230K 和 160K，因此，其温度特性不佳，因而它们不适合作为 pcW-LED 发光材料。

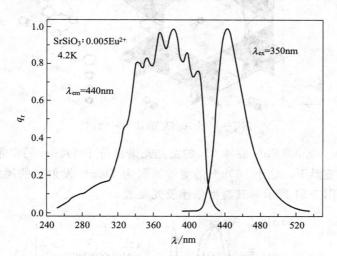

图 5-28　SrSiO$_3$：0.005Eu^{2+} 的激发光谱和发射光谱

Machida 等也曾报道了 SrSiO$_3$：Eu^{2+} 和 CaSiO$_3$：Eu^{2+} 的发光特性，其室温发射光谱峰值分别为 498nm 和 507nm。但 S. H. M. Poort 认为他们报道的应该是 Sr$_2$SiO$_4$：Eu^{2+} 和 Ca$_2$SiO$_4$：Eu^{2+} 的发光。

BaMgSiO$_4$ 属于一个派生的填充式鳞石英结构家族。BaMgSiO$_4$ 有三种 Ba^{2+} 离子位置，其数量相等，其中的两种为 9 氧配位，另一种为 6 氧配位。前面提到的 SrAl$_2$O$_4$ 和 BaAl$_2$O$_4$ 也属于这一类结构。鳞石英结构（图 5-29）为在平行于（0001）面的方向有一个〔SiO$_4$〕层，四面体通过顶角相连，形

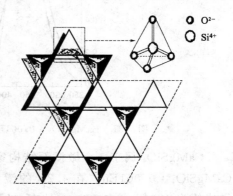

图 5-29　鳞石英结构的（0001）方向视图

成一个六边环，六边环中的四面体上下交替排列。

　　$SrAl_2O_4$ 的结构（图 5-30）以 ［AlO_4］ 四面体替代鳞石英中的 ［SiO_4］。Sr 离子位于六边形孔洞中，导致四面体网状结构扭曲更严重，对称性差。在 $SrAl_2O_4$ 结构中，有两个不等价的 Sr^{2+} 位置，每个位置都被 9 个不规则分布的氧所包围，呈 C_1 对称。Eu^{2+} 取代两个 Sr^{2+} 的位置，呈两个发射带，二者能级差为 $2230cm^{-1}$。在室温下，高能带消失，Eu^{2+} 离子的激发能完全转移到低能带的位置，该有效的能量转移对该材料的有效光子激发有利。

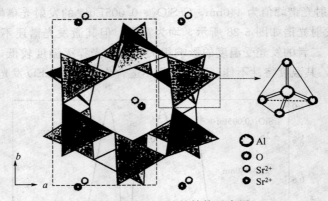

图 5-30　$SrAl_2O_4$ 的结构示意图

　　$BaMgSiO_4$：$0.001Eu^{2+}$ 在 4.2K 的发光光谱由位于 440nm 的窄带和 560nm 的宽带组成。在室温下，位于 560nm 的宽带减弱为 440nm 发射带的尾峰。激发光谱和发射光谱如图 5-31 所示，其温度依赖发光见表 5-6。

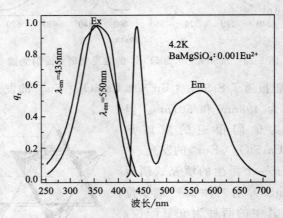

图 5-31　$BaMgSiO_4$：$0.001Eu^{2+}$ 在 4.2K 的激发光谱和发射光谱

　　$CaMgSiO_4$ 属于一个橄榄石结构家族，只有一个 6 氧配位的 Ca^{2+} 离子位置。$CaMgSiO_4$：$0.001Eu^{2+}$ 在 4.2K 的激发光谱和发射光谱如图 5-32 所示，发光光谱峰值为 470nm，在 550nm 处有一尾峰。其发光随温度升高减弱不明显，具体情况见表 5-6。其 550nm 发射的激发光谱很宽，是一种潜在的 WLED 用发光材料。

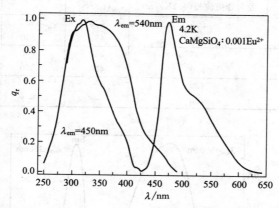

图 5-32　CaMgSiO$_4$：0.001Eu^{2+} 在 4.2K 的激发光谱和发射光谱

SrLiSiO$_4$F 有两个 Sr 离子位置，被八个 O 和两个 F 离子包围。在 4.2K，BaSiO$_3$：Eu^{2+}、BaSi$_2$O$_5$：Eu^{2+}、SrLiSiO$_4$F：Eu^{2+} 的发光光谱为宽带，峰值分别为 550nm、520nm 和 535nm。BaSi$_2$O$_5$：Eu^{2+} 和 SrLiSiO$_4$F：Eu^{2+} 的发光对温度的依赖并不大。

最近，人们对正硅酸盐的结构进行了详细的研究。Ba$_2$SiO$_4$ 的结构与 β-K$_2$SO$_4$ 相同，属于斜方晶系，这是唯一的稳定结构。而 Sr$_2$SiO$_4$ 有两种晶体结构，在低于 85℃时为低温型（β-Sr$_2$SiO$_4$），属于单斜晶系，与 β-Ca$_2$SiO$_4$ 的结构相同；高于 85℃时，α'-Sr$_2$SiO$_4$ 是稳定相，属于斜方晶系，与 β-K$_2$SO$_4$ 及 Ba$_2$SiO$_4$ 结构相同。用部分 Ba 取代 Sr 时，在室温下可得到 α'-Sr$_2$SiO$_4$，如 Ba 含量在低至 2.5％时，只存在 α'-Sr$_2$SiO$_4$ 相。在 Ba$_2$SiO$_4$ 晶格中，存在等效的两种碱土金属离子格位：一种是 10 氧配位；另一种是 9 氧配位。KBaPO$_4$ 和 KSrPO$_4$ 的结构与 β-K$_2$SO$_4$ 相同，但由于同时存在碱土金属离子和 K$^+$ 离子，可以预见 Eu^{2+} 离子将只有一种格位，即 9 配位格位。

S. H. M. Poort 等研究了 Eu^{2+} 离子在 Ba$_2$SiO$_4$、Sr$_{1.95}$Ba$_{0.05}$SiO$_4$、KBaPO$_4$、KSrPO$_4$ 中的发光，详细情况见表 5-7。Ba$_2$SiO$_4$：0.01Eu^{2+} 的发光光谱（图 5-33）为宽带，在 4.2K 时，发光光谱峰值为 505nm；室温则为 500nm。但其发光光谱不对称，可以分解为两个高斯峰（4.2K），峰值分别为 19800cm^{-1} 和 19200cm^{-1}，其强度基本相等。与 4.2K 时的发光强度相比，发光强度下降一半的温度为 430K，而在 550K 时，其发光亮度下降 90％。其发光光谱与激发波长无关。

Sr$_{1.95}$Ba$_{0.05}$SiO$_4$：0.01Eu^{2+} 的发光光谱（图 5-34，4.2K）与激发波长紧密相关。其发光光谱有两个发射带，用较短的波长激发时，发光光谱峰值位于 495nm；而用较长的波长激发时，发光光谱峰值位于 570nm。

表 5-7   Eu²⁺ 激活的 Ba₂SiO₄、Sr₁.₉₅Ba₀.₀₅SiO₄、KBaPO₄ 和 KSrPO₄ 的发光性能

（$T_{1/2}$ 为 4.2K 时达到发射峰强度一半时温度；T_q 为发射完全猝灭温度）

组 成	发射峰值波长(4.2K)/nm	$T_{1/2}$/K	T_q/K	斯托克斯位移/cm⁻¹
Ba₂SiO₄：Eu²⁺	505	430	>550	5000
	520	430	>550	5500
Sr₁.₉₅Ba₀.₀₅SiO₄：Eu²⁺	495	520	>550	5500
	570	420	>550	6000
KBaPO₄：Eu²⁺	420	—	—	3500
KSrPO₄：Eu²⁺	430	—	—	3500

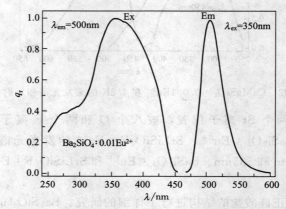

图 5-33   Ba₂SiO₄：0.01Eu²⁺ 的激发光谱和发射光谱

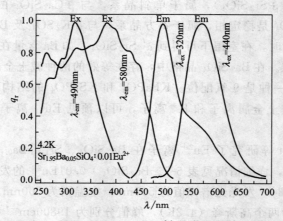

图 5-34   Sr₁.₉₅Ba₀.₀₅SiO₄：0.01Eu²⁺ 的激发光谱和发射光谱

β-Sr₂SiO₄：Eu²⁺ 和 α′-Sr₂SiO₄：Eu²⁺ 两相的发光特性相似。Sr₂₋ₓBaₓSiO₄：Eu²⁺ 中 Sr 含量增加，使发射光谱波长红移（从 Ba₂SiO₄：Eu²⁺ 的 500nm 红移到 Sr₂SiO₄：Eu²⁺ 的 570nm），而且，发光带的宽度也增加。还有文献报道在 Sr₂SiO₄：Eu²⁺ 中，使用 254nm 激发时，Eu²⁺ 离子的发光带也位于长波区，这可

能是 Eu^{2+} 离子的含量较高所致。

　　与 Ba_2SiO_4：Eu^{2+} 的情况相似，495nm 的蓝绿光发光强度下降一半的温度为520K（与 4.2K 时的发光强度相比），到 550K 时，发光强度下降到 35%；570nm发光强度下降一半的温度为 420K，到 550K 时，发光强度下降到 5%。图 5-35 是$KBaPO_4$：$0.01Eu^{2+}$ 和 $KSrPO_4$：$0.01Eu^{2+}$ 的激发光谱和发射光谱。

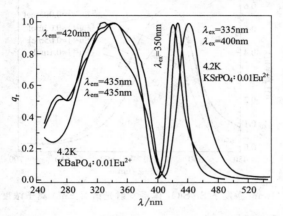

图 5-35　$KBaPO_4$：$0.01Eu^{2+}$ 和 $KSrPO_4$：$0.01Eu^{2+}$ 的激发光谱和发射光谱

　　综合上面的分析可知，许多 Eu^{2+} 离子激活的硅酸盐基质发光材料都具有很宽的激发光谱，在紫外区至蓝区有很强的激发性能，其发射光谱峰值也可以在很大范围内调节。特别是部分正硅酸基质发光材料（图 5-34），它们应用于蓝光 LED 芯片已经实现白光输出，性能也已达到实用水平。纯的正硅酸基质发光材料的激发光谱还是不够宽，只能应用于紫外芯片。例如，J. K. Park 等的研究发现，Sr_2SiO_4：Eu^{2+} 与 400nm 的 GaN 芯片封装后呈现白色发光，其发光效率比 460nm 的 InGaN芯片与商业 YAG：Ce 封装后的白光 LED 更高。J. K. Park 采用的合成方法是使用柠檬酸和乙二醇（ethylene glycol）的高分子络合法：$Sr(NO_3)_2$、$Eu(NO_3)_3$ 和TEOS 溶于水中，然后加入柠檬酸和乙二醇的混合溶液，加热到 120℃变成透明溶液，然后再加热到 200℃开始缩聚反应，得到黏性聚合物，再于 350℃再次热处理，得到多孔泡沫，研磨后于 1350℃灼烧 3h，气氛为 80%N_2/20%H_2。产物为单一的α'-Sr_2SiO_4 相。

　　图 5-36 为所得到的 $Sr_{2-x}SiO_4$：Eu_x 的发射光谱，为宽发射带，最佳 Eu^{2+} 离子浓度为 0.03mol，发射光谱峰值为 531nm，并随 Eu^{2+} 离子浓度增加而红移，例如：$[Eu^{2+}]=0.005$，$\lambda_{em}=519nm$，$[Eu^{2+}]=0.03mol$，$\lambda_{em}=531nm$，$[Eu^{2+}]=0.05mol$，$\lambda_{em}=536nm$，$[Eu^{2+}]=0.1mol$，$\lambda_{em}=543nm$。根据文献，随着 Eu^{2+} 离子浓度增加，Eu^{2+} 离子之间的距离缩短，Eu^{2+} 离子之间的能量传递概率增大。Eu^{2+} 离子之间的非辐射能量传递方式有交换作用、辐射再吸收或多极-多极作用。对 Eu^{2+} 离子来说，$4f^7 \rightarrow 4f^6 5d$ 跃迁是允许跃迁，而交换作用仅对禁戒跃迁起作用，

临界距离大约 5Å。这说明交换作用对 Eu^{2+} 离子之间的能量传递不起作用。这说明该体系中，Eu^{2+} 离子之间的能量传递方式只可能是电子多极作用。换句话说，Eu^{2+} 离子位于 5d 较高能级的概率（这会造成向 Eu^{2+} 离子 5d 低能级的能量传递）会随 Eu^{2+} 离子浓度增加而增加。从而使发射光谱随 Eu^{2+} 离子浓度增加而红移。

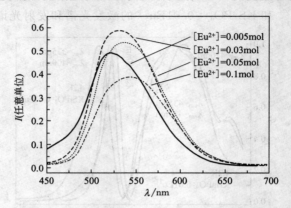

图 5-36　410nm 激发下 Sr_2SiO_4 体系发射光谱对 Eu^{2+} 离子浓度的依赖性

见表 5-8，Sr_2SiO_4：Eu 的发射光谱峰值还随 SiO_2 含量的增加而红移。在 Sr/Si＝2/0.5（样品 A）时，激发光谱峰值为 332nm 和 382nm，这两个峰合并在一起，形成一个大单峰。发射光谱为一个峰值位于 523nm 的大宽峰，斯托克斯位移为 $7057cm^{-1}$，晶体场劈裂（CFS）为 $3943cm^{-1}$。对 Sr/Si＝2/1.3（样品 D），发射光谱峰值为 555nm，斯托克斯位移和 CFS 均增大。根据文献的结论，Eu^{2+} 离子发射光谱峰值的移动取决于基质、共价性及晶体场强度。这说明 SiO_2 含量的增加使共价性增强，从而使电子间的相互作用减弱，因此能够扩散到更宽的轨道。因此，共价性增强会使 Eu^{2+} 离子的基态（$4f^7$）和激发态（$4f^6 5d$）之间的能量差值减小，从而使 t_{2g} 和 e_g 能级劈裂更严重，即 CFS 更大，发射光谱峰值红移。

表 5-8　不同 SiO_2 含量的 Sr_2SiO_4：Eu 的光谱参数

样　品	激发峰值波长/nm	发射峰值波长/nm	斯托克斯位移/cm^{-1}	CFS/cm^{-1}
样品 A(Sr/Si＝2/0.5)	332, 382	523	7057	3943
样品 B(Sr/Si＝2/0.8)	332, 384	527	7067	4079
样品 C(Sr/Si＝2/1.0)	332, 387	533	7078	4281
样品 D(Sr/Si＝2/1.3)	332, 394	555	7363	4730

Sr_2SiO_4：Eu^{2+} 与 400nm 的 GaN 芯片封装后呈现白色发光，其发光效率为 3.8lm/W，商业 YAG：Ce 与 460nm 的 InGaN 芯片封装后的白光 LED 发光效率为 2lm/W（图 5-37）。随封装时 Sr_2SiO_4：Eu^{2+} 浓度的不同，其发光颜色不同。随 Sr_2SiO_4：Eu^{2+} 浓度增加，发光颜色由蓝变黄，色坐标在蓝色芯片发光点和黄色荧光粉发光点相连的近似直线上。显色指数为 68（色坐标 $x＝0.39$，$y＝0.41$），比

YAG：Ce＋460nm 的 InGaN 封装后的白光 LED 的显色指数 80 要低一些。

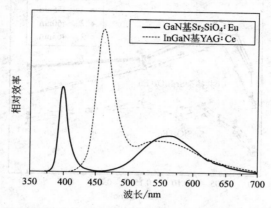

图 5-37　20mA 驱动电流下 InGaN 基（460nm）YAG：Ce 白光 LED 和
GaN 基（400nm）Sr_2SiO_4：Eu 白光 LED 的相对发射光谱

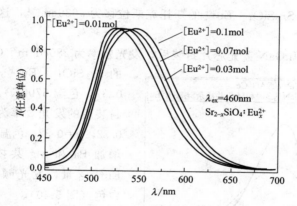

图 5-38　在波长为 460nm 的激发下，通过改变 Sr_2SiO_4：Eu^{2+} 体系的
Eu^{2+} 离子含量而得到的发射光谱

还可以采用其他方法提高 Sr_2SiO_4：Eu^{2+} 的激发性能，使其能应用于蓝光
LED 芯片。Joung Kyu Park 等采取固相反应法合成了 Ba 和 Mg 共掺杂的
Sr_2SiO_4：Eu^{2+}。随 Eu^{2+} 离子含量的增加，Sr_2SiO_4：Eu^{2+} 的发射波长峰值由
520nm 移向长波，这可能是由于晶体场变化引起的。尽管 Eu^{2+} 离子的 4f 电子由于
有外层保护，对晶格环境不敏感；但 5d 组态能被晶体场劈裂。另外，共掺杂的碱
土金属离子半径增大，会使发射波长蓝移（图 5-38），添加适量的 Ba、Mg 能增加
Sr_2SiO_4：Eu^{2+} 在 450～470nm 波长范围内的激发效率，从而增加发光效率（图
5-39）。在 Eu^{2+} 离子含量为 0.05mol 时，在 460nm 蓝光激发下，通过计算发射光
谱积分强度，其发光效率达到商业 YAG：Ce 的 95%。Ba 和 Mg 共掺杂的 Sr_2SiO_4：
Eu^{2+} 的斯托克斯位移为 3404cm^{-1}，Ba 掺杂的 Sr_2SiO_4：Eu^{2+} 的斯托克斯位移为

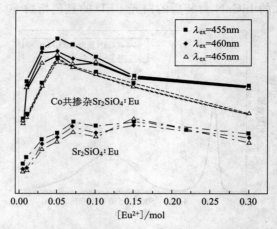

图 5-39 不同浓度的 Sr_2SiO_4：Eu 体系的发射强度（发射强度
是在蓝光波长分别为 455nm、460nm 和 465nm 激发下测定）

$3984cm^{-1}$，而纯 Sr_2SiO_4：Eu^{2+} 的斯托克斯位移为 $5639cm^{-1}$，这可能是导致发光
效率提高的原因。

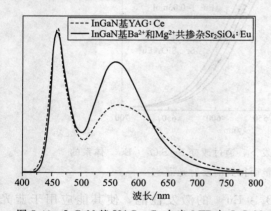

图 5-40 InGaN 基 YAG：Ce 白光 LED 与 InGaN
基 Ba^{2+} 和 Mg^{2+} 共掺杂 Sr_2SiO_4：Eu 白光 LED
的相对发射光谱（光谱采用 20mA 偏置
电流下 50cm 单栅单色器测试）

采用 460nm InGaN 蓝光芯片封装后，发光效率为 $280cd/m^2$（Ba 和 Mg 共掺杂的 Sr_2SiO_4：Eu^{2+}，$x=0.33$，$y=0.37$，色温 5700K），商业 YAG：Ce 封装后的发光效率为 $230cd/m^2$（$x=0.32$，$y=0.32$，色温 6200K）。封装时，增加 Ba 和 Mg 共掺杂的 Sr_2SiO_4：Eu^{2+} 含量，发光颜色从蓝色变化到白色（图 5-40）。

J. K. Park 等还在 2004 年进一步报道了应用于 LED 的 Sr_2SiO_4：Eu^{2+} 的发光材料的光谱特性。但上述报道的 Sr_2SiO_4：Eu^{2+} 的激发波长还不够长，只能应用于长波紫外 LED 芯片或短波蓝光 LED 芯片。最近，J. K. Park 等还合成了单一的四方相 Sr_3SiO_5：Eu^{2+}，它是一种在 450～470nm 波长范围内能被激发的黄色发光材料，在 460nm InGaN 芯片激发下，发白光。比传统的YAG：Ce＋460nm 的 InGaN 白光 LED 的发光效率更高。这说明 Sr_3SiO_5：Eu^{2+} 在 450～470nm 蓝光波长范围内的激发性能比 Sr_2SiO_4：Eu^{2+} 要好得多。

在 Eu^{2+} 离子浓度不高于 0.15mol 时，Sr_3SiO_5：Eu^{2+} 的发射光谱峰值为 570nm

（图 5-41）。该发光材料在 460nm 波长蓝光激发下有较高的激发效率。Sr_3SiO_5：$Eu_{0.07}$ 在 460nm 的激发效率达到 365nm 激发效率的 93%。Sr_3SiO_5：Eu 的量子效率约为 68%，该量子效率较低，原因是晶体中最低的 $4f^65d$ 能级与缺陷/陷阱相互作用，导致强烈的非辐射弛豫，从而降低发光效率。

图 5-41 中 Sr_3SiO_5：$Eu_{0.07}$ 荧光粉发射强度是在蓝光激发波长分别为 365nm、405nm 和 460nm 下测量得到。可以看出 Sr_3SiO_5：$Eu_{0.07}$ 在 460nm 激发下的强度达到 365nm 激发下强度的 93%。

图 5-42 为 Sr_3SiO_5：Eu 荧光粉假定发光机制的示意图。激发 Sr_3SiO_5 的基质后（1），激发电荷载体被困在浅陷阱态。在图 5-42 中，τ_R 和 τ_{NR} 是

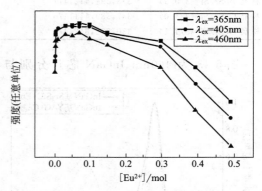

图 5-41　Sr_3SiO_5：$Eu_{0.07}$ 荧光粉中 Eu^{2+} 离子荧光发射强度与 Eu^{2+} 离子浓度的函数关系

从导带到价带跃迁的辐射寿命和非辐射寿命。但情况表明，假设电子被困在仅低于导带状态（2）（空穴的情况相似）。这种俘获电荷载体然后通过能量传递过程将其能量传递到铕离子的激发态 e_g（3），或与深空穴陷阱产生辐射复合（4）。步骤（3）随后通过辐射跃迁，铕离子从 e_g 激发态返回 $^8S_{7/2}$ 基态（5）而发射黄光。

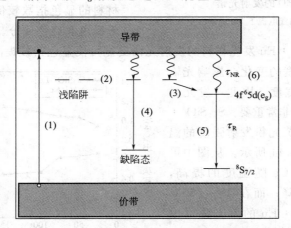

图 5-42　Sr_3SiO_5：Eu 荧光粉假定发光机制的示意图

见表 5-9，Sr_3SiO_5：Eu^{2+} 的发射光谱峰值还随 SiO_2 含量的增加而红移。在 Sr/Si＝3/0.8（样品 A）时，激发光谱峰值为 338nm、390nm、412nm 和 476nm。发射光谱为一个峰值位于 559nm 的大宽峰，斯托克斯位移为 $3119cm^{-1}$，CFS 为 $8578cm^{-1}$。对 Sr/Si＝3/1.1（样品 D），发射光谱峰值为 570nm，斯托克斯位移和 CFS 均增大。

表 5-9　不同含量 SiO_2 的 Sr_3SiO_5：Eu^{2+} 的光谱参数

样　品	激发峰值波长/nm	发射峰值波长/nm	斯托克斯位移/cm^{-1}	CFS/cm^{-1}
样品 A(Sr/Si＝3/0.8)	338,390,412,476	559	3119	8578
样品 B(Sr/Si＝3/0.9)	338,394,412,477	564	3234	8622
样品 C(Sr/Si＝3/1.0)	337,389,411,476	568	3402	8666
样品 D(Sr/Si＝3/1.1)	330,392,312,476	570	3464	9295

图 5-43 为 460nm InGaN 芯片分别与 YAG：Ce（550nm）和 Sr_3SiO_5：Eu（570nm）封装后的发射光谱。460nm InGaN 芯片＋Sr_3SiO_5：Eu 的发光效率为 20～32lm/W，比相同 InGaN 芯片＋ YAG：Ce 的 12 lm/W 高。随 Sr_3SiO_5：Eu 浓度增加，封装后的白光 LED 发光颜色由蓝变白，色坐标在蓝色芯片发光点和黄色荧光粉发光点的连线之间近似呈直线。显色指数为 64（色坐标 $x＝0.37$，$y＝0.32$）。比 YAG：Ce＋460nm 的 InGaN 的显色指数 80 低。460nm InGaN 芯片＋单一 Sr_3SiO_5：Eu 发光材料的显色指数较低是由于光谱中缺乏绿色和红色成分。采用双波段发光

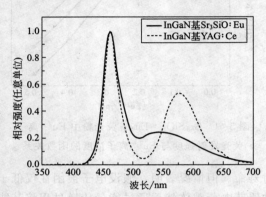

图 5-43　20mA 驱动电流下 InGaN 基 YAG：Ce 白光 LED 和 InGaN 基 Sr_3SiO_5：Eu 白光 LED 的发射光谱

（光谱采用 20mA 偏置电流下 50cm 单栅单色器测试）

材料或使 Sr_3SiO_5：Eu 发光材料的发射光谱更宽可使显色指数提高到 85。

LED 结点温度的变化会影响光输出、波长及光谱宽度。因此，发光材料的温度依赖特性非常重要。Sr_3SiO_5：Eu 和 YAG：Ce 荧光粉发射强度的温度依赖特性如图 5-44 所示。从图中可以看出，YAG：Ce 随温度的提高，发光强度急剧下降；而在 25～250℃ 范围内，Sr_3SiO_5：Eu 的发光强度没有下降，反而稍有提高。

Joung Kyu Park 等采取组合化学法对硅酸盐基质 LED 发光材料进行

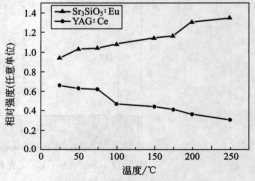

图 5-44　在 25～250℃ 之间 YAG：Ce 和 Sr_3SiO_5：Eu 荧光粉发射强度的温度依赖性

了研究，发现了数种在 450～470nm 蓝光激发下有较高发光效率的材料，可应用于白光 LED 照明。Joung Kyu Park 的研究表明，(Sr，Ba，Mg，Ca)$_2$SiO$_4$：0.03Eu^{2+} 中，富 Sr 相的发光效率更高些（405nm 激发），而且，与纯 Sr_2SiO_4 相比，共掺杂

其他碱土金属离子能拓宽激发光谱的尾峰。纯 Sr_2SiO_4：$0.03Eu^{2+}$ 相在激发波长超过 390nm 后，激发效率就急剧下降，对 450～470nm 蓝光吸收很差。适量共掺杂其他碱土金属离子能使 Sr_2SiO_4：$0.03Eu^{2+}$ 对 450～470nm 蓝光吸收增强，从而提高在 450～470nm 蓝光激发下的发光效率。

随着 Eu^{2+} 离子含量的增加，Sr_2SiO_4：Eu^{2+} 的发射波长峰值由 520nm 移向长波〔红移，激发波长 405nm，图 5-45（a）〕，这可能是由于晶体场变化引起的。图 5-45（b）为 Sr_3SiO_5：Eu^{2+} 在 465nm 蓝光激发下的发射光谱。随 SiO_2 含量的增加，其发射波长红移。这是由于增加 SiO_2 含量会使共价性增强，电子之间的作用力减弱，轨道上发生较大程度的电子离位现象。共价性增强会使基态 $4f^7$ 和激发态 $4f^65d$ 的能量差别缩小，导致 t_{2g} 和 e_g 能级的劈裂加剧（更大的 CFS），从而使发射波长红移。与 YAG：Ce（量子效率接近 100％）相比，Sr_3SiO_5：Eu^{2+} 的量子效率为 82％。量子效率的降低是由于晶体中陷阱/缺陷与 $4f^65d$ 能级相互作用，从而形成强烈的非辐射弛豫降低量子效率。但其量子效率比 $ZnSiO_4$：Mn（70％）高。

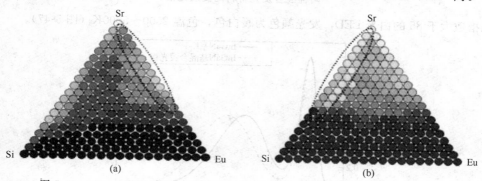

图 5-45　405nm 激发下 Eu^{2+} 离子激活 Sr_2SiO_4 的三元组合图和 465nm 激发下
Eu^{2+} 离子激活 Sr_3SiO_5 的三元组合图
（a）405nm 激发下 Eu^{2+} 离子激活 Sr_2SiO_4 的三元组合图；
（b）465nm 激发下 Eu^{2+} 离子激活 Sr_3SiO_5 的三元组合图

采用 Ba 和 Mg 共掺杂的 Sr_2SiO_4：Eu^{2+}（绿）和 Sr_3SiO_5：Eu^{2+}（黄）两种发光材料混合的办法（图 5-46），封装了 InGaN 蓝光 LED 芯片（$\lambda_{em}=460nm$），具体性能如下（发光材料含量 8％～9％）：亮度 930mcd，色坐标 $0.285 \leqslant x \leqslant 0.288$，$0.278 \leqslant y \leqslant 0.284$；对比样品 YAG：Ce 的性能数据为（发光材料含量 4.5％）：亮度 910mcd，色坐标 $0.287 \leqslant x \leqslant 0.299$，$0.269 \leqslant y \leqslant 0.292$。

研究表明，采取单一的 Sr_2SiO_4：Eu^{2+} 和 $(BaSr)_3SiO_5$：Eu^{2+} 发光材料能得到高效的白光 LED，但由于光谱中缺少红色成分，其显色指数相当低。Joung Kyu Park 等采取在 Sr_3SiO_5 中添加 Ba^{2+} 离子的方法，使 Sr_3SiO_5：Eu^{2+} 在 450～470nm 蓝光激发下的发射光谱红移，发光颜色为橙黄色。采用双组分发光材料：黄色发光材料 Sr_2SiO_4：Eu^{2+} 和橙黄色发光材料 $(Ba,Sr)_3SiO_5$：Eu^{2+}，使光谱中的红色成分增强，得到了显

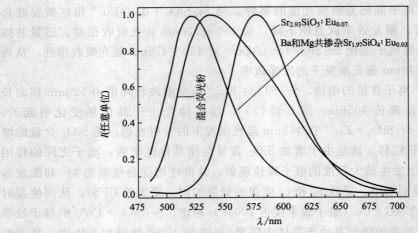

图 5-46   Ba 和 Mg 共掺杂的 Sr_2SiO_4：Eu^{2+} 和 Sr_3SiO_5：Eu^{2+}
两种混合发光材料的发射光谱

色指数大于 85 的白光 LED，发光颜色为暖白色，色温 2500～5000K（图 5-47）。

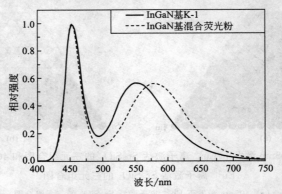

图 5-47   20mA 驱动电流下 InGaN 基 K-1（Sr_2SiO_4：Eu）白光 LED 与 InGaN 基混合荧光
粉（Sr_2SiO_4：Eu 与 Ba^{2+} 共掺杂 Sr_3SiO_5：Eu）白光 LED 的发射光谱

图 5-48 为不同 Ba^{2+} 离子含量的 $Sr_{2.93}SiO_5$：$Eu_{0.07}$ 的发射光谱，其发射光谱为
宽带，随 Ba^{2+} 离子含量的增加，发射光谱峰值由 570nm 红移到 585nm。在
Sr_3SiO_5 结构中，所有的 O^{2-} 离子被 Sr^{2+} 离子正八面体包围，其差别在于与 SiO_4^{4-}
四面体及相互之间的连接方式不同。所有的八面体有一个平行于 c 轴的四次对称
轴，以共角方式连接。当（$Sr_{2.93-x}Ba_x$）$_3SiO_5$：$Eu_{0.07}$ 组分中 Ba^{2+} 离子含量增加
时，Sr^{2+} 离子周围的八面体对称性降低。需要指出的是固溶体较低的对称是由于
堆垛排列的轻微改变而产生的。

在（$Sr_{2.93-x}Ba_x$）$_3SiO_5$：$Eu_{0.07}$ 中，Ba^{2+} 离子和 Sr^{2+} 离子的离子半径不同，
Ba^{2+} 离子含量增加时其晶格常数增大，Ba^{2+} 取代部分 Sr^{2+} 会导致 c 轴变长，Eu^{2+}
离子的 d 轨道的优先取向效应减少，因此，Eu^{2+} 离子的发射红移。Ba^{2+} 离子含量

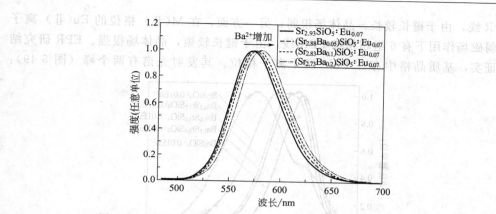

图 5-48 不同 Ba^{2+} 离子含量的 $Sr_{2.93}SiO_5$：$Eu_{0.07}$ 的发射光谱

超过 0.5mol 时，会形成 $BaSi_4O_9$ 杂相。Eu^{2+} 离子在 Sr_3SiO_5 中的大致固溶限度因此能够被确定。同时，Ba^{2+} 离子含量增加也会导致晶体对称性降低，光谱测试表明，Ba^{2+} 离子含量超过 0.5mol 后不会对发射光谱产生大的影响，而发光强度则逐步下降。

InGaN 芯片与单一 Sr_2SiO_4：Eu 发光材料封装后白光 LED 的显色指数为 68；InGaN 芯片与两种混合发光材料（Sr_2SiO_4：Eu＋Ba^{2+} 共激活的 Sr_3SiO_5：Eu）封装后白光 LED 的显色指数则大于 85，色温 2500～5000K；而 InGaN 芯片与 YAG：Ce 封装后白光 LED 的色温 6500K。

J. S. Kim 等的 M_2SiO_4：Eu^{2+}（M＝Ba，Sr，Ca）发光性质，EPR 研究表明，基质晶格中存在 Eu^{2+} 两个离子格位，其最强的激发峰位于 370nm。采用固相反应法合成发光材料样品编号见表 5-10，合成条件 1250℃/4h，气氛为 25％H_2/75％N_2。

表 5-10 合成发光材料样品编号

样　品	成　　分	样　品	成　　分
样品 1	Ba_2SiO_4：$0.01Eu^{2+}$	样品 6	$Sr_{1.5}Ca_{0.5}SiO_4$：$0.01Eu^{2+}$
样品 2	$Ba_{1.5}Sr_{0.5}SiO_4$：$0.01Eu^{2+}$	样品 7	$Sr_{1.0}Ca_{1.0}SiO_4$：$0.01Eu^{2+}$
样品 3	$Ba_{1.0}Sr_{1.0}SiO_4$：$0.01Eu^{2+}$	样品 8	$Sr_{0.5}Ca_{1.5}SiO_4$：$0.01Eu^{2+}$
样品 4	$Ba_{0.5}Sr_{1.5}SiO_4$：$0.01Eu^{2+}$	样品 9	Ca_2SiO_4：$0.01Eu^{2+}$
样品 5	Sr_2SiO_4：$0.01Eu^{2+}$		

所有样品的结构相同，相互之间能形成单一物相的固溶体。晶格常数按 Ba、Sr、Ca 顺序减小。M_2SiO_4：Eu^{2+} 晶格中存在两个阳离子格位 M（Ⅰ）和 M（Ⅱ），其中，M（Ⅰ）格位为 10 配位，而 M（Ⅱ）格位为 9 配位。M（Ⅰ）格位沿着 c 轴形成一个链条，一端与 Si^{4+} 离子相连，另一端与 M（Ⅰ）相连。M（Ⅱ）格位沿着 b 轴形成一个链条，M（Ⅱ）离子的两端与 M（Ⅰ）和 MO（Ⅰ）相邻。M_2SiO_4：Eu^{2+} 中不同格位的两个 Eu^{2+} 离子［Eu（Ⅰ）和 Eu（Ⅱ）］会形成两个发射带。

EPR 研究表明，在 M（Ⅰ）格位的 Eu（Ⅰ）离子在强磁场作用下有 6 组超精细

EPR 线，由于键长较长，晶体场很弱；另一方面，在 M(Ⅱ) 格位的 Eu(Ⅱ) 离子在弱磁场作用下有 6 组超精细 EPR 线，由于键长较短，晶体场很强。EPR 研究结果证实，基质晶格中存在 Eu^{2+} 两个离子格位。其发射光谱有两个峰（图 5-49）：

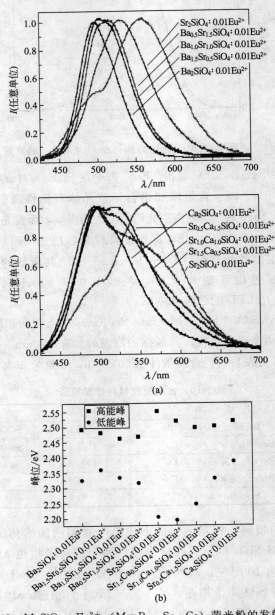

图 5-49 M_2SiO_4：Eu^{2+}（M＝Ba，Sr，Ca）荧光粉的发射光谱和
M_2SiO_4：Eu^{2+}（M＝Ba，Sr，Ca）的发射峰位置
（a）M_2SiO_4：Eu^{2+}（M＝Ba，Sr，Ca）荧光粉的发射光谱；
（b）M_2SiO_4：Eu^{2+}（M＝Ba，Sr，Ca）的发射峰位置

位于短波区的 Eu（Ⅰ）峰和位于长波区的 Eu（Ⅱ）峰，Sr_2SiO_4：$0.01Eu^{2+}$ 的 $\lambda_{em1}=470nm$，$FWHM=40nm$；$\lambda_{em2}=560nm$，$FWHM=90nm$。对 Ba_2SiO_4：$0.01Eu^{2+}$ 和 Ca_2SiO_4：$0.01Eu^{2+}$，两个峰重叠成峰值位于 500nm 的单一峰。短波发射源于位于大尺寸 M（Ⅰ）格位的 Eu^{2+} 离子，其晶体场较弱；而长波发射源于位于小尺寸 M（Ⅱ）格位的 Eu^{2+} 离子，其晶体场很强。

Jong Su Kim 等研究了正硅酸盐发光材料 M_2SiO_4：$0.01Eu^{2+}$（M＝Ca，Sr，Ba）发射光谱的温度依赖特性。随温度升高，Sr_2SiO_4：Eu^{2+} 的两个发射带表现出正常的发射峰红移、发射光谱宽化及发光强度下降；而 Ca_2SiO_4：Eu^{2+} 和 Ba_2SiO_4：Eu^{2+} 则表现出反常的发射峰蓝移。

发光材料呈现特殊的温度依赖特性一般表现为：随发光温度提高，发射光谱红移，发射峰宽化，在某一温度发生发光猝灭。这是发光中心的基态和激发态的电子-声子相互作用的温度依赖特性所致。Jong Su Kim 等前期的工作表明，Ca_2SiO_4：Eu^{2+}、Sr_2SiO_4：Eu^{2+} 和 Ba_2SiO_4：Eu^{2+} 的结构相同，晶格常数按 Ca、Sr、Ba 的顺序增大，在晶格中存在两种阳离子格位。在 M_2SiO_4：Eu^{2+} 中，Eu^{2+} 离子也存在两种格位，因而，有两个发光带：Eu（Ⅰ）和 Eu（Ⅱ）。在 Sr_2SiO_4：Eu^{2+} 中，Eu（Ⅰ）发光带位于短波区（蓝区，图 5-50），Eu（Ⅱ）发光带位于长波区（绿区，图 5-50）；而对 Ca_2SiO_4：Eu^{2+} 和 Ba_2SiO_4：Eu^{2+} 来说，这两个发光峰在 500nm 左右重叠。从 Sr_2SiO_4：Eu^{2+} 到 Ca_2SiO_4：Eu^{2+}，发射带蓝移，而从 Ba_2SiO_4：Eu^{2+} 到 Sr_2SiO_4：Eu^{2+}，发射带红移，可用晶体场和共价性来解释。

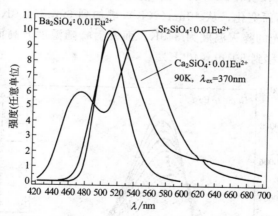

图 5-50 Ca_2SiO_4：Eu^{2+}、Sr_2SiO_4：Eu^{2+} 和 Ba_2SiO_4：
Eu^{2+} 的发射光谱（$\lambda_{ex}=370nm$，90K）

对 Sr_2SiO_4：Eu^{2+} 来说（图 5-51），其发射光谱峰的半高宽（FWHM）随温度升高而宽化，如蓝光的 FWHM 从 40nm（90K）增加到 57nm（400K）；绿光的 FWHM 从 65nm（90K）增加到 100nm（400K）。而发射强度随温度升高而降低，且蓝光的衰减速度更慢些。蓝光的猝灭温度为 400K，绿光的猝灭温度为 360K。而发

位于短波区的 Eu(I) 源和处于长波区的 Eu(II) 源……SrₐSiO₄ : 0.01Eu²⁺ 的
λₑₘ₁ = 470nm, λₑₘ₂ = ……10nm; λₑₘ₂ = 460nm……500nm 的单一峰。……
发射源于位于 10 配位 K(I) 格位的 Eu²⁺, 其晶体……位于 10 配……位于……
位于不小于 M 格位的 Eu²⁺, ……离子……
Jong Su Kim……T 正比……SrₐSiO₄……0.01Eu²⁺ 的 (M = Ca, Sr,
Ba) 发射光谱……峰越……温度升高……SrₐSiO₄ : Eu²⁺……
正常的发射峰越强。……发射光谱……以及光强度下降; Eu²⁺……和 BaₐSiO₄ :
Eu²⁺ 刚好表……常的……能级……
发光材料……温度依赖……特……越……见 Jong……峰……发光……
标, 发射峰变……发射……状。……基态和……态……电……
于声子相互作用的温度依……较……见 Jong Su Kim 等……期的工作……时,
CaₐSiO₄……期的……温度……见……发……Ca……
奥于电……的状态位, ……正……而……

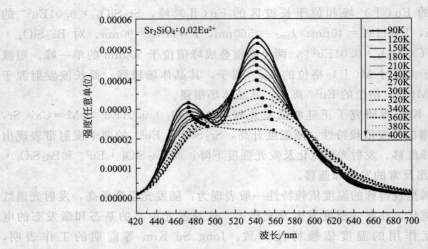

图 5-51   不同温度下 Sr₂SiO₄ : Eu²⁺ 在 370nm 被激发时的光致发光光谱

射峰随温度升高而红移, 如蓝光的发射峰从 469nm(90K) 红移到 480nm(400K);
绿光的发射峰从 546nm(90K) 红移到 555nm(400K)。

对 Ca₂SiO₄ : Eu²⁺ 来说 (图 5-52), 其发射光谱峰的 FWHM 也随温度升高而
宽化, 从 66nm(90K) 增加到 90nm(400K)。发射强度随温度升高而降低, 发光猝
灭温度为 400K。而其发射峰随温度升高而蓝移, 如发射峰从 514nm(90K) 蓝移到
503nm(400K)。对 Ba₂SiO₄ : Eu²⁺ 来说 (图 5-53), 同样, 其发射光谱峰的
FWHM 随温度升高而宽化, 从 40nm(90K) 增加到 69nm(400K)。发射强度随温
度升高而降低, 绿光的猝灭温度为 340K。而发射峰随温度升高而蓝移, 如发射峰
从 507nm(90K) 蓝移到 501nm(400K)。

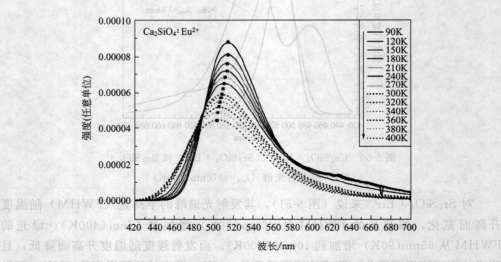

图 5-52   不同温度下 Ca₂SiO₄ : Eu²⁺ 在 370nm 被激发时的光致发光光谱

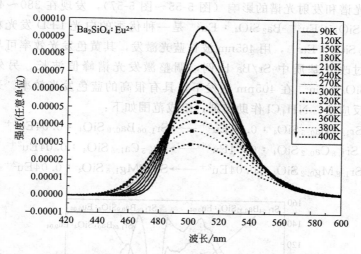

图 5-53　不同温度下 Ba_2SiO_4：Eu^{2+} 在 370nm 被激发时的光致发光光谱

图 5-54 为 Ca_2SiO_4：Eu^{2+}、Sr_2SiO_4：Eu^{2+} 和 Ba_2SiO_4：Eu^{2+} 在不同温度的 CIE 色坐标图，与前面的发射光谱分析一致：随温度升高，Sr_2SiO_4：Eu^{2+} 的色坐标移向红区，90K 的色坐标为（$x=0.2942$，$y=0.4543$），400K 的色坐标为（$x=0.3168$，$y=0.4287$）。而 Ca_2SiO_4：Eu^{2+} 和 Ba_2SiO_4：Eu^{2+} 的色坐标随温度升高从绿区移向蓝区：Ca_2SiO_4：Eu^{2+}，90K 的色坐标为（$x=0.2789$，$y=0.5868$），400K 的色坐标为（$x=0.2347$，$y=0.4642$）；Ba_2SiO_4：Eu^{2+}，90K 的色坐标为（$x=0.131$，$y=0.6478$），400K 的色坐标为（$x=0.1724$，$y=0.4732$）。

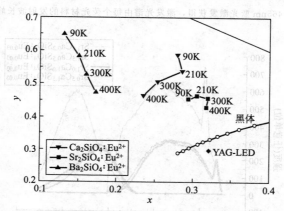

图 5-54　370nm 激发下 Ca_2SiO_4：Eu^{2+}、Sr_2SiO_4：Eu^{2+} 和
Ba_2SiO_4：Eu^{2+} 荧光粉在不同温度的 CIE 色坐标图

J. S. Yoo 等在 2003 年曾报道了一种在 400nm 波长激发下的高效蓝色硅酸盐发光材料，其激发波长还不够长，随后，他们又研究了硅酸盐基质中碱土金属离子的

变化对激发光谱和发射光谱的影响（图 5-55～图 5-57），发现在 380～465nm 波长范围内，Sr_2SiO_4：Eu^{2+}-Ba_2SiO_4：Eu^{2+} 是一种优秀的白光 LED 发光材料。特别是（Sr，Ba）$_2SiO_4$：Eu^{2+}，用 465nm 波长蓝光激发，其黄色发光效率可与 YAG：Ce 相媲美，通过改变基质中 Sr/Ba 比例，调整激发光谱峰值波长。另外，还发现（Sr，Mg）$_2SiO_4$：Eu^{2+} 在 405nm 激发下，具有很高的蓝色发光效率。采用的制备方法是固相反应法，NH_4Cl 作助熔剂，组成范围如下：

$$Sr_{1.46}Ba_{0.5}SiO_4：0.04Eu^{2+} \longrightarrow Sr_{1.06}Ba_{0.9}SiO_4：0.04Eu^{2+}$$

$$Sr_{1.8}Ca_{0.2}SiO_4：0.04Eu^{2+} \longrightarrow Sr_{0.5}Ca_{1.5}SiO_4：0.04Eu^{2+}$$

$$Sr_{1.8}Mg_{0.2}SiO_4：0.04Eu^{2+} \longrightarrow Sr_{0.5}Mg_{1.5}SiO_4：0.04Eu^{2+}$$

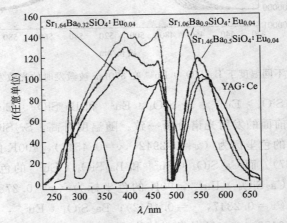

图 5-55　$Sr_xBa_{2-x}SiO_4$：Eu 荧光粉的激发光谱和发射光谱

（发射光谱由 465nm 蓝光激发获得，激发光谱由每个荧光材料的发射波长峰值处测得）

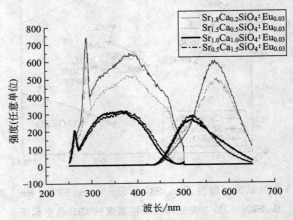

图 5-56　$Sr_xCa_{2-x}SiO_4$：Eu 的激发光谱和发射光谱

（发射光谱由 465nm 蓝光激发获得，激发光谱由每个荧光材料的发射波长峰值处测得）

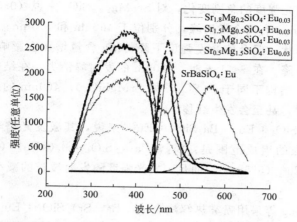

图 5-57　$Sr_xMg_{2-x}SiO_4$：Eu 的激发光谱和发射光谱
（发射光谱由 465nm 蓝光激发获得，激发光谱由每个荧光
材料的发射波长峰值处测得）

① Sr_2SiO_4：Eu^{2+}-Ba_2SiO_4：Eu^{2+}　　Sr_2SiO_4 和 Ba_2SiO_4 都有相同的 K_2SO_4 结构，在温度高于 1200℃ 时形成连续型固溶体，其发射波长可在 505nm（Ba_2SiO_4：Eu^{2+}）到 575nm（Sr_2SiO_4：Eu^{2+}）之间连续变化。

对 $Sr_xBa_{2-x}SiO_4$ 来说，在 Sr 含量超过 1.64mol 时，可以观察到 Sr_2SiO_4 的典型结晶面。Ba 含量增加，使 XRD 谱中（222）平面衍射峰强度急剧下降；Sr 含量增加，使发射光谱峰值由 525nm 连续变化到 570nm（$\lambda_{ex}=465$nm）。在 $1.06 \leqslant x \leqslant 1.64$ 范围内，激发光谱是 300～480nm 的宽带。两个激发峰分别位于 390nm 和 465nm，而发射峰则取决于 Ba 含量。由于 Eu^{2+} 离子半径（0.117nm）与 Sr^{2+} 离子（0.113nm）相当，对 Eu^{2+} 离子来说，Sr 盐是一种不错的基质材料。除了对激发光谱和发射光谱波长的影响外，Ba^{2+} 离子含量的增加还使激发光谱和发射光谱强度增加，其激发光谱和发射光谱在 380～480nm 之间均为宽带，这对应用非常有利。但随着 Ba 含量的增加，发射光谱峰值蓝移，这不是应用于白光 LED 所需要的。其发光效率很大程度上取决于制备条件，如灼烧温度和保温时间。

② Sr_2SiO_4：Eu^{2+}-Ca_2SiO_4：Eu^{2+}　　对 $Sr_xCa_{2-x}SiO_4$ 来说（$0.5 \leqslant x \leqslant 1.8$），Ca 含量增加，使发射光谱峰值蓝移。如 $x=1.5 \sim 1.8$，$\lambda_{em}=580$nm，$x=1.0$，$\lambda_{em}=520$nm。与添加 Ba 相反，添加 Ca 离子使发光强度急剧下降，而且，Ca 含量的增加还使可见区的吸收效率下降，激发带宽度变窄。如 $x=1.5 \sim 1.8$，激发带为 270～480nm，而 $x=1.0$，激发带为 260～430nm。在 1250℃ 以上还会熔化，造成制备困难。

③ Sr_2SiO_4：Eu^{2+}-Mg_2SiO_4：Eu^{2+}　　用 Mg 替代 Sr，会影响激发光谱和发射

光谱，还会造成发光强度的急剧变化。对 $Sr_xMg_{2-x}SiO_4$ 来说 $(0.5 \leqslant x \leqslant 1.8)$，激发带为 $280 \sim 440nm$，有两个发射峰，分别位于 $460nm$ 和 $570nm$。Mg 含量增加并不改变激发光谱形状，但会使激发强度下降；Mg 含量增加会影响发射光谱形状，同时使发射强度下降。在 $x < 1.5$ 时，$570nm$ 的发射峰消失，在结构上则反映为出现新的结晶相（其结构不同于 K_2SO_4，如 $SrMgSiO_4$）。$460nm$ 的发射峰对 Mg 含量的增加并不敏感，甚至会发生红移。

　　总之，对 Sr_2SiO_4：Eu^{2+}-Ba_2SiO_4：Eu^{2+} 来说，其激发光谱与发射光谱均为宽带，发射峰最强的组成范围是：$Sr_{1.64}Ba_{0.32}SiO_4$：$0.04Eu^{2+}$（$570nm$）$\sim Sr_{1.06}Ba_{0.9}SiO_4$：$0.04Eu^{2+}$（$525nm$），而且，发光强度随发射波长的减小而增强（Ba 含量增加）。

　　Hee Sang Kang 等采用喷雾热解法合成 $(Ba，Sr)_2SiO_4$：Eu 发光材料，添加 5% 的 NH_4Cl，会使 $Ba_{1.488}Sr_{0.5}SiO_4$：$Eu_{0.012}$ 在长波紫外线激发下（$410nm$）的发光亮度提高 50% 以上。NH_4Cl 的加入，通过降低热处理温度影响颗粒形貌，使 $Ba_{1.488}Sr_{0.5}SiO_4$：$Eu_{0.012}$ 的粒径增大，平均粒径不大于 $5\mu m$，还促进 $Ba_{1.488}Sr_{0.5}SiO_4$：$Eu_{0.012}$ 的晶化。同时使 $Ba_{1.488}Sr_{0.5}SiO_4$：$Eu_{0.012}$ 的最佳晶化温度降低。加入 5% 的 NH_4Cl，最佳晶化温度为 $1100℃$，而不加助熔剂的最佳晶化温度为 $1300℃$。其激发光谱和发射光谱如图 5-58 所示，在 $410nm$ 激发下，发射光谱范围为 $460 \sim 560nm$，峰值 $508nm$；激发光谱范围为 $220 \sim 430nm$。

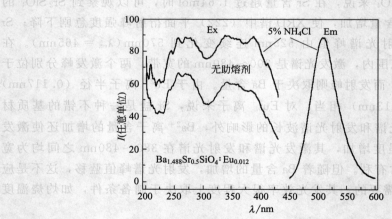

图 5-58　$Ba_{1.488}Sr_{0.5}SiO_4$：$0.012Eu^{2+}$ 荧光颗粒
相对于 NH_4Cl 含量的激发光谱和发射光谱

　　除了正硅酸盐体系外，想从基质材料上进行一些改进，以提高发光性能的研究还在许多方面开展。Jie Liu 等采用高温固相反应法合成了 $Li_2Ca_{0.99}SiO_4$：$0.01Eu^{2+}$（图 5-59），其激发光谱是 $220 \sim 470nm$ 的宽带，这是 Eu^{2+} 离子的 5d 能级的晶体场劈裂所致。$290nm$ 的激发峰是 $^8S_{7/2}$ 基态到 e_g（$4f^65d$）能级的跃迁；而 $380nm$、$400nm$、$425nm$、$456nm$ 的激发峰是 $^8S_{7/2}$ 基态到 t_{2g}（$4f^65d$）能级的跃迁。

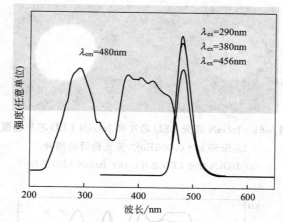

图 5-59　480nm 发射和 290nm、380nm、456nm 激发下
$Li_2Ca_{0.99}SiO_4$ ： $0.01Eu^{2+}$ 荧光粉的激发光谱和发射光谱

发光中心阴离子配位多面体的对称性决定劈裂能级的数目。P. Dorenbos 的研究给出了能级劈裂与多面体配位间的清晰关系，表明晶体场能级劈裂以八面体配位为最大，其后依次为立方体配位、十二面体配位，复三方柱和立方八面体配位的晶体场能级劈裂最小。Li_2CaSiO_4 ： Eu^{2+} 的发光光谱峰值位于 480nm，半高宽为 31nm，比较窄，斯托克斯位移为 $1100cm^{-1}$，临界能量传递距离为 1.7nm。

Haferkorn 先采用溶胶-凝胶（sol-gel）法合成了 Li_2SrSiO_4。M. Pardha Saradhi 等采用固相反应法和燃烧法合成了 Li_2SrSiO_4 ： $0.005Eu^{2+}$，在 400～470nm 激发下呈现橙黄色发光，发射光谱峰值为 562nm（图 5-60、图 5-61）。在 400nm、420nm、450nm 激发下发光强度基本相同，而在 473nm 激发下，发光强度则下降。Eu^{2+} 离子最佳掺入量为 0.005mol，临界能量传递距离为 3.4nm。与 420nm InGaN 芯片封装后，呈白色发

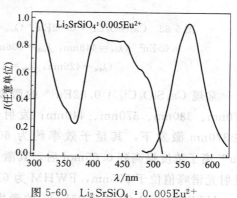

图 5-60　Li_2SrSiO_4 ： $0.005Eu^{2+}$
的光致发光光谱

光，发光效率为 35 lm/W，效果图如图 5-61 所示。与 450nm InGaN 芯片＋YAG：Ce 封装后的发光效率 35lm/W 相当，其红色发光部分比 YAG：Ce 要强，具有更好的显色性能。

Jie Liu 等首次报道了 $Ca_3SiO_4Cl_2$ ： Eu^{2+} 的发光性能。常规的 $Ca_3SiO_4Cl_2$ ： Eu^{2+} 在 850℃合成，高温相 HTP-$Ca_3SiO_4Cl_2$ ： Eu^{2+} 则在 1020℃合成，二者结构相似，但其发光性能有很大不同（图 5-62）。

图 5-61　InGaN 蓝光 LED 芯片和 InGaN LED 芯片包覆

Li_2SrSiO_4：$0.005Eu^{2+}$ 荧光粉后的照片

(a) InGaN 蓝光 LED 芯片；(b) InGaN LED 芯片

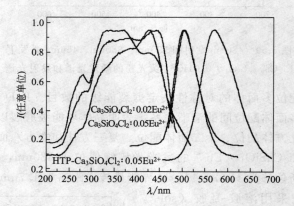

图 5-62　$Ca_3SiO_4Cl_2$：$0.02Eu^{2+}$（$\lambda_{ex}=370nm$，$\lambda_{em}=505nm$）、$Ca_3SiO_4Cl_2$：

$0.05Eu^{2+}$（$\lambda_{ex}=448nm$，$\lambda_{em}=506nm$）和 HTP-$Ca_3SiO_4Cl_2$：$0.05Eu^{2+}$

（$\lambda_{ex}=426nm$，$\lambda_{em}=572nm$）的光致发光光谱

常规 $Ca_3SiO_4Cl_2$：$0.02Eu^{2+}$ 的激发光谱为 $250\sim510nm$ 的宽带，峰值位于 270nm、330nm、370nm、440nm；发射光谱峰值位于 505nm，FWHM 为 59nm。在 370nm 激发下，其量子效率约为 60%。最佳［Eu^{2+}］浓度为 0.02mol。将 Eu^{2+} 离子浓度提高到 0.05mol 后，其激发光谱峰值位于 330nm、376nm、448nm；发射光谱峰值位于 505nm，FWHM 为 61nm，斯托克斯位移为 $5991cm^{-1}$。

HTP-$Ca_3SiO_4Cl_2$：$0.05Eu^{2+}$ 的激发光谱为 $250\sim510nm$ 的宽带，峰值位于 328nm、374nm、426nm，其 426nm 的激发峰明显要强一些；发射光谱峰值位于 572nm，FWHM 为 93nm，斯托克斯位移为 $2558cm^{-1}$，说明其共价性更高。最佳［Eu^{2+}］浓度为 0.05mol，随 Eu^{2+} 离子浓度提高，发射光谱峰值红移。该材料在橙红区的显色性能比 YAG：Ce 要好。在 400nm、430nm 和 470nm 激发下，与 YAG：Ce 发光强度的比值分别为 79.76、2.77 和 0.67，在紫外区和深蓝区有较高的发光效率，但蓝区的发光效率比不上 YAG：Ce。

从激活剂方面的改进也在进行，如 N. Lakshminarasimhan 等研究单一 Sr_2SiO_4

基质中 Eu^{2+} 离子和 Ce^{3+} 离子的蓝色和蓝绿到黄绿色发光合成白光。采用 Li^+ 离子作为电荷补偿剂,采用 H_3BO_3 作为助熔剂。在 Sr_2SiO_4:Eu^{2+} 中,Eu^{2+} 离子的临界浓度为 0.0025 mol。

根据 XRD 分析结果,$Sr_{2-x}Eu_xSiO_4$ 的物相为 β-Sr_2SiO_4,$x \geqslant 0.005$ 时,会出现杂相 α'-Sr_2SiO_4,而 $Sr_{1.98-x}Eu_xCe_{0.01}Li_{0.01}SiO_4$ 的产物均为 α'-Sr_2SiO_4 相。β-Sr_2SiO_4(低温型)和 α'-Sr_2SiO_4(高温型)的相转变温度为 85℃,用 Ba 部分取代 Sr 时,在室温下可得到稳定的 α'-Sr_2SiO_4,如 $Sr_{1.9}Ba_{0.1}SiO_4$。β-Sr_2SiO_4 和 α'-Sr_2SiO_4 的晶体结构相似,唯一的差别是在 β-Ca_2SiO_4 中,[SiO_4] 四面体稍有倾斜,因而,在(100)的平行面缺少镜像平面。二者都有两个阳离子格位 Sr(Ⅰ)和 Sr(Ⅱ),其中,Sr(Ⅰ)是 10 配位,Sr(Ⅱ)是 9 配位,二者是等效的。

图 5-63 是 Sr_2SiO_4:$Eu_{0.0025}$ 的激发光谱和发射光谱,其激发光谱和发射光谱均为宽带,峰值分别为 313nm 和 469nm。Eu^{2+} 离子浓度增加,其发射光谱峰值红移(图 5-64):[Eu^{2+}] = 0.0025mol,λ_{em} = 469nm,[Eu^{2+}] = 0.01mol,λ_{em} = 479nm。在 493nm 处还有一个肩峰,这是处于 Sr(Ⅱ)位置的 Eu^{2+} 离子发光,它甚至还有可能延伸到 560nm。

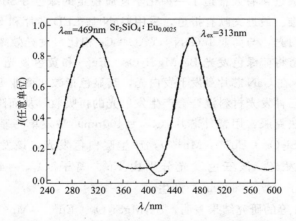

图 5-63　Sr_2SiO_4:$Eu_{0.0025}$ 的激发光谱和发射光谱

在近紫外区,Ce^{3+} 离子有很强的吸收,在 Sr_2SiO_4:Eu^{2+},Ce^{3+} 中,会发生 $Ce^{3+} \rightarrow Eu^{2+}$ 的能量传递。在 $Sr_{1.98-x}Eu_xCe_{0.01}Li_{0.01}SiO_4$ 中,Eu^{2+} 离子和 Ce^{3+} 离子的最佳浓度分别是 0.0025mol 和 0.01mol。

文献报道采用 InGaN 蓝光芯片(λ_{em} = 470nm)/GaN 蓝光芯片(λ_{em} = 440~470nm)和黄色发光材料 $(Y_{1-x}Gd_x)_3(Al_{1-y}Ga_y)_5O_{12}$:$Ce^{3+}$(YAG:Ce)合成白光。除了该方法外,深蓝光 LED 和紫外 LED(λ_{em} = 370~410nm)芯片与红、绿、蓝三基色发光材料也可以实现白光输出,文献报道将黄色发光 $Sr_2P_2O_7$:Eu^{2+},Mn^{2+} 和蓝色发光 $Sr_4Al_{14}O_{25}$:Eu^{2+} 两种发光材料混合,在紫外芯片(λ_{em} = 370~410nm)激发下发白光。文献报道紫外芯片(λ_{em} = 300~370nm)和红、绿、蓝三

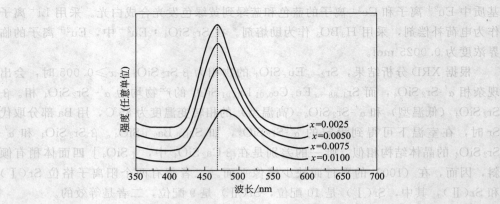

图 5-64　$Sr_{2-x}Eu_xSiO_4$ 的发射光谱（$\lambda_{ex}=313nm$）

基色发光材料合成白光。所用的发光材料主要是硫化物，如 Y_2O_2S：Eu（红）、$ZnCdS$：Ag（红）、ZnS：Ag（蓝）、ZnS：Al，Cu（绿）、$BaMgAl_{10}O_{17}$：Eu^{2+}（蓝）以及 $SrGa_2S_4$：Eu。但硫化物对湿度很敏感，化学性质不稳定，且对 GaN 芯片的辐射也不稳定。最近，有人报道了一种化学性质稳定的绿色 β-$SiAlON$：Eu^{2+} 发光材料，但制备困难。最近文献有报道，采用 GaN 基 LED 芯片和 Sr_2SiO_4：Eu^{2+} 黄色发光材料产生白光，与商业 InGaN＋YAG：Ce 相比，发光效率更高，但显色指数偏低。文献报道将蓝绿色发光 $Ba_3MgSi_2O_8$：Eu^{2+} 和黄色发光 Sr_2SiO_4：Eu^{2+} 两种发光材料混合，在 GaN 芯片激发下发白光，其显色指数比商业 InGaN＋YAG：Ce 更高。但两种或三种发光材料混合会产生发射光的再吸收，从而降低发光效率。该问题可用下述方法克服：用紫外芯片（$\lambda_{em}=400nm$）激发单一基质双掺杂的发光材料（如 $Ba_3MgSi_2O_8$：Eu^{2+}，Mn^{2+}），产生暖白色发光，该发光材料同时产生蓝、绿、红三色发光，该三色发光分别由 Eu^{2+} 离子（$\lambda_{em}=442nm$，$505nm$）、Mn^{2+} 及 Eu^{2+} 离子（$\lambda_{em}=620nm$）产生。

　　Jong Su Kim 等的研究结果表明，$Ba_3MgSi_2O_8$：Eu^{2+}，Mn^{2+} 呈现三种发光颜色：442nm、505nm、620nm，其中，442nm 和 505nm 的发光源于 Eu^{2+} 离子，而 620nm 的发光源于 Mn^{2+} 离子；三者的激发光谱峰值均位于约 375nm。EPR 测试表明，Eu^{2+} 离子可以占据三种不同的 Ba^{2+} 离子格位。Mn^{2+} 离子的红光衰减非常长，为 750ms，与氧空位（氧空位会形成电子陷阱中心）对 Mn^{2+} 离子的连续能量传递有关；而 Eu^{2+} 离子的蓝光和绿光的衰减时间分别为 $0.32\mu s$ 和 $0.64\mu s$。与 GaN 芯片＋YAG：Ce 白光 LED 相比，400nm 紫外芯片＋$Ba_3MgSi_2O_8$：$0.075Eu^{2+}$，$0.05Mn^{2+}$ 白光 LED 呈暖白色发光，发光颜色稳定性更高。

　　GaN 芯片＋YAG：Ce 白光 LED 存在如下问题：发光颜色随输入功率不同而变化，显色指数低，另外，由于发光颜色与发光材料的加入量密切相关，因此，重复性差。可以采用紫外芯片＋红、绿、蓝三基色发光材料合成白光 LED 来解决该问题。由于白光是由发光材料产生的，对紫外芯片颜色的变化容忍度高，显色性能好。但该方法也存在发光材料之间的发光会重新吸收问题而降低发光效率。

$Ba_3MgSi_2O_8$ 为镁硅钙石结构（JCPDS 10-0074），$P_{21/a}$ 空间群，晶格中有三种不同的 Ba^{2+} 离子格位：Ba(Ⅰ) 格位为 12 配位，Ba—O 键长 0.25nm；Ba(Ⅱ) 格位为 10 配位，Ba—O 键长 0.105nm；Ba(Ⅲ) 格位为 10 配位，Ba—O 键长 0.10nm。

根据 $Ba_3MgSi_2O_8$：Eu^{2+} 和 $Ba_3MgSi_2O_8$：Eu^{2+}，Mn^{2+} 的 EPR 谱，位于 Ba(Ⅰ) 格位的 Eu(Ⅰ) 磁场最大，由于键长大，晶体场最弱；而位于 Ba(Ⅲ) 格位的 Eu(Ⅲ) 磁场最小，晶体场最强。而对于具有 d^5 构型的顺磁性 Mn^{2+}，可能存在最大 $^6S_{5/2}$ 自旋多重态。同时还可以观察到还原过程中形成的大量的氧空位（V_O^*）。图 5-65 为 $Ba_3MgSi_2O_8$：$0.075Eu^{2+}$，$0.05Mn^{2+}$ 的发射光谱，监控 442nm 和 505nm 的发射，其激发光谱峰值位于 375nm 左右（Eu^{2+} 离子的激发），而监控 620nm 的发射，其激发光谱峰值也位于 375nm 左右。Ba—O 键的键长（R）对晶体场强度（D_q）有很大影响，$D_q \propto 1/R^5$。由于位于 Ba(Ⅰ) 格位的 Eu(Ⅰ) 晶体场最弱，其发射位于 442nm；而位于 Ba(Ⅱ) 和 Ba(Ⅲ) 格位的 Eu(Ⅱ) 和 Eu(Ⅲ) 晶体场最强，二者的键长相差无几，其发射位于 505nm。由于 Ba^{2+} 离子和 Mn^{2+} 离子的尺寸相差很大，占据 Ba^{2+} 离子格位 [Ba(Ⅰ)，Ba(Ⅱ)，Ba(Ⅲ)] 的 Mn^{2+} 离子的位置比较松散，其晶体场强度基本相同，发射光谱位置也基本相同，因此，620nm 的发射为 Mn^{2+} 离子 $3d^5$ 能级的 $^4T \rightarrow {}^6A$ 跃迁。

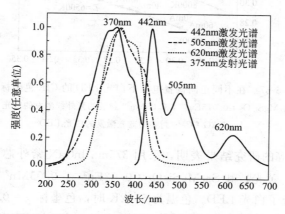

图 5-65 监控波长分别为 442nm、505nm、620nm 时 $Ba_3MgSi_2O_8$：$0.075Eu^{2+}$，$0.05Mn^{2+}$ 的激发光谱以及 375nm 的发射光谱

图 5-66 为白光 LED 的发光光谱（400nm 紫外芯片）。其显色指数为 85，比 YAG 的显色指数 82 要高。图 5-67 在不同驱动电流（20mA、30mA、40mA、50mA、60mA）下，$Ba_3MgSi_2O_8$：$0.075Eu^{2+}$，$0.05Mn^{2+}$ ＋紫外芯片的色温从 5200K 增加到 6000K；而 YAG：Ce^{3+} ＋蓝光 LED 的色温从 6500K 增加到 9000K。$Ba_3MgSi_2O_8$：$0.075Eu^{2+}$，$0.05Mn^{2+}$ ＋紫外芯片的发光颜色稳定性更高。

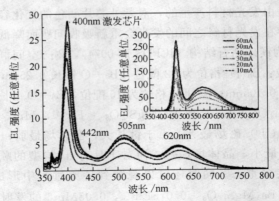

图 5-66　Ba₃MgSi₂O₈：0.075Eu²⁺，0.05Mn²⁺ 荧光粉封装的紫外线激发
（400nm）的白光 LED 和 YAG：Ce³⁺ 封装的蓝光激发的白光 LED 在
逐渐增加的正向偏置电流下的光谱

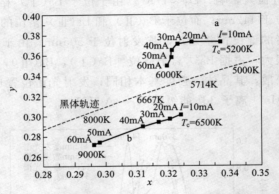

图 5-67　在不同正向偏置电流下白光 LED 的 CIE 色坐标图
a—Ba₃MgSi₂O₈：0.075Eu²⁺，0.05Mn²⁺ 封装的紫外线激发的白光 LED；
b—YAG：Ce³⁺ 封装的蓝光激发的白光 LED

　　Jong Su Kim 等的研究结果表明，采用 375nm InGaN 紫外芯片与 Sr₃MgSi₂O₈：
0.02 Eu²⁺（蓝光、黄光）和 Sr₃MgSi₂O₈：0.02Eu²⁺，0.05Mn²⁺（蓝光、黄光、红
光）发光材料复合了白光 LED。色温为 5892K 时，色坐标 $x=0.32$，$y=0.33$，显
色指数 83（Sr₃MgSi₂O₈：0.02 Eu²⁺）；色温为 4494K 时，色坐标 $x=0.35$，$y=$
0.33，显色指数 92（Sr₃MgSi₂O₈：0.02Eu²⁺，0.05Mn²⁺）。其中，蓝光（470nm）
和黄光（570nm）发射源于 Eu²⁺ 离子，而 680nm 的红光发射源于 Mn²⁺ 离子；三
者之间由于光谱重叠，存在能量传递。该白光 LED 与蓝光芯片＋YAG：Ce 白光
LED（显色指数 75）比，在不同驱动电流下，其发光颜色的稳定性和重复性更高，
显色性能更好。

　　与 Ba₃MgSi₂O₈ 相似，Sr₃MgSi₂O₈ 为镁硅钙石结构（JCPDS 10-0075），P2₁/a

空间群，晶格中有三种不同的 Sr^{2+} 离子格位：12 配位的 $Sr(\text{I})$ 格位，10 配位的 $Sr(\text{II})$ 和 $Sr(\text{III})$ 格位。

峰值位于 470nm 的发射源于由于位于 $Sr(\text{I})$ 格位的 $Eu(\text{I})$ 离子 4f→5d 跃迁，峰值位于 570nm 的发射源于由于位于 $Sr(\text{II})$ 和 $Sr(\text{III})$ 格位的 $Eu(\text{II})$ 和 $Eu(\text{III})$ 离子 4f→5d 跃迁；而 680nm 的发射为占据 Sr^{2+} 离子格位 $[Sr(\text{I})，Sr(\text{II})，Sr(\text{III})]$ 的 Mn^{2+} 离子 $3d^5$ 能级的 $^4T→^6A$ 跃迁（图 5-68）。对 $Sr_3MgSi_2O_8$：$0.02Eu^{2+}$ 白光 LED 来说，色坐标 $x=0.32$，$y=0.33$，色温为 5892K，而发光亮度取决于封装工艺与发光材料厚度，大致为 $400cd/m^2$；对 $Sr_3MgSi_2O_8$：$0.02Eu^{2+}$，$0.05Mn^{2+}$ 白光 LED 来说，色坐标 $x=0.35$，$y=0.33$，色温为

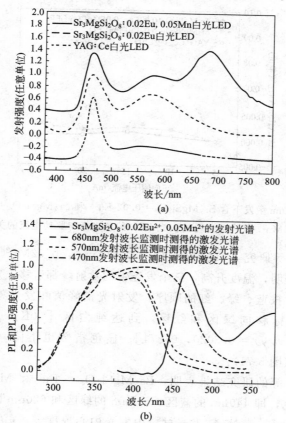

图 5-68　375nm 激发下含 $Sr_3MgSi_2O_8$：$0.02Eu^{2+}$ 和 $Sr_3MgSi_2O_8$：$0.02Eu^{2+}$，$0.05Mn^{2+}$ 复合荧光粉的白光 LED 的发射光谱及 $Sr_3MgSi_2O_8$：$0.02Eu^{2+}$，$0.05Mn^{2+}$ 荧光粉 在 470nm、570nm 和 680nm 的激发光谱以及发射光谱

(a) 375nm 激发下含 $Sr_3MgSi_2O_8$：$0.02\ Eu^{2+}$ 和 $Sr_3MgSi_2O_8$：$0.02Eu^{2+}$，$0.05Mn^{2+}$ 复合荧光粉 的白光 LED 的发射光谱；(b) $Sr_3MgSi_2O_8$：$0.02Eu^{2+}$，$0.05Mn^{2+}$ 荧光粉 在 470nm、570nm 和 680nm 的激发光谱以及发射光谱

4494K，为暖白色发光，发光亮度大致为 $200cd/m^2$。其发光亮度较低是由于 Eu^{2+}
离子的蓝色发光与 Mn^{2+} 离子的红色发光之间的能量传递以及大的斯托克斯位移导
致的声子-声子相互作用。

图 5-69 为色坐标与驱动电流的关系。从图中可以看出，375nm InGaN 紫外芯
片与 $Sr_3MgSi_2O_8$：$0.02Eu^{2+}$ 发光材料复合得到的白光 LED 和 375nm InGaN 紫外
芯片与 $Sr_3MgSi_2O_8$：$0.02Eu^{2+}$，$0.05Mn^{2+}$ 发光材料复合得到的白光 LED 的色坐
标很稳定，驱动电流变化对色坐标基本不产生影响；但是，商业蓝光 LED 与
YAG：Ce 发光材料复合得到的白光 LED 的色坐标随驱动电流的变化很大，随驱
动电流的增加，发光颜色变蓝，色温急剧增加。

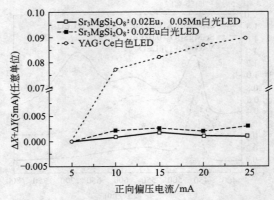

图 5-69　375nm 激发下含 $Sr_3MgSi_2O_8$：$0.02 Eu^{2+}$ 和 $Sr_3MgSi_2O_8$：$0.02Eu^{2+}$，
$0.05Mn^{2+}$ 复合荧光粉的白光 LED 的色坐标与驱动电流的关系

Jong Su Kim 等研究了 $Ba_3MgSi_2O_8$：$0.01Eu^{2+}$，$0.02Mn^{2+}$ 发光的温度依赖
特性。研究结果表明，温度升高，三个发光带的发射峰都蓝移，发光带宽化，发光
强度急剧下降；且按蓝、绿、红的顺序，发射光谱峰值和发光猝灭温度增加（图
5-70）；CIE 色坐标移向绿区和红区，到达纯白区［90K，$(x, y) = 0.2064$，
0.2634；400K，$(x, y) = 0.3020$，0.874］；显色指数也下降（90K，CRI＝72；
400K，CRI＝65)(图 5-71)。

Jong Su Kim 等的研究结果表明，$Ba_3MgSi_2O_8$：Eu^{2+}，Mn^{2+} 发光材料同时
存在三种发光颜色，即 440nm 的蓝区、505nm 的绿区和 620nm 的红区。可以通过
$Ba_3MgSi_2O_8$：mEu^{2+}，nMn^{2+} 发光材料中发光中心浓度 m、n 的变化改变发光颜
色，可以实现应用于紫外 LED 芯片的全色发光和颜色可调发光。

白光 LED 用发光材料的要求：在近紫外区或蓝区有很高的吸收，高的显色指
数（CRI＞70），在 150℃ 以下保持化学性质稳定，在封装基质中要保持高的量子
效率。

样品的制备采用固相反应法，样品编号见表 5-11。封装芯片波长 375nm。

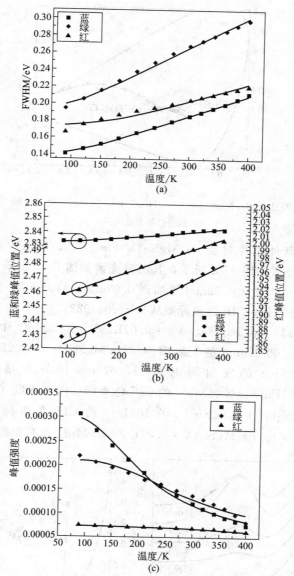

图 5-70　不同温度下 $Ba_3MgSi_2O_8 : 0.01Eu^{2+}$，$0.02Mn^{2+}$ 荧光粉的
发射带宽、峰值位置和峰值强度

（a）发射带宽；（b）峰值位置；（c）峰值强度

表 5-11　样品编号

样 品	成　　分	样 品	成　　分
样品 2-0	$Ba_3MgSi_2O_8 : 0.02Eu^{2+}$	样品 3-5	$Ba_3MgSi_2O_8 : 0.03Eu^{2+}, 0.05Mn^{2+}$
样品 3-0	$Ba_3MgSi_2O_8 : 0.03Eu^{2+}$	样品 2-10	$Ba_3MgSi_2O_8 : 0.02Eu^{2+}, 0.10Mn^{2+}$
样品 2-5	$Ba_3MgSi_2O_8 : 0.02Eu^{2+}, 0.05Mn^{2+}$	样品 3-10	$Ba_3MgSi_2O_8 : 0.03Eu^{2+}, 0.10Mn^{2+}$

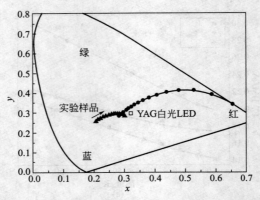

图 5-71　不同温度下 $Ba_3MgSi_2O_8$：$0.01Eu^{2+}$，$0.02Mn^{2+}$ 荧光粉的 CIE 色坐标图

(右侧进口处为放大图)

采用 375nm 紫外芯片封装 $Ba_3MgSi_2O_8$：mEu^{2+}，nMn^{2+} 发光材料的白光 LED 样品的发射光谱如图 5-72 所示，其激发光谱如图 5-73 所示。$Ba_3MgSi_2O_8$：Eu^{2+} 中，Eu^{2+} 离子含量从 0.02mol 增加到 0.03mol，440nm 的发射急剧降低，而 505nm 的发射显著增强；CIE 色坐标则从（$x=0.1922$，$y=0.3099$）变化到（$x=0.1894$，$y=0.3653$）。在 $Ba_3MgSi_2O_8$：$0.02Eu^{2+}$，$0.05Mn^{2+}$ 中，440nm 的发射减弱，同时 505nm 和 620nm 的发射增强；$Ba_3MgSi_2O_8$：$0.02Eu^{2+}$，$0.10Mn^{2+}$ 中，440nm 和 505nm 的发射同时减弱，620nm 的发射增强。换句话说，$Ba_3MgSi_2O_8$：$0.02Eu^{2+}$，$0.05Mn^{2+}$ 的 CIE 色坐标移向红绿区（$x=0.2638$，$y=0.4434$）；$Ba_3MgSi_2O_8$：$0.02Eu^{2+}$，$0.10Mn^{2+}$ 的 CIE 色坐标移向红区（$x=0.3815$，$y=0.3486$）。$Ba_3MgSi_2O_8$：$0.03Eu^{2+}$，nMn^{2+} 也有相似的结果。

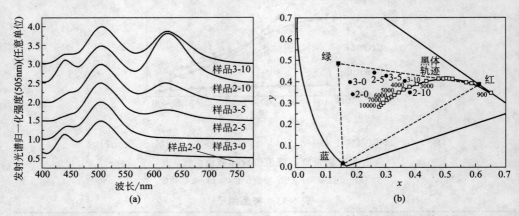

图 5-72　375nm 激发的含 $Ba_3MgSi_2O_8$：mEu^{2+}，nMn^{2+} 荧光粉 LED 单元的

整合白光 LED 样品的发射光谱和样品的 CIE 色坐标图

(a) 375nm 激发的含 $Ba_3MgSi_2O_8$：mEu^{2+}，nMn^{2+} 荧光粉 LED 单元的整合白光 LED 样品的发射光谱；

(b) 样品的 CIE 色坐标图（实心方块表示从发射光谱上提取的蓝、绿及红带的位置）

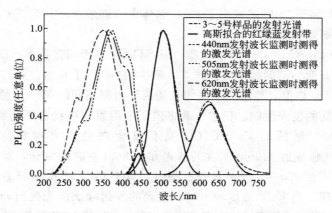

图 5-73　375nm 激发的 $Ba_3MgSi_2O_8$：$0.03Eu^{2+}$，$0.05Mn^{2+}$荧光粉在 440nm、505nm 和 620nm 发射下的光致激发光谱、全发射光谱及三个高斯拟合光谱

近年来国内外在碱土氯硅酸盐体系荧光粉的研究中取得了新的进展。目前，碱土氯硅酸盐荧光粉主要包括以下几种不同的基质，通过不同离子的掺杂以达到不同颜色的发光。

① $Ca_8Mg(SiO_4)_4Cl_{12}$基质　氯硅酸镁钙 $Ca_8Mg(SiO_4)_4Cl_{12}$（简称 CMSC）基质化学稳定性较高，在水中不会发生水解，热分解温度高，很适合作为基质材料。其稳定的晶体结构和丰富的阳离子格位也决定了它是一种很好的基质材料。CMSC 中存在 3 种阳离子格位，即六配位的 Ca^{2+}（Ⅰ）和八配位的 Ca^{2+}（Ⅱ）及四配位的 Mg^{2+} 格位，它们具有不同的对称性，分别为 C_{2v}、C_1 和 T_d 群对称。当激活剂掺杂到基质中时，可占据不同的格位，呈现多种发光性能。Koo 等报道了用喷雾热解法制备同一体系 $Ca_8Mg(SiO_4)_4Cl_{12}$ 绿色荧光粉。实验发现，喷雾热解法与固相反应法相比，制备的荧光粉具有晶粒尺寸较小（微晶尺寸为 $43\sim57nm$）、结晶度较好的特点。制备时可通过改变喷雾溶液中氯化铵前驱物的浓度来调整荧光粉颗粒的形态、粒径和结晶度；前驱物中 Ca∶Cl 的化学计量比对于激发光谱和发射光谱的强度也会产生较大影响。

② $(Sr, M)_8[Si_{4x}O_{4+8x}]Cl_8$（M＝Ca，Mg）基质　关于这一基质，荧光粉领域对于应采用 $Sr_4Si_3O_8Cl_4$：Eu^{2+} 还是 $Sr_8[Si_4O_{12}]Cl_8$：Eu^{2+} 存在争议。Wang 等在研究了 $Sr_8[Si_{4x}O_{4+8x}]Cl_8$：$Eu^{2+}$ 体系的物相和发光性能后，发现当 $x=1.0$ 时，即组成为 $Sr_8[Si_4O_{12}]Cl_8$：Eu^{2+} 时表现为纯物相；接近 $x=1.0$ 时，体系可获得最高的发光强度，证实了 $Sr_8[Si_4O_{12}]Cl_8$：Eu^{2+} 是 $Sr_8[Si_{4x}O_{4+8x}]Cl_8$：$Eu^{2+}$ 体系的最佳选择。章少华等报道了 Zn^{2+} 掺杂对 $Sr_4Si_3O_8Cl_4$：$0.08Eu^{2+}$ 荧光粉的晶体结构和发光性能的影响。少量 Zn^{2+} 的添加没有出现新相，当 Zn^{2+} 过量时会有 $Sr_2ZnSi_2O_7$ 杂相生成；Zn^{2+} 掺杂可显著提高 $Sr_4Si_3O_8Cl_4$：$0.08Eu^{2+}$ 的发光强度，当掺杂浓度 $x=0.05$ 时，其在 488nm 处的发光强度达到最大值，是不掺 Zn^{2+} 时的

2.3 倍，这可归因于 Zn^{2+} 能减小 Eu^{2+} 在晶体中局部浓度不均匀而产生的浓度猝灭现象及其助熔剂效应。

③ $M_2SiO_3Cl_2$（M＝Ca，Ba）基质 $M_2SiO_3Cl_2$ 属于四方晶系，在 $M_2SiO_3Cl_2$ 基质中，M^{2+} 具有两种不同的格位：与 Cl^- 配位的 M^{2+}（Ⅰ）格位和与 SiO_4^{4-} 离子团配位的 M^{2+}（Ⅱ）格位。掺杂离子进入基质后可占据不同的 M^{2+} 格位并在晶体场的作用下产生不同的发光性能。杨志平等报道了采用固相法在还原气氛中 850℃下烧结 2h 得到 Eu^{2+} 激活的 $Ca_2SiO_3Cl_2$ 高亮度蓝白色发光材料。$Ca_2SiO_3Cl_2$：0.002Eu^{2+} 荧光粉发射 419nm 左右的蓝光和 498nm 左右的绿光，观察发现两者的激发光谱均分布在 250～410nm 波长范围内，属于 Eu^{2+} 的 5d→4f 跃迁特征激发谱带。实验还发现，当 Eu^{2+} 浓度较小时，蓝光的发射峰比绿光发射峰要高，样品呈现很好的蓝白色；随着 Eu^{2+} 浓度增加，419nm 蓝峰的发射强度几乎不变，而498nm 绿峰的发射强度随之增加，逐渐呈现绿白色。通过改变 Eu^{2+} 的浓度，可以使样品的发光在蓝白色和绿白色之间变化，但是由于缺少红色成分，所以其发光效率和显色指数都不高。杨志平等在 $Ca_2SiO_3Cl_2$：Eu^{2+} 荧光粉基础上合成了高亮度白色荧光粉 $Ca_2SiO_3Cl_2$：Eu^{2+}，Mn^{2+}。与单掺杂 Eu^{2+} 时的发光性能相比，Mn^{2+} 的加入使发射光谱发生很大变化。除了使 Eu^{2+} 在蓝区的 419nm 发射红移到425nm 外，还出现了红区的 578nm 发射带，3 个谱带叠加形成白光，实现紫外线至近紫外线激发的单一基质白色发射。Eu^{2+} 和 Mn^{2+} 共掺杂使该基质发射出红色成分，但其发射峰（425nm、498nm 和 578nm）多靠近短波方向，故显色指数和发光效率仍有待提高。

碱土卤硅酸盐发光材料是多种荧光粉体系中的重要种类之一。碱土卤化物和碱土硅酸盐都是支持稀土离子发光的高效基质，由两者复合的碱土卤硅酸盐具有合成温度低、化学性能稳定和发光亮度高，并且容易获得紫外线至近紫外线波段的高效激发等优点。但碱土铝硅酸盐荧光粉的发射光谱多为宽带，而且缺乏红色成分或红色成分明显不足，导致其显色指数不高。

硅酸盐基质白光 LED 用发光材料的研究开展得比较晚，但它有一些明显优势，如其组成范围非常复杂，其发光性能的可调节程度也很大，二元的 Sr_2SiO_4：Eu^{2+}/Sr_3SiO_5：Eu^{2+} 硅酸盐体系可应用于 InGaN/GaN 蓝光 LED 芯片（λ_{em}＝440～470nm），而其他硅酸盐体系则可应用于深蓝/紫外 LED 芯片（λ_{em}＝370～410nm）用红、绿、蓝三基色发光材料，可以避免不同体系基质材料混用造成的应用困难；其次，制备时易生成缺陷，不容易生成纯相，它的量子效率暂时还不如 YAG：Ce，但它的封装发光效率已经与 YAG：Ce 相当，如果进一步提高其量子效率，其总的发光效率可能超过 YAG：Ce，因为 YAG：Ce 的量子效率已经接近极限（量子效率接近 100％）；另外，它的温度特性优良，制备相对容易（灼烧温度比 YAG：Ce 低 200℃），原料丰富易得，这些对其实际应用是非常有利的。

第6章 氮化物基质白光 LED 用发光材料

6.1 引言

采用 LED 芯片加发光材料方式实现白光输出（pc-LED）具有发光效率高、电路设计和控制简便、成本低、易于实现产业化等优点。pc-LED 发光材料可以是有机染料或无机发光材料，然而有机染料的寿命很短，因此，目前人们关注的主要还是无机发光材料。实现光转换的发光材料必须能够强烈吸收紫外—蓝光（$370\sim 450$nm），并且在红、绿或蓝光谱部分有高效发射。此外，还需具有化学性质稳定、在制备和使用过程中对环境无害且不分解的特点。然而，由于目前使用的汞蒸气放电荧光灯用发光材料对紫外—蓝光（$370\sim 450$nm）吸收较少，不能直接应用于白光 LED 照明。首个商业化的白光 LED 实现于 1995 年，采用的是 1-pc-LED 方式，即蓝光 LED 芯片与黄色发光材料 $(Y_{1-a}Gd_a)_3(Al_{1-b}Ga_b)O_{12}$：$Ce^{3+}$（YAG：Ce）。但能吸收紫外—蓝光的无机黄色发光材料并不多，如黄光发射 YAG：Ce^{3+}、绿光发射 $SrGaS_4$：Eu^{2+} 和红光发射 $Sr_{1-x}Ca_xS$：Eu^{2+}、Ba_2ZnS_3：Mn 基发光材料等，而且有些发光材料还含有如硫、氯、镉等有毒成分，或者容易潮解，热稳定性差，要求对水解进行复杂处理，这些大大降低了输出光的质量和 LED 的寿命，因而想找到适合于白光二极管应用的发光材料很难。除 YAG：Ce 外，极少有对环境无毒又稳定的发光材料。而 YAG：Ce 的量子效率已经接近 100%，发光效率几乎没有提高的余地，而且，其光谱中还缺少橙红色光成分，显色性能不是太好。在这种情况下，人们研发出了碱土硅酸盐基质材料（第 7 章），它们具有一些突出的特性，例如：①物理、化学性能稳定，抗潮，不与封装材料、半导体芯片等发生作用；②耐紫外光子长期轰击，性能稳定；③光转化效率高，结晶体透光性好；④具有宽谱激发带，其激发光谱范围比 YAG 更宽，可应用于紫外—蓝光芯片，更适合作三色或二色 pcW-LED 用发光材料。目前的量子效率目前还只有 $60\%\sim 70\%$，尚不如YAG：Ce，但是，使用 $460\sim 470$nm 的 InGaN 蓝光芯片封装该发光材料后，光转化效率可以与同样芯片封装的 YAG：Ce 水平相当，显色性能有显著提高。目前，商业白光 LED 的显色指数（R_a）已经可达 85，可实现冷白或日光色照明，作为一般照明已经足够，但还缺少红光以及低色温区显色性能不好，很难实现低 CCT、高 R_a 的"暖"白光，而医学与建筑照明工程光源，需要"暖"白光。为了克服这个问题，人们还提出了其他设想，如采用 2-pc-LED 增强红色发光、3-pc-LED 来实现全色发光。换句话说，暖白光可以用蓝光 LED 泵浦一个黄色稍显橙色的发光材料产生，或用两黄色发光材料（如 YAG：Ce 与黄-橙色发光材料），或通过额外添加红光发光材料，来改善显色性能和提高发光质量。

为了克服以上问题，需发展一种具有高效、高稳定性和无环境污染的新材料。在各种发光材料中，红光发射发光材料是亟待改进的。除了 $Sr_{1-x}Ca_xS$：Eu^{2+} 基发光材料，传统的红色发射发光材料 Y_2O_3：Eu^{2+} 不能完成这项功能。近来的研究表明，由于稀土掺杂的硅/铝氮化物和氮氧化物，如 $M_2Si_5N_8$：Eu^{2+}（M＝Ca，Sr，Ba）、$CaAlSiN_3$：Eu^{2+}、Eu^{2+} 或 Ce^{3+} 掺杂 α-SiAlON，常规氧化物发光材料的激发波长位于紫外区，氮原子使共价性明显增强，从而使其具有一些特殊的光学性质，如激发带红移到了可见区，已经显示出优异的光致发光性质；已发展为很有前景的发光材料，特别是它们在近紫外区到蓝区内的强吸收，正好与近紫外和蓝光二极管的发射波长相匹配，所以，它们是制备白光 LED 合适的基质材料，吸引了越来越多人的关注。

含有 B、Al 或 Si 的氮化物和氮氧化物具有如下特性，因此在工业上和科学上非常重要：①在可见区范围内有强的吸收光谱和长波长发射；②在材料设计上适应性强，它们的组成可以在很宽的范围变化而不改变晶体结构；③它们的结构基元是 Si-(O,N) 或者是 Al-(O,N) 四面体，化学和热稳定性佳；④无毒，发光效率高，发光颜色非常稳定，对温度和驱动电流的变化不敏感。此外，α-SiAlON 的化学组成（即 m 和 n）可以在很大范围内发生变化，而并不改变晶体结构，从而有可能利用这一点来调节发光性能。当激活离子（如 Eu^{3+} 或 Ce^{3+}）的配体 O^{2-} 离子被 N^{3-} 离子取代后，N^{3-} 离子的价态高于 O^{2-} 离子，晶体场会加强，因而，其发射带与对应的氧化物发光材料相比会转向长波。同样，斯托克斯位移是另一种影响发射峰位置的因素。

6.2　硅氮化物基质发光材料

氮化物一般是以 Me_xN_y（Me＝金属元素）表示的氮的化合物。氮化物陶瓷在某些方面弥补了氧化物陶瓷的弱点，因而成为受到人们重视的特殊陶瓷材料。氮化物种类很多，但都不是天然矿物，而是人工合成材料。以共价键结合的高强度氮化物陶瓷材料作为工程陶瓷材料十分引人注目。已知氮化硅（Si_3N_4）存在 α-Si_3N_4（颗粒状结晶体）、β-Si_3N_4（针状结晶体）和非晶态，二者均属六方晶系。都是 [SiN_4] 四面体共用顶角构成的三维空间网络，β 相是由几乎完全对称的六个 [SiN_4] 四面体组成的六方环层在 c 轴方向重叠而成的；而 α 相是由两层不同且有形变的非六方环层重叠而成的。α 相结构的内部应变比 β 相大，故自由能比 β 相高。

将高纯硅在 1200～1300℃ 下氮化，可得到白色或灰白色的 α-Si_3N_4，而在 1450℃ 左右氮化，可得到 β-Si_3N_4，α-Si_3N_4 在 1400～1600℃ 下加热，会转变为 β-Si_3N_4。经研究证明：α 相→β 相是重建式转变，α 相和 β 相除了在结构上有对称性高低的差别外，并没有高低温之分，β 相只不过在温度上是热力学稳定的。α 相对称性低，更容易生成。在高温下 α 相发生重建式转变，转化为 β 相，某些杂质的存在有利于 α 相→β 相的相变。

　　氮化硅作为高温工程材料而引人注目，20 世纪 60 年代法国、英国最先开发这种陶瓷，到 70 年代，中国、美国、日本等国家致力于这方面的研究。氮化硅陶瓷具有密度小、硬度大、强度高、热膨胀系数小等特性（表 6-1、表 6-2）。因此，这种轻似铝、强如钢、硬若金刚石的新型材料在许多领域获得了应用，特别是在发动机上的应用非常具有吸引力（表 6-3）。

表 6-1　Si_3N_4 的性质

材料	熔点/℃	密度/(g/cm³)	体积电阻率/Ω·m	热导率/[W/(m·K)]	热膨胀系数/×10⁶℃⁻¹	硬度（莫氏）
Si_3N_4	1900（升华分解）	3.44	10^{11}	1.67～2.09	2.5	9

表 6-2　Si_3N_4 的晶格常数及密度

相	晶格常数/Å		单位晶胞分子数	计算密度/(g/cm³)
	a	c		
$\alpha\text{-}Si_3N_4$	7.748±0.001	5.617±0.001	4	3.184
$\beta\text{-}Si_3N_4$	7.608±0.001	2.910±0.0005	2	3.187

表 6-3　氮化硅材料的主要应用

高温结构材料	燃气轮机部件，如动片、静片、套筒、燃烧室，发动机部件，如汽缸衬板、活塞横梁、涡轮、活塞、火花塞等
高温耐腐蚀材料	熔融特殊合金的坩埚、测温保护管、气焊用喷嘴、高温模具
耐磨损材料	切削刀具、轴承、支座、泵衬、阀门

　　其实，早在一个世纪之前就已经发现了氮化硅，但由于其共价性强，扩散系数小，很难烧结致密。人们采用加入 MgO、Al_2O_3、Y_2O_3、Lu_2O_3 等添加剂来加速氮化硅的烧结。20 世纪 70 年代初，日本的小山阳和英国的 Jack 在对 Si_3N_4 各种烧结添加剂的研究中发现了一类新的材料，即在 $Si_3N_4\text{-}Al_2O_3$ 系统中存在 Si_3N_4 固溶体。最先被发现的是 $\beta\text{-}Si_3N_4$ 固溶体，Al_2O_3 在 $\beta\text{-}Si_3N_4$ 中大约可固溶到 70%。它是由 Al_2O_3 中的 Al、O 置换了 $\beta\text{-}Si_3N_4$ 中的 Si、N 原子，因而有效地促进了 $\beta\text{-}Si_3N_4$ 的烧结。该固溶体即称为 silicon aluminum oxynitride，用其字头即 SiAlON，由于其结构与 $\beta\text{-}Si_3N_4$ 相同，因而称为 $\beta'\text{-}SiAlON$ 或 $\beta\text{-}SiAlON$，其结构的堆积方式为 ABAB…，沿 c 轴方向有一个贯穿的孔洞。化学式为：

$$(2-z/3)\beta\text{-}Si_3N_4 + (z/3)AlN + (z/3)Al_2O_3 \longrightarrow Si_{6-z}Al_zO_zN_{8-z}$$

$$(z \text{ 为 O 原子置换 N 原子数，} z=0\sim4.2)$$

以 Al—O 键取代氧氮化硅中的部分 Si—N 键，则可形成 $O'\text{-}SiAlON$ 固溶体：

$$SiO_2 + Si_3N_4 \longrightarrow 2Si_2N_2O$$

$$(2-x)Si_2N_2O + xAl_2O_3 \longrightarrow 2Si_{2-x}Al_xO_{1+x}N_{2-x} \quad (x \leqslant 0.20)$$

SiAlON 因在更高的温度下具有显著的力学特性和稳定性得到了更加广泛的研究。SiAlON 相仍属六方晶系，B_2O_3、Al_2O_3 的溶入并未改变原来 Si_3N_4 的结构，随着对各类加入物的深入研究，SiAlON 的概念范围不断扩大。从结晶学的角度看，某些金属的氧化物或氮化物可以进入 Si_3N_4 的晶格形成固溶体，固溶程度取决于，阳离子的价态（应不同于 Si^{4+}），阳离子的配位数相同及相近的键长，从而形成了一个崭新的 SiAlON 材料体系，Si-Al-O-N 体系、M-Si-Al-O-N 体系（M=碱金属、碱土金属元素）、Re-Si-Al-O-N 体系（Re=稀土元素）等，相图如图 6-1 所示。

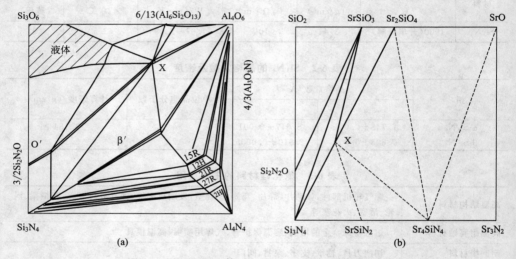

图 6-1 Si-Al-O-N 体系相图及 Sr-Si-O-N 体系相图

由于发光性能更好，颗粒形貌更佳，对发光性能的研究则主要集中于 α-SiAlON，它与 α-Si_3N_4 具有相同结构，其化学式为：

$$1/3(12-m-n)Si_3N_4 + 1/3(4m+3)AlN + (m/2v)M_2O_v + 1/6(2n-m)Al_2O_3 \longrightarrow$$

$$\alpha\text{-}M_{m/v}Si_{12-(m+n)}Al_{m+n}O_nN_{16-n}$$

$$(x = m/v \leqslant 2.0，x 与 v 分别为 M 离子的溶解度与价态)$$

在这种结构中，$m+n$ 个 Si—N 键可被 m 个 Al—N 键和 n 个 Al—O 键取代。取代引起的电荷差异通过引进的金属阳离子 M（M 包括 Li^+、Mg^{2+}、Ca^{2+}、Y^{3+} 和除 La、Ce、Eu、Pr 外的多数镧系元素）来平衡，即，M-α-SiAlON。当 M 是一个小离子时，如碱（碱土）金属 Li、Mg 或 Ca 或较小的稀土离子 Y、Tb 或 Yb-Sm（$\leqslant 1$Å）时，得到几乎单相的 M-α-SiAlON。其结构的堆积方式为 ABCDABCD…与 β-SiAlON 不同，其孔洞是封闭的，在其结构中存在两个孔洞，阳离子 M 可以填入其中，起稳定 α-SiAlON 结构的作用，因而 α-SiAlON 中 M 离子的取代极限是 2。

在 M-α-SiAlON 中，阳离子 M 与 7 个（N，O）阴离子配位，且存在三种不同的 M—（N，O）距离，其中一个 M—（N，O）键比其他 6 个 M—（N，O）键短得多。这种 7 配位结构有利于掺入碱土金属和稀土离子。M 阳离子格点的尺寸是由 $(Si，Al)_{12}(O，N)_{16}$ 网格决定的，如 Ca-α-SiAlON 和 Y-α-SiAlON 中 M—（N，O）距离几乎相同，而与 Ca^{2+}（1.06Å）和 Y^{3+}（0.96Å）间离子半径差无关。Er-α-SiAlON 和 Yb-α-SiAlON 的 EXAFS 研究结果表明，2/7 的阴离子的位置被氧离子占据，而其他配位被氮离子占据，说明金属离子周围的 O/N 的比例比基质的平均值高。金属阳离子因其格点较小，更倾向于与较小的氧阴离子形成配位（氮阴离子尺寸较大）。

关于 SiAlON 基荧光粉的研究主要集中在光谱剪裁和合成工艺等方面。

（1）光谱剪裁　Xie Rongjun 等以 Ca^{2+} 作为 α-SiAlON 的稳定离子，通过改变掺杂离子，如 Eu^{2+}、Ce^{3+}、Yb^{2+}，分别获得了峰值为 583～605nm、500nm、549nm 的带状发射。近期 Xie Rongjun 等采用 Li^+ 作为稳定离子，获得了 573～577nm 的绿黄光发射。由于斯托克斯位移相对减小，发光效率得到了提高。另外，Hirosaki 等以柱状晶 β-SiAlON 为基体，获得了峰值为 535nm 的绿光发射荧光粉。

（2）合成工艺　SiAlON 基荧光粉通常采用气压烧结（GPS）或热压烧结（HP）合成，反应条件较为苛刻。Suehiro 等以气相还原氮化（GRN）一步（无须机械破碎）合成了粉体的荧光粉。对比 GPS 合成方法，反应温度从 1700～2000℃ 下降为 1400～1500℃，并且通过后续热处理发光强度提高了 42%～62%。与此同时，Xu Xin 等通过高能球磨和放电等离子烧结（SPS）于 1550℃ 合成了单一相的纳米晶 β-SiAlON（$z=1$），对制备纳米尺度的 SiAlON 基体具有较大的指导意义。

T. Endo 曾经研究过纤锌矿结构的三元氮化硅 $MSiN_2$（M＝Be，Mg，Zn）以及掺杂 Mn^{2+} 离子的 $ZnSi_{1-x}Ge_xN_2$（$0 \leqslant x \leqslant 1$）发光材料。对于 Tb^{3+} 掺杂的 Ln-Si-O-N 样品（Ln＝Y，Gd，La），能量较低的 5d 能带与基质晶格吸收边的重叠能使辐射的有效吸收增加，从而在 254nm 激发下产生高效绿色发光。稀土离子在硅化氮、SiAlON 及其他氮化物材料中起着极其重要的作用。稀土离子经常被用于烧结助剂，不仅能降低烧结温度，还能提高氮化物材料的高温性能及蠕变性能，但作为发光材料研究是最近的事。例如，Krevel 等和 R. J. Xie 已经报道了 Eu^{2+}、Ce^{3+}、Tb^{3+}、Sm^{2+}，或者 Pr^{3+} 在 α-SiAlON 中的光致发光特性。

从产业角度来考虑，发光材料的激发光谱应该是宽带，因此，稀土离子 Eu^{2+} 和 Ce^{3+} 是比较合适的。掺杂 Eu^{2+} 发射变窄，使其成为首选的应用于 2-pc-LED 和 3-pc-LED，而 Ce^{3+} 更适用于 1-pc-LED。关于 Eu^{2+}/Eu^{3+} 的发光研究大都集中于氟化物、氯化物、溴化物和/或氧化物上。在经典的氧化物基质材料中，已经对 Eu^{2+} 能级的光谱位置进行了广泛的研究，Dorenbos 对此进行了报道。从尺寸角度看，Eu^{3+} 结合进入 α-SiAlON 晶格是可能的，根据 Shen 等的报道，Eu^{3+}-α-SiAlON 确实存在，但由于 Eu^{3+} 部分还原为二价，无法获得单相。对于较大的

Ce^{3+} 离子（约 1.1Å），至今未见单相 α-SiAlON 材料的报道。然而，通过混合 Y 和 Ce 离子，少量的 Ce^{3+} 能够进入晶格。最近，已有包含大量 Ce 并混入 Ca 和 Yb 的近 100% 纯 α-SiAlON 的制备的报道。

硅氮化物的组成范围是非常广的，以 SiO_2、Si_2N_2O、Si_3N_4 为基本反应单元，它可以与 $M_2'O$（$M'=$碱金属）、MO（M＝碱土金属及 Zn 等）、Re_2O_3（Re＝稀土）、Al_2O_3 等氧化物反应，也可以与 $M_3'N$、M_3N_2、ReN、AlN（含 BN）等氮化物反应，生成一系列的硅氮氧化物或纯氮化物，如 $MSi_2N_2O_2$（$Si_2N_2O \cdot MO$）、$M_3Si_2N_2O_4$（$Si_2N_2O \cdot 3MO$）、$Y_2Si_2N_2O_4$（$Si_2N_2O \cdot Y_2O_3$）、$Y_4Si_2N_2O_7$（$Si_2N_2O \cdot 2Y_2O_3$）、$M_2Si_3O_2N_4$（$Si_3N_4 \cdot 2MO$）、$Y_2Si_3O_3N_4$（$Si_3N_4 \cdot Y_2O_3$）、$Y_2Si_6O_3N_8$（$2Si_3N_4 \cdot Y_2O_3$）、$ReSiO_2N$（$SiO_2 \cdot ReN$）、$M'Si_2N_3$、$MSiN_2$、$M_2Si_5N_8$、MSi_2N_5、$ReSi_3N_5$（$Si_3N_4 \cdot ReN$）、$Re_2Si_3N_6$（$Si_3N_4 \cdot 2ReN$）、$Re_3Si_3N_7$（$Si_3N_4 \cdot 3ReN$）、$Y_6Si_3N_{12}$（$Si_3N_4 \cdot 6YN$）、$MReSi_4N_7$、$CaAlSiN_3$ 等，当然 Si 还可以被 Ge 取代，形成发光材料基质，Eu^{2+} 等激活离子往往在这些硅氮氧化物中具有宽激发性能。

6.3　硅氮氧化物基质发光材料

人们已经对 Ce^{3+} 掺杂的化合物的光学特性进行广泛的研究。Ce^{3+} 掺杂化合物或晶体可作为发光材料、闪烁体或可调激光器。已经知道 Ce^{3+} 离子的 $4f^6 5d \rightarrow 4f$ 跃迁在紫外区或可见区表现为宽带发射。通常，具有 4f 电子构型的三价 Ce^{3+} 离子由于自旋-轨道耦合作用，产生 $^2F_{7/2}$ 与 $^2F_{5/2}$ 基态能级，其能级间能量差为 $2000cm^{-1}$，$^2F_{5/2}$ 能级的能量低一些，室温下 $^2F_{7/2}$ 能级几乎是空的。激发构型为 5d 能级，通常被晶体场劈裂为 2～5 个亚能级，由于 Ce^{3+} 离子的 5d 激发态能级位置受晶体场对称性、晶体场强度及共价性影响，通过变化基质晶格，使吸收与发射可从紫外波长到长波长之间产生变化。虽然 Ce^{3+} 激活化合物的发光特性已广为人知，但大部分研究是基于氧化物、硫化物和卤化物。当 Ce^{3+} 掺入到氧化物基质晶格中时，其 5d→4f 发射通常位于近紫外区或蓝区。在晶体场劈裂严重、共价性增强或斯托克斯位移很大时，发射将红移，如 Y_2O_2S：Ce 的发射光谱峰值达到 699nm。如 $Y_3Al_5O_{12}$：Ce 中，发生强烈的晶体场劈裂，发射峰位于 500nm；按 YF_3：Ce、YOCl：Ce、Y_2O_2S：Ce 的顺序，共价性增强，因而，其 5d 能级的重心从 $44200cm^{-1}$ 分别降低到 $33700cm^{-1}$、$21600cm^{-1}$；同时，SrY_2O_4：Ce 和 Y_2O_2S：Ce 中存在很大的斯托克斯位移，其发射光谱峰值分别位于 575nm 和 699nm。很少有关于 Ce^{3+} 掺杂氮化物或氮氧化物发光的研究报道。最近，报道了一系列 Ce^{3+} 掺杂氮氧化物在 Y-Si-O-N 系统 [$Y_5(SiO_4)_3N$、$Y_4Si_2O_7N_2$、YSi_2O_7N 与 $Y_2Si_3O_3N_4$]。与 Ce^{3+} 掺杂 $Y_2Si_{3-x}Al_xO_{3+x}N_{4-x}$ 黄长石化合物的发光特性，例如：$Y_4Si_2O_7N_2$：Ce 表现出一个到 504nm 的最大发射峰，长波长发射是由于大晶体场与氮加入基质产生的高共价性；Ce^{3+} 掺杂 Ca-α-SiAlON 也在 515～540nm 呈现长波长发射峰，具有很高的量子效率。

　　对稀土离子在氮化物中的发光研究开展较早的是 J. W. H. van Krevel 等，他们首先研究了 Ce^{3+} 掺杂的系列硅氮氧化物发光材料，如 $Y_5(SiO_4)_3N$：Ce、$Y_4Si_2O_7N_2$：Ce、$YSiO_2N$：Ce 和 $Y_2Si_3O_3N_4$：Ce 的发光。与硅酸盐相比，在该系列氮氧化物材料中，Ce^{3+} 离子发射光谱出现红移，其精确的位置决定于电子云扩大效应、晶体场劈裂和斯托克斯位移。发现 Ce^{3+} 离子配位中 N^{3-} 相对 O^{2-} 的量增加，使晶体场劈裂变大，这是因为 N^{3-} 的荷电比 O^{2-} 大；另外，还有几个参数，如氮相对于氧配位的增加，Ce^{3+} 离子配位中非桥氧氮/桥氧氮增加，与自由氧离子配位，都会使共价性增加，使 5d 能级的重心移到更低的能量位置（电子云重排效应）。当更多的 N^{3-} 掺入到形成的硅网中时，影响晶格，从而使斯托克斯位移变小。

　　具体的制备方法是：采用 CeO_2［Ce^{3+} 的加入量 5%（原子百分数）］、Y_2O_3、α-Si_3N_4（Starck LC-2）、SiO_2 为原料，将各种原料分散在丙酮中，在行星磨中混合10h，干燥后的粉末置于钼坩埚中灼烧，气氛为 5%H_2/95%N_2，灼烧温度分别为：$Y_5(SiO_4)_3N$ 和 $Y_4Si_2O_7N_2$ 在 1600℃ 灼烧 2h，$YSiO_2N$ 在 1500℃ 灼烧 2h，$Y_2Si_3O_3N_4$ 在 1700℃灼烧 2h，后经研磨成粉末。

　　这些硅氮氧化物的晶体结构分别为：$Y_5(SiO_4)_3N$（磷灰石结构）、$Y_4Si_2O_7N_2$（枪晶石结构）、$YSiO_2N$（假珍灰石结构）、$Y_2Si_3O_3N_4$（黄长石结构）。这些晶体中，Ce^{3+} 替代了 Y^{3+} 格位，在 $Y_5(SiO_4)_3N$：Ce、$Y_4Si_2O_7N_2$：Ce、$YSiO_2N$：Ce 到 $Y_2Si_3N_4$：Ce 的系列材料中，N^{3-}/O^{2-} 比例增加且 N^{3-}/O^{2-} 对 Y^{3+} 的配位也同样增加。硅同氧和氮离子的配位是四面体的。在该系列材料中，$SiO_{4-x}N_x$ 四面体的互连不同于其他。四面体 $Y_5(SiO_4)_3N$ 中存在孤立的 $Si(O,N)_4$、$Y_4Si_2O_7N_2$ 中的二聚物 $Si_2O_5N_2$ 单元、$YSiO_2N$ 中的三聚物 $Si_3O_6N_3$ 环和 $Y_2Si_3O_3N_4$ 中的 $(Si_3O_3N_4)_n$ 板。

　　J. W. H. van Krevel 的研究表明，在四种 Y-Si-O-N：Ce 化合物中，Ce^{3+} 发射光谱和激发光谱为典型的 Ce^{3+} 离子宽带谱线［图 6-2(a)～(d)］。对不同的 Y-Si-O-N：Ce 化合物，发射光谱的峰值有很大的不同：$YSiO_2N$：Ce 中观察到的发射光谱峰值大约在 400～450nm，而在 $Y_2Si_3O_3N_4$：Ce 中发射光谱峰值接近于 500nm。在 $Y_4Si_2O_7N_2$：Ce 中发射光谱峰值超过了 500nm，这正是人们所希望得到的。

　　$Y_4Si_2O_7N_2$：Ce 中 5d 能级很低，能吸收可见光。在激发光谱中，5d 激发带延伸至 460nm［图 6-2(b)］，且涵盖了蓝区（420～480nm）。因此，$Y_4Si_2O_7N_2$：Ce 是黄色粉末，可应用于白光 LED。$Y_5(SiO_4)_3N$：Ce、$Y_2Si_3O_3N_4$：Ce 和 $YSiO_2N$：Ce 激发谱线包括紫外部分，其体色是白色的；可能是由于存在一些 $Y_4Si_2O_7N_2$：Ce 的缘故，$YSiO_2N$：Ce 和 $Y_2Si_3O_3N_4$：Ce（肩峰达到 425nm）的体色稍微带点黄色。

　　表 6-4 是几种化合物的发光数据，激发光谱和发射光谱测量范围为 280～650nm（图 6-2），还额外测量了 160～350nm 之间的激发光谱。所有的化合物中 250nm 以下的激发光谱通常较弱，可能是由于光化电离作用引起的。

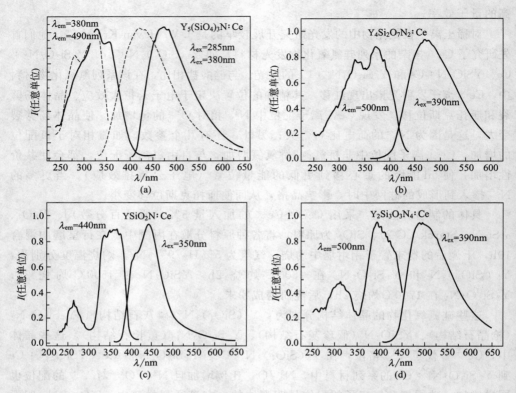

图 6-2 $Y_5(SiO_4)_3N:Ce$、$Y_4Si_2O_7N_2:Ce$、$YSiO_2N:Ce$ 和
$Y_2Si_3O_3N_4:Ce$ 的激发光谱和发射光谱

(a) $Y_5(SiO_4)_3N:Ce$; (b) $Y_4Si_2O_7N_2:Ce$; (c) $YSiO_2N:Ce$; (d) $Y_2Si_3O_3N_4:Ce$

表6-4 几种 Y-Si-O-N:Ce 的发射光谱峰值（EM）、半高宽（EHW）、光谱峰值（ExM）、
晶体场劈裂（CFS）、能级重心（CG）、斯托克斯位移（SS）、相对发光强度（I_{rel}）

化合物	EM/nm $/×10^3 cm^{-1}$	EHW $/×10^3 cm^{-1}$	ExM/nm $/×10^3 cm^{-1}$	CFS $/×10^3 cm^{-1}$	CG $/×10^3 cm^{-1}$	SS $/×10^3 cm^{-1}$	$I_{rel}(\lambda_{ex})$
	(1)475/21.1	4.5	(1)240/41.7	(1)13.5	(1)33~35	(1)7.1±1	40(325)
			290/34.5				
			325/30.8				
$Y_5(SiO_4)_3N:Ce$			355/28.2				
	(2)423/23.6	6	(2)225/44.4	(2)13.6	(2)34~37	(2)7.2±1	
			280/35.7				
			310/32.3				
			325/30.8				

化合物	EM/nm /×10³cm⁻¹	EHW /×10³cm⁻¹	ExM/nm /×10³cm⁻¹	CFS /×10³cm⁻¹	CG /×10³cm⁻¹	SS /×10³cm⁻¹	$I_{rel}(\lambda_{ex})$
$Y_4Si_2O_7N_2$：Ce	504/19.8	4.8	240/41.7	16.1	30~35	5.8±1	30(390)
			±290/34.5				
			355/28.2				
			390/25.6				
YSiO₂N：Ce	405/24.7	4.2	±195/51.3	24.3	38~40	3.3±1	100(370)
	442/22.6		265/37.7				
			±340/29.4				
			±370/27.0				
$Y_2Si_3O_3N_4$：Ce	490/20.3	4.3	±195/51.3	25.7	35~39	3.2±1	60(390)
			260/38.5				
			310/32.3				
			390/25.6				

5d 能带的劈裂取决于配体的对称性和晶体场强度。众所周知，经常以晶体场劈裂来衡量格位对称性，例如，立方对称的晶体场可以劈裂成五个晶体场成分。考虑到不同格位对称性和不同 5d 能级的不确定性，用 5d 能级最高能量和最低能量之间的差值来衡量晶体场分裂。由于只考虑配体的作用，这种方法估算晶体场劈裂时存在误差，但这将定性给出配体对晶体场强度的影响。

5d 能级的重心由观察到的激发光谱峰值的平均值来估算，激发带的最低能量峰值和发射带的最高能量峰值之间的差值作为掺杂 Ce^{3+} 样品的斯托克斯位移。由于 Ce^{3+} 离子掺入浓度较高［相对于 Y^{3+} 离子的 5％（原子百分数）］，这一方法导出的结果存在误差。由于激发带最低能量与发射带最高能量之间的谱线重叠，高浓度样品中可能存在最高能量发射的再吸收，导致了发射光谱峰值红移。

$Y_5(SiO_4)_3N$：Ce 的结构与磷灰石结构的 $Ca(PO_4)_3OH$ 相似，Y(1) 格位的配位数为 9，与一个自由氧及硅四面体中的氧和氮相连。Y(1) 格位与 9 个氧/氮相连，氧/氮与硅相连。在 285nm 和 380nm 激发下，其发射光谱不同，峰值分别为 423nm 和 475nm，说明存在两个发光中心。估计 475nm 发射的 Ce^{3+} 离子 5d 能级重心为 $(33~35)×10^3cm^{-1}$，423nm 发射的 Ce^{3+} 离子 5d 能级重心为 $(34~37)×10^3cm^{-1}$。文献的研究结果表明，磷灰石结构的 $Gd_{4.67}□_{0.33}(SiO_4)_3O$：Ce 位于低能量部分的激发带和发射带源于位于 Y(1) 格位的 Ce^{3+} 离子，该假说是基于自由氧与 Y(1) 格位相连的事实，这会增加共价性，从而使 Ce^{3+} 离子的 5d 能级红移。

与常规材料不同，$Y_4Si_2O_7N_2$：Ce 的发射峰位于 504nm，只有少数几种材料有如此的长波发射。$Y_4Si_2O_7N_2$ 中存在四种 Y^{3+} 离子格位，三种为 7 配位，一种为 6 配位。$Y_4Si_2O_7N_2$ 中每个 Y 格位的点对称性较低,两种 Y 格位连接 1 个自由氧,而其他两种 Y 格位连接 3 个自由氧。其激发光谱为紫外波长至 460nm 的宽带,有 4 个激发峰:240nm、290nm、355nm 和 390nm。尽管存在四种 Y^{3+} 离子格位,不同波长激发的发射光谱和监控不同发射波长的激发光谱差别很小,与 $YSiO_2N$:Ce 和 $Y_2Si_3O_3N_4$:Ce 相比(其发光源于单一的发光中心),只是半高宽稍有增大。显然,$Y_4Si_2O_7N_2$:Ce 中不同发光中心的发射光谱发生重叠,其激发带的最高能量与最低能量之间差值只有 $16000cm^{-1}$。这说明不同 Ce^{3+} 离子之间的晶体场劈裂不是很大。

$YSiO_2N$:Ce 的发射光谱峰值位于 442nm,肩峰位于 405nm。由于存在少量的 $Y_4Si_2O_7N_2$:Ce,尾峰可达 490nm。用不同波长的光激发时,其发射光谱相似,说明只有单一的 Ce^{3+} 离子发光中心,与 $YSiO_2N$ 晶格中只有一种 Y^{3+} 离子格位相符。405nm 和 442nm 的能量差约为 $2.1\times10^3cm^{-1}$,对应着 Ce^{3+} 离子基态能级的劈裂(Ce^{3+} 的自由离子 $^2F_{7/2}$ 与 $^2F_{5/2}$ 能级差为 $2250cm^{-1}$)。以前的文献报道表明,Ce^{3+} 离子含量为 1% 时,其发射光谱主峰为能量较高的 405nm,而本书叙述的 442nm 发射更强,这是由于 Ce^{3+} 离子含量较高 [5%(原子百分数)],激发光谱和发射光谱有重叠,导致重新吸收而使 405nm 的发射猝灭。

$YSiO_2N$ 中 Y^{3+} 离子被 6 个 O^{2-} 离子和 2 个 N^{3-} 离子包围,对称性较低(C_1)。对于这种配位,Ce^{3+} 离子的激发带劈裂为 3 个能级:195nm、265nm 和 350nm。C_1 是 S_6 对称的进一步扭曲,Ce^{3+} 离子的 5d 激发带劈裂为 5 个能级,因而 195nm 和 350nm 附近的激发带特别宽。350nm 的晶体场进一步劈裂为 340nm 和 370nm。能级重心为 $(38\sim40)\times10^3cm^{-1}$。

$Y_2Si_3O_3N_4$:Ce,不管激发波长如何变化,$Y_2Si_3O_3N_4$:Ce 的发射光谱峰值总是位于约 493nm,说明 $Y_2Si_3O_3N_4$ 中只有一种 Y^{3+} 离子格位,激发光谱有 4 个激发峰,分别位于 195nm、260nm、310nm 和 390nm。5d 能级重心为 $(35\sim39)\times10^3cm^{-1}$。

在不同的 Ce^{3+} 掺杂 Y-Si-O-N:Ce 化合物中观察到的晶体场劈裂,从 $Y_5(SiO_4)_3N$:Ce 中的 $(13\sim14)\times10^3cm^{-1}$ 增加到 $Y_4Si_2O_7N_2$:Ce 的 $16.1\times10^3cm^{-1}$,$YSiO_2N$:Ce 中的 $24.3\times10^3cm^{-1}$ 和 $Y_2Si_3O_3N_4$:Ce 中的 $25.7\times10^3cm^{-1}$(表 6-4),此结果表明,晶体场劈裂随氮含量的增加而增加,这是由于相对 O^{2-} 来说,N^{3-} 的荷电更高。

5d 能级重心值的变化规律为:$YSiO_2N$:Ce[$(38\sim40)\times10^3cm^{-1}$]$>Y_2Si_3O_3N_4$:Ce[$(35\sim39)\times10^3cm^{-1}$]$>Y_5(SiO_4)_3N$:Ce 中的 Y(2) 格位[$(34\sim37)\times10^3cm^{-1}$]$>Y_5(SiO_4)_3N$:Ce 中的 Y(1) 格位[$(33\sim35)\times10^3cm^{-1}$]$>Y_4Si_2O_7N_2$:Ce[$(30\sim35)\times10^3cm^{-1}$]。

可以预见,由于 Ce—N 键的共价性比 Ce—O 键更强(电子云重排),与 Ce^{3+} 配位的氮比氧更多时,5d 能级的重心会降低。当然,很多其他因素也在这一效应中起重要作用。

结构方面,$YSiO_2N$ 和 $Y_2Si_3O_3N_4$ 中,氮仅连接两个硅四面体;而在 $Y_5(SiO_4)_3N$

中，氮只与单一的硅四面体相连，充当终端氮离子与 Ce^{3+} 配位；但在 $Y_4Si_2O_7N_2$ 中，两种氮离子都与 Ce^{3+} 配位。连接两个硅四面体的氮与 Ce^{3+} 的键合比终端氮离子与 Ce^{3+} 的键合要弱，这会使电子云重排效应减弱。

另外，与 Ce^{3+} 配位的自由氧也会增加共价性，$Y_5(SiO_4)_3N$：Ce 中的 Y(1) 格位和 $Y_4Si_2O_7N_2$：Ce 中的所有格位均存在这种情况，而 $YSiO_2N$：Ce 和 $Y_2Si_3O_3N_4$：Ce 中的氧和氮均与硅相连。

对上述化合物，斯托克斯位移变化很大，变化规律为：$Y_5(SiO_4)_3N$：Ce $(7100\sim7200cm^{-1}) > Y_4Si_2O_7N_2$：Ce$(5800cm^{-1}) > YSiO_2N$：Ce$(3300cm^{-1}) \approx Y_2Si_3O_3N_4$：Ce$(3200cm^{-1})$。

J. W. H. van Krevel 等在研究 $Y_2Si_3O_3N_4$：Ce 的基础上，又研究了 Ce^{3+} 离子在 $Y_{1.98}Ce_{0.02}Si_{3-x}Al_xO_{3+x}N_{4-x}$($x=0$，0.25，0.5，0.6，1) 中的发光。黄长石型氮氧化物 $Ln_2Si_3O_3N_4$(Ln=Nd, Sm, Gd, Dy, Y, Er, Yb) 的结构由 $[Si_3O_3N_4]_n$ 和 Ln 离子交替组成。晶胞为四角形，只有一种 Ln 格位，其配位数为 8。而且，可用 Al—O 来替代 Si—N，形成 $Ln_2Si_{3-x}Al_xO_{3+x}N_{4-x}$，因为 Al—O 比 Si—N 键长，这种取代能增加晶格常数，还能增加高温抗氧化性能。在黄长石型晶格中增加 Al—O 对 Si—N 的替换时，在 $x=0$ 到 $x=0.6$ 之间晶格常数几乎线性增加，继续再增大 x 时，晶格常数保持恒定。

具体制备方法是：采用 CeO_2、Y_2O_3、γ-Al_2O_3、α-Si_3N_4 [Starck LC-2，1.3%(质量)O] 为原料，将各种原料分散在异丙醇中，在行星磨中混合 10h，干燥后的粉末置于钼坩埚中灼烧，气氛为 5% H_2/95% N_2，在 1730℃ 灼烧 2h 合成 $Y_{1.98}Ce_{0.02}Si_{3-x}Al_xO_{3+x}N_{4-x}$($x=0$，0.25，0.5，0.6)，后经研磨成粉末。

$Y_{1.98}Ce_{0.02}Si_{3-x}Al_xO_{3+x}N_{4-x}$ 的激发光谱和发射光谱如图 6-3 所示。发射光谱显示为典型的 Ce^{3+} 发光；激发光谱在 310nm 有弱峰，最强峰位于 390nm。对不同

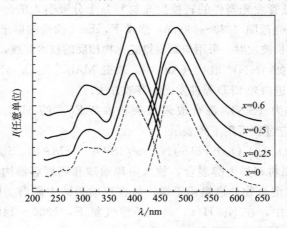

图 6-3　$Y_{1.98}Ce_{0.02}Si_{3-x}Al_xO_{3-x}N_{4-x}$ 的激发光谱 ($\lambda_{em}=475nm$) 和发射光谱 ($\lambda_{ex}=390nm$)（$x=0$，0.25，0.5，0.6）

的 x 值（$0 \leqslant x \leqslant 0.6$）的激发光谱进行比较，当部分 Al—O 替换 $Y_2Si_3O_3N_4$：Ce 中的 Si—N 时，激发光谱未发生位移。Ce^{3+} 离子半径（1.143Å）明显比 Y^{3+} 离子半径（1.019Å）大，因此，Ce^{3+} 将倾向于占据"最大"的 Y 格位，即与常规 Y 格位配位（4 个 O^{2-} 和 4 个 N^{3-}）相比，将倾向于同更多的 O^{2-}（1.38Å）和少量的 N^{3-}（1.46Å）配位，这可从 Ce—O 键长（2.52Å）比 Y—N 键长（2.48Å）大得到证实。因此，Ce^{3+} 离子的配位不随 x 改变。$Y_2Si_3O_3N_4$：1％Ce 在 390nm 激发下，其发射光谱峰值位于 475nm，比 $Y_2Si_3O_3N_4$：5％Ce 的 493nm 要小。这一差别可能是再吸收效应造成的。对固溶体 $Y_{1.98}Ce_{0.02}Si_{3-x}Al_xO_{3+x}N_{4-x}$，当 x 增加时，而发射光谱只有微小的红移（小于 5nm），说明改变组成 Ce^{3+} 离子局部的配位不产生影响。这说明 Al—O 替换 Si—N 时，斯托克斯位移从大约 4200cm^{-1} 增加到 4300cm^{-1}。这可能是 Al^{3+} 优先取代 Ce^{3+} 离子周围的格位来消除 Ce^{3+} 离子周围的富 O^{2-} 造成的局部负电荷过剩。因为任何成分变化都不能改变 Ce^{3+} 离子原有的局部配位，因而很难通过掺入 Al—O 来改变光学特性。

MAl_2O_4：Eu^{2+}（M＝Ca，Sr，Ba）是一种具有较宽激发带的绿色发光材料。Y. Q. Li 等通过固相反应法在 $1300 \sim 1400℃$ N_2/H_2 气氛下合成了未掺杂和掺杂 Eu^{2+} 的 $MAl_{2-x}Si_xO_{4-x}N_x$。通过（SiN）$^+$ 取代（AlO）$^+$，将氮掺入 MAl_2O_4，（SiN）$^+$ 的溶解度取决于 M 阳离子。（SiN）$^+$ 在 $CaAl_2O_4$ 和 $SrAl_2O_4$ 晶格中的溶解度是非常低的（分别是 $x＝0.025$，0.045），而在 $BaAl_2O_4$ 中，（SiN）$^+$ 可大量掺入（$x＝0.6$）。（SiN）$^+$ 的掺入几乎不改变 Eu^{2+} 在 MAl_2O_4（M＝Ca，Sr）中的发光特性，在 440nm（M＝Ca）和 515nm（M＝Sr）的蓝光和绿光发射几乎不变。Eu^{2+} 掺杂的 $BaAl_{2-x}Si_xO_{4-x}N_x$ 显示一个宽的绿光发射带（500～526nm），光谱峰值取决于（SiN）$^+$ 和 Eu^{2+} 离子的浓度。此外，掺入氮后，Eu^{2+} 的激发带和发射带发生红移。$BaAl_{2-x}Si_xO_{4-x}N_x$：Eu^{2+} 在 390～440nm 的辐射下能被有效激发，因此，它作为白光发射二极管发光器件的转换发光材料是十分吸引人的。

最近，在可见光范围（370～460nm）激发下，Eu^{2+} 掺杂的碱土氮硅化物和氮氧化物显示了不寻常的长波发射。采用与常规氮硅化物相反的技术路线，在 MAl_2O_4：Eu 中掺入硅和氮原子，如（SiN）$^+$ 取代（AlO）$^+$，改变 $MAl_{2-x}Si_xO_{4-x}N_x$：Eu^{2+} 的光谱特性，证明是一种改进白光 LED 器件发光的有效方法。

利用 Si_3N_4 作为（SiN）$^+$ 源合成未掺杂和掺杂 Eu^{2+} 的 $MAl_{2-x}Si_xO_{4-x}N_x$（M＝Ca，Sr，Ba）。反应过程可用下式表示：

$$MCO_3 + (2-x)/2Al_2O_3 + x/4Si_3N_4 + x/4SiO_2 \longrightarrow MAl_{2-x}Si_xO_{4-x}N_x + CO_2$$

将适当比例原料和异丙醇混合，放入由玛瑙球和玛瑙容器构成的球磨机中，研磨 4～5h，然后将混合物放进烘箱干燥，再在玛瑙研钵中研磨。随后，将粉末放入 Mo 或刚玉的坩埚中，在 N_2/H_2（10％）还原气氛下，$1300 \sim 1400℃$ 加热 8～12h，需要两次灼烧，中间要进行研磨。

因为 Si—N 距离（约 1.65～1.75Å）比 Al—O 距离（约 1.70～1.78Å）要短，

掺入氮使晶格常数减小，相应晶胞体积也将减小。从 Ba 到 Ca，随着 M 离子半径降低，氮的掺入更加困难，$(SiN)^+$ 在 MAl_2O_4 中的最大溶解度明显降低，$(SiN)^+$ 在 $CaAl_2O_4$ 和 $SrAl_2O_4$ 中的最大溶解度分别仅为 $x=0.025$ [即 1.25%（摩尔）] 和 0.045 [即 2.25%（摩尔）]。当 x 值超过最大溶解度时，在 $CaAl_{2-x}Si_xO_{4-x}N_x$ 和 $SrAl_{2-x}Si_xO_{4-x}N_x$ 系统中，将分别出现第二相 $Ca_2Al_2SiO_7$ 和 $Sr_2Al_2SiO_7$。而 $(SiN)^+$ 能有效掺入 $BaAl_2O_4$ 中，最大溶解度是 $x=0.6$。x 值大于 0.6，会出现杂相 Ba_2SiO_4。

Eu^{2+} 在 $MAl_{2-x}Si_xO_{4-x}N_x$ 中的发光特性与在 MAl_2O_4（M=Ca，Sr，Ba）中的发光相似，主要取决于 M 阳离子的类型。对 M=Ca，Sr 来说，Eu 的激发带和发射带的位置几乎与 x 无关。对 M=Ba 来说，它极大地依赖 x，表 6-5 是 $MAl_{2-x}Si_xO_{4-x}N_x$（M=Ca，Sr，Ba）和 $MAl_{2-x}Si_xO_{4-x}N_x$：$0.1\ Eu^{2+}$ 的发光性能。

表 6-5　$MAl_{2-x}Si_xO_{4-x}N_x$（M=Ca，Sr，Ba）和 $MAl_{2-x}Si_xO_{4-x}N_x$：$0.1\ Eu^{2+}$ 的结构参数和发光性能

$MAl_{2-x}Si_xO_{4-x}N_x$	M=Ca		M=Sr		M=Ba	
$(SiN)^+$ 的最大溶解度	$x=0.025$		$x=0.045$		$x=0.6$	
结构参数	Monoclinic P2_1/n		Monoclinic P2_1		Hexagonal P6_3	
x	$x=0$	$x=0.02$	$x=0$	$x=0.02$	$x=0$	$x=0.3$
a/Å	8.6808(3)	8.6714(4)	8.4435(8)	8.4384(10)	10.4468(6)	10.4454(3)
b/Å	8.0928(4)	8.0923(7)	8.8184(9)	8.8275(8)		
c/Å	15.1950(8)	15.1979(3)	5.1575(7)	5.1527(5)	8.7946(5)	8.8012(7)
β/(°)	90.26(1)	90.28(1)	93.40(1)	93.32(2)		
V/Å³	1067.47(8)	1066.45(6)	383.35(10)	383.18(9)	831.22(8)	826.85(8)
激发波长/nm	260,329,380	260,339,380	260,340,386,420	260,340,386,420	280,340,387	280,340,400,440
发射波长/nm	438	443	514	519	498	526
斯托克斯位移/cm⁻¹	3500	3600	6500	6600	5800	3700
晶体场劈裂/cm⁻¹	13360	13600	14000	14000	10000	13000

注：1Å=0.1nm。

$(SiN)^+$ 在 $CaAl_{2-x}Si_xO_{4-x}N_x$ 和 $SrAl_{2-x}Si_xO_{4-x}N_x$ 中的溶解度是非常低的，因此，$MAl_{2-x}Si_xO_{4-x}N_x$：$0.1Eu^{2+}$ 的激发光谱和发射光谱同 Eu^{2+} 掺杂的 MAl_2O_4（M=Ca，Sr）相比并没有明显变化，对 M=Ca 来说，N 的掺入使 370nm 处的激发峰增强；对 M=Sr 来说，激发带稍有增宽，此外，随着 x 的增加，Eu^{2+} 发射带最大偏移少于 10nm。

对于 $BaAl_{2-x}Si_xO_{4-x}N_x$：$0.1Eu^{2+}$ 来说，随着 $(SiN)^+$ 含量增加，出现一个额外的激发带，对于 x 值大于 0.3，该激发带峰值在 $425\sim440nm$（图 6-4），相应，发射带也从 $498nm$ 红移到 $527nm(x=0.6)$。对于 $x>0.3$，尤其是 $x>0.5$，激发带蓝移。$BaAl_{2-x}Si_xO_{4-x}N_x$：Eu 的发射光谱积分强度在 $x=0.3$ 时达到最大值，当 x 大于 0.3 时，发射强度明显降低。在激发波长为 $460nm$ 时，$BaAl_{2-x}Si_xO_{4-x}N_x$：Eu 的量子效率大约是 54%。

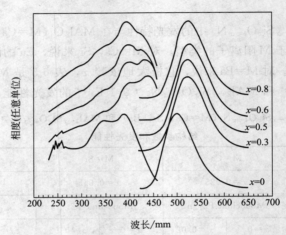

图 6-4　不同 x 值的 $BaAl_{2-x}Si_xO_{4-x}N_x$：$0.1Eu^{2+}$ 的激发光谱和发射光谱

（$x=0$，$\lambda_{exc}=390nm$，$\lambda_{em}=500nm$；$x=0.3\sim0.8$，$\lambda_{exc}=440nm$，$\lambda_{em}=530nm$）

除了 $(SiN)^+$ 取代 $(AlO)^+$ 外，Eu 的浓度对 $BaAl_{2-x}Si_xO_{4-x}N_x$：Eu 的结构和发光特性也有明显影响。Eu^{2+} 半径（$1.30Å$，配位数 $=9$）要比 Ba^{2+}（$1.47Å$，配位数 $=9$）小得多，因此随 Eu 的浓度增加，晶格常数变小。因为 $(SiN)^+$ 的掺入仅在基质晶格吸收边产生一个非常小的红移（约 $7nm$），因此，在 $300\sim500nm$ 光谱范围内宽的吸收带应归因于 Eu^{2+} 离子（图 6-5）。随着 Eu 的含量从 1% 增加到 10%，Eu^{2+} 的吸收边从 $400nm$ 扩展到 $600nm$；同时，吸收强度变强。很明显，当 Eu 浓度较高时，主要的激发带向长波方向移动（$400\sim440nm$）。在 $400\sim440nm$ 激发下，将产生一个最大值在 $500\sim526nm$ 的绿光发射，这依赖于 Eu 的浓度。发射带的红移是由于大的晶体场劈裂（即对 1% 和 10% Eu，分别是 $8600cm^{-1}$ 和 $13000cm^{-1}$）。对长激发波长（$440nm$）积分发射强度随 Eu 的浓度增加而增加；然而，短激发波长（$390nm$）则降低。

人们还报道了 $CaO-Si_3N_4-AlN$ 和 $Sr-Si-O-N$ 体系中的几种碱土硅氮氧化物 $CaSi_2O_2N_2$ 和 $SrSi_2O_2N_2$ 的发光性能。然而，直到最近，才确定 $CaSi_2O_2N_2$ 的晶体结构。然而，稀土掺杂的 $CaSi_2O_2N_2$ 和 $SrSi_2O_2N_2$ 的发光特性还没有被报道。如同碱土硅酸盐一样，就组成延伸到 $Ba-Si-O-N$ 体系对碱土氮化硅来说也同样非常感兴趣。

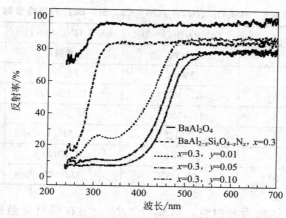

图 6-5　$BaAl_{2-x}Si_xO_{4-x}N_x$（$x=0$，0.3）：Eu^{2+} 和 $Ba_{1-y}Eu_yAl_{2-x}Si_xO_{4-x}N_x$：$Eu^{2+}$
（$x=0.3$，$y=0.01$，0.05，0.10）的反射光谱

　　Y. Q. Li 等研究了 Eu^{2+} 激活的碱土硅氮氧化物的发光特性。在 $BaO\text{-}SiO_2\text{-}Si_3N_4$ 体系中，合成了一种具有单斜晶系结构的新 $BaSi_2O_2N_2$ 化合物。所有的 $MSi_2O_{2-\delta}N_{2+2/3\delta}$：$Eu^{2+}$（M＝Ca，Sr，Ba）材料均可以被紫外线到可见光（370～460nm）有效激发，$BaSi_2O_2N_2$：Eu^{2+} 的发射在蓝绿区（490～500nm），$CaSi_2O_{2-\delta}N_{2+2/3\delta}$：$Eu^{2+}$（$\delta=0$）发黄光（560nm），而 $SrSi_2O_{2-\delta}N_{2+2/3\delta}$：$Eu^{2+}$（$\delta=1$）发黄绿光（530～570nm），峰位取决于 δ 的值。由于斯托克斯位移小，发光效率高，$BaSi_2O_{2-\delta}N_{2+2/3\delta}$：$Eu^{2+}$ 对白光 LED 来说是最具有前景的转换发光材料。

　　通过高温固相反应来合成 $MSi_2O_{2-\delta}N_{2+2/3\delta}$（M＝Ca，Sr，Ba）。原料是高纯度 MCO_3（M＝Ca，Sr，Ba）、SiO_2、Si_3N_4（SKW Trostberg，β 相含量 23.3% 和 0～0.7%）以及 Eu_2O_3。Eu^{2+} 原子百分数 1%～10% 的 M^{2+} 离子。保持 M/Si 为 0.5，湿法混合 4～5h（2-propanol，行星磨）。混合后，将稀浆干燥并且在玛瑙研钵中磨碎。随后，干燥的混合粉末在卧式管状炉中在 N_2/H_2（10%）还原气氛下（钼或氧化铝坩埚）在 1100～1400℃灼烧 6～12h。样品在炉中冷却到室温并且再次用玛瑙研钵磨碎。

　　在 $BaO\text{-}SiO_2\text{-}Si_3N_4$ 体系中，制备了单相的 $BaSi_2O_2N_2$ 化合物，为单斜晶系结构，晶格常数是：$a=14.070(4)Å$，$b=7.276(2)Å$，$c=13.181Å$，$\beta=107.74(6)°$（表 6-6）。对 $CaO\text{-}SiO_2\text{-}Si_3N_4$ 体系，$CaSi_2O_2N_2$ 很难制备单相材料，总有少量的 Ca_2SiO_4 和 $CaSiO_3$ 等杂相。这说明 $CaSi_2O_{2-\delta}N_{2+2/3\delta}$ 的组分中氮的含量要比 $CaSi_2O_2N_2$ 多，$\delta \geqslant 0$。因此 $CaSi_2O_2N_2$ 大都从 $CaO\text{-}Si_3N_4$ 体系制备。特别是在 $SrO\text{-}SiO_2\text{-}Si_3N_4$ 体系中发现，即使完全不加 SiO_2，仅仅以 SrO 和 Si_3N_4 为原材料，也只能获得近似单一相，这种锶硅氮氧化物的近似成分为 $SrSi_2ON_{\delta/3}$（$\delta=1$）。$BaSi_2O_2N_2$ 的结构不同于 $MSi_2O_{2-\delta}N_{2+2/3\delta}$（M＝Ca，Sr，Ba），但 Ca 和 Sr 的结构相似。

表 6-6　　$MSi_2O_{2-\delta}N_{2+2/3\delta}$（M＝Ca，Sr，Ba）的晶格参数

化　学　式		$CaSi_2O_2N_2(\delta\approx0)$	$SrSi_2ON_{8/3}(\delta\approx1)$	$BaSi_2O_2N_2(\delta=0)$
晶系		单斜	单斜	单斜
空间群		$P2_1/c$	$P2_1/m$	$P2/m$
晶格常数	$a/\text{Å}$	15.035(4)	11.320(4)	14.070(4)
	$b/\text{Å}$	15.450(1)	14.107(6)	7.276(2)
	$c/\text{Å}$	6.851(2)	7.736(4)	13.181(3)
	$\beta/(°)$	95.26(3)	91.87(3)	107.74(6)
	$V/\text{Å}^3$	1584.53	1234.67	1285.23

　　未掺杂的样品体色为灰白色，$MSi_2O_{2-\delta}N_{2+2/3\delta}$ 在可见光范围（400～650nm）显示了很高的漫反射，在250～300nm之间有一个较强的吸收（图6-6），这是基质激发。未掺杂材料的吸收边在240～280nm附近（4.4～5.2eV）（表6-7）。而 Eu^{2+} 掺杂样品的吸收带延伸到了可见光范围，当掺杂10％ Eu时，对M＝Ca，Sr，Ba吸收带的起点分别在490nm、585nm及500nm。

表 6-7　　$M_{0.9}Eu_{0.1}Si_2O_{2-\delta}N_{2+2/3\delta}$ 的激发带和发射带、晶体场劈裂、能级重心和斯托克斯位移
　　　　　$MSi_2O_{2-\delta}N_{2+2/3\delta}$（M＝Ca，Sr，Ba）的吸收边

M	激发带/nm	发射带/nm	吸收边[1]/nm	晶体场劈裂/cm^{-1}	能级重心/cm^{-1}	斯托克斯位移/cm^{-1}
Ca	259,341,395,436	560	280	15700	29000	5100
Sr	260,341,387,440	530～570	270	15700	29100	3900～5200
Ba	264,327,406,460	499	240	16100	28700	1700

①　未掺杂的 $MSi_2O_{2-\delta}N_{2+2/3\delta}$。

　　10％（摩尔）Eu^{2+} 的 $M_{0.9}Si_2O_{2-\delta}N_{2+2/3\delta}$（M＝Ca，Sr，Ba）的激发光谱为宽带（图6-7），详细情况见表6-7。阳离子种类（M＝Ca，Sr，Ba）对激发带的位置影响非常小，这就证实晶体场劈裂和 Eu^{2+} 的重心受不同晶体结构的影响不大，但看上去被 $SrSi_2O_2N_2$ 的网状结构固定。

　　Eu^{2+} 掺杂 $MSi_2O_{2-\delta}N_{2+2/3\delta}$（M＝Ca，Sr，Ba）的发射光谱为典型的由 Eu^{2+} 离子的 5d→4f 跃迁引起的宽带发射。在紫外线到蓝光范围（370～450nm）的激发，$MSi_2O_{2-\delta}N_{2+2/3\delta}$（M＝Ca，Sr，Ba）在蓝绿光到黄光光谱带有很高的发射效率。$BaSi_2O_2N_2$∶Eu 的发射峰在大约499nm，为蓝绿光发射，其发射带比较窄（FWHM约35nm）；$CaSi_2O_{2-\delta}N_{2+2/3\delta}$∶$Eu^{2+}$ 的发射峰在560nm；而 $SrSi_2O_{2-\delta}N_{2+2/3\delta}$∶$Eu^{2+}$ 包含一个峰值530～570nm宽发射带，发射光谱峰值随着Eu浓度和O/N比变化而变化，O/N比的降低，发射带红移。与纯氮化物 $M_2Si_5N_8$∶Eu(M＝Ca，Sr，Ba；$\lambda_{em}>$ 600nm) 相比较，Eu^{2+} 在 $MSi_2O_{2-\delta}N_{2+2/3\delta}$(M＝Ca，Sr，Ba；$\lambda_{em}<570nm$) 中的发射明显蓝移，这说明在 $MSi_2O_{2-\delta}N_{2+2/3\delta}$ 中 Eu 主要与氧离子配位。

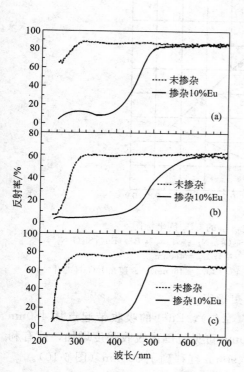

图 6-6　未掺杂、掺杂 10％Eu 的
$MSi_2O_{2-\delta}N_{2+2/3\delta}$ 的漫反射光谱
(a) M＝Ca；(b) M＝Sr；(c) M＝Ba

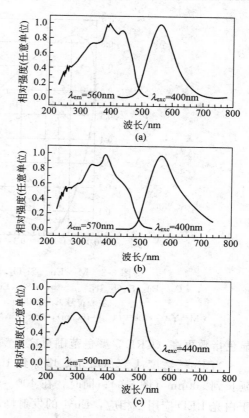

图 6-7　$M_{0.9}Eu_{0.1}Si_2O_{2-\delta}N_{2+2/3\delta}$ 的
激发光谱和发射光谱
(a) M＝Ca；(b) M＝Sr；(c) M＝Ba

不同的 M 离子其激发带能量相近，而发射带位置有较大的变化，说明斯托克斯位移显著不同。$CaSi_2O_{2-\delta}N_{2+2/3\delta}$：$Eu^{2+}$ 和 $SrSi_2O_{2-\delta}N_{2+2/3\delta}$：$Eu^{2+}$ 的斯托克斯位移明显比 $BaSi_2O_2N_2$：Eu 大（表 6-7）。Ba^{2+} 离子虽然最大，但其斯托克斯位移最小，这也导致了 $BaSi_2O_2N_2$：Eu^{2+} 的量子效率比 $MSi_2O_{2-\delta}N_{2+2/3\delta}$：$Eu^{2+}$（M＝Ca，Sr）要高（紫外-蓝光激发，＞60％），发射带变窄，以及热猝灭性能的提高。

Yb^{2+} 离子在 $SrSi_2O_2N_2$ 中的晶体场劈裂比 Eu^{2+} 离子更严重，在 $SrSi_2O_2N_2$ 中呈现红色发光（$\lambda_{max}=615nm$）。

不同 M 阳离子（M＝Ca，Sr，Ba）的 $M_{0.9}Eu_{0.1}Si_2O_{2-\delta}N_{2+2/3\delta}$ 的 CIE 色坐标图如图 6-8 所示。为了比较 YAG：Ce^{3+} 和 $Sr_2Si_5N_8$：Eu^{2+}（在 460nm）也在图 6-8 中表示出。与 YAG：Ce^{3+} 相同，$MSi_2O_{2-\delta}N_{2+2/3\delta}$：$Eu^{2+}$（M＝Ca，Sr）与蓝光光源可以产生白光，而 $BaSi_2O_2N_2$：Eu^{2+}（蓝—绿）和 $Sr_2Si_5N_8$：Eu^{2+}（橘红—红）与蓝光光源的结合在 RGB（红—绿—蓝）模式下也可产生白光，并且其

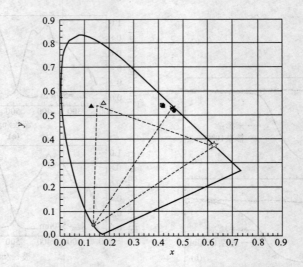

图 6-8　$M_{0.9}Eu_{0.1}Si_2O_{2-\delta}N_{2+2/3\delta}$ 的 CIE 色坐标图

○、● $Ca_{0.9}Eu_{0.1}Si_2O_{2-\delta}N_{2+2/3\delta}$；□、■ $Sr_{0.9}Eu_{0.1}Si_2O_{2-\delta}N_{2+2/3\delta}$；△、▲ $Ba_{0.9}Eu_{0.1}Si_2O_2N_2$

空心符号 $\lambda_{exc}=400nm$；实心符号 $\lambda_{exc}=460nm$

＊ M＝YAG：Ce^{3+}（$\lambda_{exc}=460nm$）；☆ $Sr_2Si_5N_8$：Eu^{2+}（$\lambda_{exc}=460nm$）；⊖ 蓝光 InGaN 芯片

显色指数更高（CRI），颜色范围更广，颜色更稳定。

当 Eu^{2+} 浓度从 1％（摩尔）增加到 10％（摩尔），Eu^{2+} 的吸收带起点从 480nm 延长到 500nm（图 6-9）；同时，在 400～460nm 可见范围内吸收强度增加，这有利于白光 LED 应用。相应，Eu^{2+} 的发射峰从 490nm 红移到了 500nm（图 6-10）。

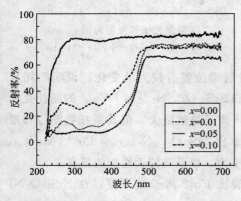

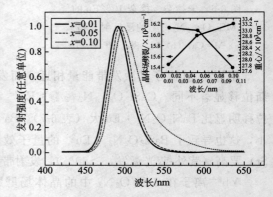

图 6-9　$Ba_{1-x}Eu_xSi_2O_2N_2$（x＝0，0.01，0.05，0.1）的漫反射光谱

图 6-10　不同 Eu^{2+} 离子浓度 $Ba_{1-x}Eu_xSi_2O_2N_2$ 的发射光谱（$\lambda_{exc}=440nm$）

6.4　硅氮/氮氧化物基质发光材料的制备

6.4.1　高温固相反应法

高温固相反应法是制备各类荧光粉的通用方法，也是简单、经济、适合于工业

生产的方法。固相反应的充要条件是反应物必须相互接触，即反应是通过颗粒界面进行的。反应颗粒越细，其比表面积越大，反应物颗粒之间的接触面积也就越大，从而有利于固相反应的进行。固相反应通常包括以下步骤：①固相界面的扩散；②原子尺度的化学反应；③新相成核；④固相的输运及新相的长大。合成硅氮/氮氧化物时往往使用 Si_3N_4 粉末作为 N 源和 Si 源的原料，但是由于 Si_3N_4 具有很强的共价键、扩散系数低、反应活性差，因此需要较高的合成温度（1500～2000℃）。另外，Si_3N_4 的分解温度在常压下约为 1830℃，因此在高于此温度合成时需要填充高压氮气以抑制其分解。

Schnick 等利用反应活性更大的 $Si(NH)_2$ 来替代 Si_3N_4，在较低温度和常压下制备了一系列的硅酸盐氮化物。其他的原料可以是金属（如 Ca、Sr、Ba、Eu）、金属氮化物（如 AlN、Ca_3N_2、Sr_3N_2、Ba_3N_2、EuN）或者金属氧化物（如 Al_2O_3、$CaCO_3$、Li_2CO_3、$SrCO_3$、$BaCO_3$、Eu_2O_3、CeO_2）。

许多学者利用高温固相反应法成功制备了 $M_{2-x}Si_5N_8$：xEu^{2+}（M＝Ca，Sr，Ba）、$CaSi_2O_2N_2$：Eu^{2+} 等硅氮/氮氧化物荧光粉。$Sr_2Si_5N_8$：Eu^{2+} 荧光体在长波紫外-可见光蓝绿区呈现宽的激发带，可被紫外波长至 470nm 蓝光有效激发，发射橙红光。一个宽的主激发峰位于 400～430nm 附近，450～460nm 蓝光激发很有效，但 500nm 激发时的相对强度已降至 71%。在长波紫外线或蓝光激发下，发射光谱位于红区。其光谱的半高宽约 87nm，发射峰在 621nm 附近。

高温固相反应法制得的发光粉较易结块，颗粒的粒径较大，通常还需要进行后处理如粉碎等工艺。而对于硬度高、团聚严重的荧光粉而言，粉碎必然会造成颗粒表面的破坏，导致产生大量表面缺陷，直接影响发光性能。而且颗粒大小的分布也不均匀，使粉体的堆积密度小而增大散射系数，降低了发光效率。另外，有些氮化物荧光粉合成时必要的金属或者金属氮化物不仅价格昂贵，而且在空气中极不稳定，导致这些氮化物荧光粉的制备过程复杂，生产成本高。因此，需要开发合适、简单、成本低廉的合成方法来制备颗粒均匀、性能优异的氮化物荧光粉。

6.4.2　气体还原氮化法

气体还原氮化法是一种行之有效、简单的合成二元系氮化物常用的方法，也是合成三元系或者多元系氮化物荧光粉的方法。气体还原氮化包括两个过程：气体还原金属氧化物和金属单质的氮化，两个过程实际上都是气-固反应。现在被人们普遍接受的气体还原金属氧化物的机理是吸附-自动催化理论。这种理论认为，气体还原剂还原金属氧化物，分为以下几个步骤：第一步是气体还原剂如 NH_3 被氧化物吸附；第二步是被吸附的还原剂分子与固体氧化物中的氧相互作用并产生新相；第三步是反应的气体产物从固体表面上解吸。在反应速率与时间的关系曲线上具有自动催化的特点。气体还原氮化中通常使用的还原性气体是 NH_3、CH_4、C_3H_8、CO 或者是它们的混合气体，其中 NH_3 扮演着既是还原剂又是氮化剂的角色。对于三元系或者多元系氮化物而言，在合成中影响物相纯度的因素很多，如前驱体的组成、颗粒大小、气体的种类、气体的流量、温度、升温速度、保温时间。

该方法的优点是前驱体的颗粒大小在气-固相反应后能保留下来，所以控制好前驱体的颗粒大小和形貌就可以对产物的粒度和形貌进行裁剪。

6.4.3　碳热还原氮化法

碳热还原氮化法也是一种制备氮化物的常用方法。与气体还原氮化法的不同之处是，它用固体碳粉作为还原剂。碳热还原氮化法基本上包括碳还原金属氧化物和金属单质的氮化两个主要过程。

用碳热还原氮化法合成的荧光粉的发光性能接近或达到用高温固相反应法合成的粉末，同时避免了使用在空气中不稳定的金属氮化物原料。由于碳的存在会严重影响荧光粉的发光性能以及外观，碳热还原氮化法的一个最为突出的问题就是如何避免残留碳的存在。

6.4.4　氨溶液法

氨溶液法的机理与气体还原氮化法的机理一致，也包括气体的吸附、反应和解吸 3 个过程。虽然固体碳也能直接还原氧化物，但是固体与固体的接触面积很有限，所以固-固反应速率慢，只要还原反应器内有过剩固体碳存在，则碳的气化反应总是存在的。氧化物的直接还原从热力学观点看，可认为是间接还原反应与碳的气化反应的加和反应，这就是固体碳还原氧化物还原过程的实质。

Li 等利用氨溶液法在 800℃成功合成了 $CaAlSiN_3$：Eu^{2+} 荧光粉，其激发光谱波长和发射光谱波长分别为 450nm 和 650nm。$CaAlSiN_3$：Eu^{2+} 荧光粉的激发光谱和发射光谱与 $M_2Si_5N_8$：Eu^{2+} 的非常相似，其激发光谱从 200nm 延伸到 600nm，主要激发峰位于 335nm 和 450nm 处，与目前所用的紫外和蓝光 LED 芯片十分匹配；发射峰系宽带，发射主峰位于 650nm 处，可以用其他金属取代 Ca 或调节 Eu^{2+} 的浓度来改变主峰的位置。$Sr_2Si_5N_8$：Eu^{2+} 荧光粉在 150℃下测得的发射强度是其在室温下的 86%。

6.5　SiAlON 基质发光材料

6.5.1　Ca-α-SiAlON 基质

因为 YAG：Ce 发射的是黄光，所以由其制备的 pc-LED 不能发射暖白光。但是，如果研制一种新型的长波长黄光发光材料，这个问题就能解决。在这方面，稀土激活的 α-SiAlON 材料可以满足要求。

Karunaratne 等（1996）和 Shen 等（1997）最先报道了 RE α-SiAlON 的吸收光谱，开启了将 α-SiAlON 材料用于发光材料的先河。目前，人们已经对 Ce、Tb、Eu、Sm^{3+}、Ce^{3+}、Pr^{3+}、Dy^{3+} 在 SiAlON 中的发光特性进行了研究。在这方面，

J. W. H. van Krevel 等（2002）的研究比较早，他们制备了掺杂 Ce、Tb 或 Eu 的 α-SiAlON[$M_{(m/val+)}^{val+}$ $Si_{12-(m+n)}$ $Al_{(m+n)}$ O_n $N_{(16-n)}$]，其中，val 是金属离子的价态，$m=0.5\sim3$，$n=0\sim2.5$，M=Ca，Y] 发光材料，并研究其发光特性。

制备过程：按 $m=1.5$，$n=1.5$ 的组成称出 $(Y_{0.9}Ce_{0.1})$-α-SiAlON 和 $(Y_{0.9}Tb_{0.1})$-α-SiAlON 粉末。为制 $(Ca_{0.98}Eu_{0.02})$-α-SiAlON 粉末，选择了几种组成，$m=0.5\sim3$，$n=0\sim2.5$。前驱体是 α-Si_3N_4（Stark LC 12）、γ-Al_2O_3（AKPG，99.99%）、AlN（Starck Grade C）、Y_2O_3（99.999%）、$CaCO_3$（Merck，p. a.）、Ca_3N_2（Johnson Mattey GmbH，98%）、Tb_4O_7（99.999%）、CeO_2（99.95%）、Eu_2O_3（99.99%）。按化学计量比称取前驱体，然后将其悬浮于丙醇，用 Si_3N_4 球混合 48h。所得物经干燥并放在钼坩埚里，在 5%H_2/95%N_2 的气氛中，1700℃下灼烧 2h，再以 3℃/min 的速度冷却。退火后所得样品为微细粉末。制得了致密透明的 $(Ca_{0.3125}Ce_{0.207})$-α-SiAlON（$m=1.25$，$n=1.15$）陶瓷。

对于未掺杂和 Tb 掺杂的 Y-α-SiAlON，都是白色粉末且对紫外区有强吸收（<290nm）。Tb 掺杂的 Y-α-SiAlON 激发光谱峰值为 260nm，254nm 激发下，掺杂 Tb 10%（原子百分数）的样品发黄绿光，发光源于 $4f\to4f$ 跃迁，是典型的 $Tb^{3+}(^5D_4\to{}^7F_J)$ 跃迁。虽然 $(Y_{0.9}Tb_{0.1})$-α-SiAlON 对 254nm 吸收效率高（约 90%，基质晶格吸收），但是 $(Y_{0.9}Tb_{0.1})$-α-SiAlON 的发光效率很低，量子效率低于 20%，具体情况见表 6-8，Tb 掺杂的 Y-α-SiAlON 不适合应用于白光 LED。

表 6-8　不含激活剂和含稀土激活剂的 α-SiAlON 样品的光谱特性

项　目	Y 粉末	$Y_{0.9}Tb_{0.1}$ 粉末	$Y_{0.9}Ce_{0.1}$ 粉末	Ca 粉末	$Ca_{0.3125}Ce_{0.209}$ 陶瓷	$Ca_{0.98}Eu_{0.02}$ 粉末
体色	白	白	白	白	黄	黄
吸收边/nm	290	290		260		540
发光颜色		黄绿	蓝		绿黄	亮黄
激发峰/nm		260	280		275	310
			340		385	400
发射峰/nm		545	430~460		515~540	560~580
斯托克斯位移/cm^{-1}			7000		6500~7500	7000~8000

总的说来，Y-α-SiAlON 不是一种好的发光材料基质，而 Ca-α-SiAlON 优势明显：①能容许较大的其他离子进入其晶格；②热稳定性更好，热处理时不会发生 $\alpha\to\beta$ 的相变；③发光效率更高。对于 Ce 掺杂的 α-SiAlON 来说，Ce 掺杂的 Y-α-SiAlON 材料的发光特性明显不同于 Ce 掺杂的 Ca-α-SiAlON 样品（表 6-8）。与 Ce 掺杂的 Ca-α-SiAlON 光谱红移相比，Ce 掺杂的 Y-α-SiAlON 的发射光谱和激发光谱与氧化物基质相似。这说明 Ce 很难进入 Y-α-SiAlON 基质中。与 Y-α-SiAlON 相反，大量的 Ce 可以进入 Ca-α-SiAlON 基质中。

$(Ca_{0.3125}Ce_{0.209})$-α-SiAlON 的体色是黄色的，在紫外线激发下有明亮的黄绿光

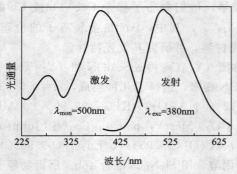

图 6-11　$Ca_{0.3125}Ce_{0.209}Si_{9.6}Al_{2.4}O_{1.15}N_{14.85}$
发光材料的激发光谱和发射光谱

发射（图 6-11 和表 6-8）。与常规氧化物相比，$(Ca，Ce)\text{-}\alpha\text{-}SiAlON$ 的 Ce^{3+} 的发射带和吸收带都出现红移，这说明 Ce^{3+} 与更多的 N 配位，且 Ce^{3+} 进入了 $\alpha\text{-}SiAlON$ 基质。能级重心的降低和与氮配位导致的强晶体场劈裂是激发带红移的主因。$\alpha\text{-}SiAlON$ 基质中金属格点的小尺寸（Ce^{3+} 在这里被取代）使晶体场劈裂加剧同时导致斯托克斯位移很大（大约在 $6500\sim7500cm^{-1}$）。

根据激发波长的不同，发射带位于 515～540nm 之间。当激发波长超过 400nm 时，看到 540nm 附近的发射。同时，以大于 540nm 的波长监测激发光谱出现了位于 425～475nm 之间的肩峰。不同激发和监测波长下发射光谱和激发光谱的微小变化可能是由于 Ce^{3+} 配位的变化产生的，而这种变化是由与大的 Ce^{3+} 离子进入 $\alpha\text{-}SiAlON$ 晶格有关的结构缺陷的出现引起的。

未掺杂的 $Ca\text{-}\alpha\text{-}SiAlON$ 是白色粉末，能吸收紫外线［吸收边在 260nm 左右，图 6-12(a)］。而 Eu 掺杂的 $Ca\text{-}\alpha\text{-}SiAlON$ 粉末是黄色的，其发射带为宽带［图 6-12(b)］，是 Eu^{2+} 5d→4f 特征跃迁。没有测到 Eu^{3+} 的线发射（590～615nm），也看不到 Eu^{3+} 存在时的典型吸收。这表明不存在 Eu^{3+}，显然，$\alpha\text{-}SiAlON$ 基质中 N^{3-} 离子的存在促使 Eu^{3+} 还原为 Eu^{2+}。Eu^{2+} 发光效率高，365nm 激发下看到 $Ca_{0.98}Eu_{0.02}Si_{10}Al_2N_{16}$ 明亮的发射，且有强吸收（70%），而 254nm 激发下的发光强度较低。

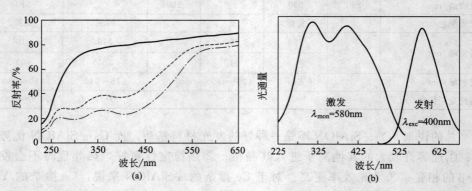

图 6-12　(a) $CaSi_{10}Al_2N_{16}$、$Ca_{0.98}Eu_{0.02}Si_{10}Al_2N_{16}$、$Ca_{1.47}Eu_{0.3}Si_9Al_3N_{16}$ 的反射光谱；
(b) $Ca_{1.47}Eu_{0.3}Si_9Al_3N_{16}$ 的激发光谱和发射光谱
——$CaSi_{10}Al_2N_{16}$；---$Ca_{0.98}Eu_{0.02}Si_{10}Al_2N_{16}$；-·-$Ca_{1.47}Eu_{0.3}Si_9Al_3N_{16}$

Eu^{2+} 在 $Ca\text{-}\alpha\text{-}SiAlON$ 中的发射波长［560～580nm，图 6-12(b)］比常规材料

中的 350～500nm 要长得多，Tb^{3+} 和 Ce^{3+} 也有相似的结果。Eu^{2+} 的长波激发带和发射带表明了 Eu^{2+} 的富氮配位、能级重心降低和大的晶体场劈裂，斯托克斯位移也是相当大（7000～8000cm^{-1}），说明大的 Eu^{2+} 离子进入了小的 Ca-α-SiAlON 基质中富氮格点。如当 Yb^{3+}、Y^{3+} 或 Ca^{2+} 离子存在时，对于半径与 Eu^{2+} 相当的 Sr^{2+}，几乎得到单相的 α-SiAlON。对于单一的 Sr^{2+}，无法获得单相 Sr-α-SiAlON 材料，同样，也得不到单相 Eu-α-SiAlON。

m 值从 0.5 增至 3，晶格常数 a 从 7.80Å 变到 7.93Å，c 从 5.68Å 变到 5.73Å。对于 n 值的增长，晶格常数没有明显的变化。对于组成超出单相 Ca-α-SiAlON 的区域（$m \leq 0.5$ 或 $n > 1.5$），除了 Ca-α-SiAlON 中 Eu^{2+} 的黄光发射外，观察到在紫外线激发下的蓝绿光（420～520nm）发射。该发光中心可能是位于富氧相中的 Eu^{2+} 引起的。而在单相 α-SiAlON 组成区域中，蓝绿光发射弱而黄光发射占主导。m 值从 0.5 增至 3，Eu^{2+} 的黄光发射增强。从化学式 $M^{val+}_{(m/val+)}Si_{12-(m+n)}Al_{(m+n)}O_nN_{(16-n)}$ 中可知，m 增加，Eu^{2+} 含量增加，从而导致黄光发射增强。Eu^{2+} 的发射位置不随基质晶格（m、n 值）的组成变化而迁移，表明 Eu^{2+} 内部配位几乎不依赖于基质组成。

R. J. Xie 也报道了 Sm^{3+}、Ce^{3+} 在 Y- 或 Ca-α-SiAlON（分别为 $0.5 \leq m$，$n \leq 3.0$ 或 $m=1.5$，$n=0.75$）中的光致发光特性，其最佳掺杂浓度（原子百分数）分别为：[Ce]=25%，[Sm]=7%，[Dy]=5%。其激发光谱为紫外波长至 450nm 的宽峰，其发射光谱为 500nm 左右的宽的绿光发射，因此，这种材料有望应用于白光 LED 照明。他们还报道了 Eu^{2+}、Tb^{3+}、Pr^{3+} 在 Ca-α-SiAlON 中的光致发光特性。特别是掺杂 Eu^{2+} 的 Ca-α-SiAlON$(Ca_{1-x}Eu_x)_{(m/2)}Si_{12-(m+n)}Al_{(m+n)}O_nN_{(16-n)}$（$m=1.5$，$n=0.75$，$x=0$、5%、10%、20%、30%、50%、70%、100%），在 Eu 含量低于 70%（原子百分数）时，可以得到单一的 Ca-α-SiAlON：Eu 相；在 Eu 含量为 70% 时，会出现 β-SiAlON：Eu 杂相；在 Eu 含量为 100%（原子百分数）时，得不到纯 Eu-α-SiAlON 相，会出现 S 杂相（$Sr_2Al_xSi_{12-x}N_{16-x}O_{2+x}$）；在 280～470nm 有强的吸收，其激发光谱为宽的双峰（$\lambda_{em1}=297nm$，$\lambda_{em2}=425nm$），且在 550～590nm 范围内有一个宽的黄光发射，随 Eu 含量的增加，发射光谱红移且变窄，最佳 Eu 含量为 50%（原子百分数），且斯托克斯位移随 Eu 含量的增加而减小。在 Eu 含量为 100% 时（原子百分数），发射光谱演变成一个峰值位于 551nm 的大宽峰。因此，这种材料有望应用于白光 LED 照明。

从前面的分析可以知道，Eu 的离子半径比较大，很难进入 α-SiAlON 的封闭孔洞中，不能单独形成 Eu-α-SiAlON 物相。为改进 α-SiAlON 中 Eu^{2+} 的溶解度，使用纯氮化 α-SiAlON，$Ca_{0.625}Si_{10.75}Al_{1.25}N_{16}$ 作为基质材料，同时还能使其生成单相的组成范围更宽。R. J. Xie 等通过气压灼烧法（0.925MPa，N_2，1800℃，2h）制备了化学式为 $Ca_{0.625}Eu_xSi_{10.75-3x}Al_{1.25+3x}O_xN_{16-x}$（Ca-α-SiAlON：Eu，$x=0$～0.25，$m=1.25+2x$，$n=x$）的 Eu^{2+} 掺杂 Ca-α-SiAlON 的黄色氮氧化物发光材料。原料为 α-Si_3N_4、

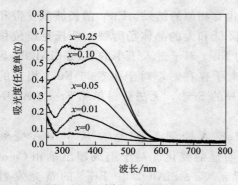

图 6-13　不同 Eu 含量的 Ca-α-
SiAlON：Eu 的漫反射光谱

AlN、Ca_3N_2 和 Eu_2O_3，它们能有效吸收紫外-可见区的光，并在 583～603nm 呈现出强的单一宽带发射，可应用于 WLED。

随 Eu 浓度的增加（x 值），由于 Al—N 键较 Si—N 键更长，α-SiAlON 晶格将会增大。Eu 浓度达到 $x=0.25$ 时，α-SiAlON 晶体结构仍维持不变。未掺杂的 Ca-α-SiAlON 体色为白色，其吸收边在紫外区，Ca-α-SiAlON：Eu 发光材料的颜色随 Eu 浓度增加从浅黄到橙色变化，Eu 的加入使其对紫外-可见光的吸收大大增强（图 6-13）。

图 6-14 为 Ca-α-SiAlON：Eu 的激发光谱和发射光谱。Ca-α-SiAlON：Eu 的激发光谱为从紫外区到可见区的宽谱，这与反射光谱一致。在激发光谱中分别观察到最大值为 300nm 与 400nm 的两个宽带，300nm 峰是基质吸收（α-SiAlON），而 400nm 峰是对应于 Eu^{2+} 的 $4f^7 \rightarrow 4f^65d$ 跃迁。Eu^{2+} 掺杂 Ca-α-SiAlON 的发射光谱在 583～603nm 处，表现为强的宽发射带，随 Eu^{2+} 浓度增加，宽发射带产生红移。发射带是由于 Eu^{2+} 的 $4f^65d \rightarrow 4f^7$ 允许跃迁产生的，Eu^{2+} 在 α-SiAlON 中的长波长激发与发射带表明，富氮配位能降低能级重心及加剧晶体场劈裂。

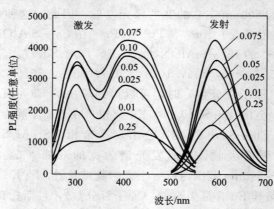

图 6-14　Ca-α-SiAlON：Eu 的激发光谱（$\lambda_{em}=590nm$）和发射光谱（$\lambda_{exc}=450nm$）

Eu 的最佳掺入浓度为 $x=0.075$（图 6-15），当 Eu 浓度超过 $x=0.075$ 时产生浓度猝灭现象，浓度猝灭主要由 Eu^{2+} 间能量传输引起的电子的多极子间相互作用与辐射再吸收的结果产生 Eu^{2+} 间非辐射能量跃迁，另外，发射光谱与激发光谱的重叠意味着，相互作用导致能量迁移，这也会导致浓度猝灭。

R. J. Xie 等的研究表明，在 Ca-α-SiAlON：Eu^{2+} 中（$Ca_xEu_ySi_{12-2x-3y}Al_{2x+3y}O_mN_{16-n}$，$x=0.2～2.2$，$y=0～0.25$，$m=2x+2y$，$n=y$），在 Eu 含量较低，即 y 值低于 0.2 时，

可形成纯的 α-SiAlON 物相，这说明，Eu
在 α-SiAlON 中的固溶极限小于 0.20。
XRD 分析结果还表明，即使是离子半径
较大的 Eu^{2+} 也可以进入 Ca-α-SiAlON 中，
但会导致 Ca-α-SiAlON 晶格的扭曲。在 x
值（Ca 含量）小于 0.3 时，还会生成 β-
SiAlON 杂相，即 α-SiAlON 和 β-SiAlON
共存；而在 x 值大于 1.8 时，则会生成
CaSiAlN$_3$ 杂相。Ca 含量的增加会使 α-
SiAlON 的晶格膨胀，需要指出的是，晶
格常数的改变并不是由于 Eu^{2+} 和 Ca^{2+} 离

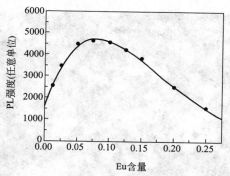

图 6-15　Ca-α-SiAlON：Eu 发光强度与
Eu 含量的关系曲线

子大小造成的，而是由于 Si—N 键的平均键长（1.74Å）比 Al—N 键（1.87Å）和
Al—O 键（1.75Å）短。

　　R. J. Xie 还详细研究了组成变化（$m=2x$）对 Ca-α-SiAlON 发光性能的影响。
图 6-18 为 Eu 含量与发光强度的关系曲线，不管 x 值如何变化，最佳的 Eu 加入量
大致均为 $y=0.075$，与组成关系并不密切。图 6-19 为发光强度与基质组成的关系
曲线，在 $m=2.95$ 时发光强度最强。图 6-20 为发射波长峰值和基质组成的关系曲
线，Eu 含量的增加或 m 值增大，都会导致发射波长红移，这说明通过改变组成可
以调节发光特性。

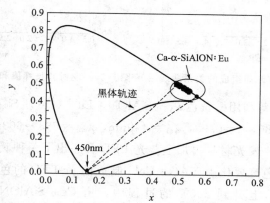

图 6-16　Ca-α-SiAlON：Eu 发光材料的色坐标图

　　通常情况下，α-SiAlON 的颗粒形貌呈各向等距的颗粒状结晶体（图 6-17），与
α-Si$_3$N$_4$ 相似，这对封装非常有利。Ca-α-SiAlON：Eu^{2+} 的色坐标（x，y）从 $x=$
0.01 时的（0.491，0.497）变化到 $x=0.25$ 时（0.560，0.436）（图 6-16）。
450nm 蓝光与 α-SiAlON：Eu 黄色发光材料的连线与普朗克轨迹交汇于色温在
1900～3300K 之间，因此，该 Ca-α-SiAlON 可应用于产生"暖"白色 WLED（2500～
3500K）。

图 6-17　　α-SiAlON（Ca$_{0.625}$ Eu$_{0.075}$ Si$_{10.525}$ Al$_{1.475}$ O$_{0.075}$ N$_{15.925}$）的颗粒形貌

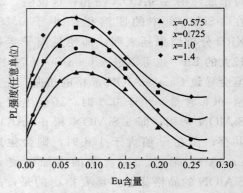

图 6-18　Eu 含量与发光强度的关系曲线

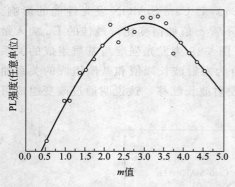

图 6-19　发光强度与基质组成的关系曲线

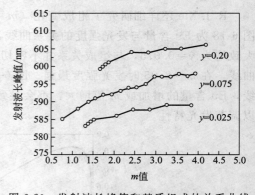

图 6-20　发射波长峰值和基质组成的关系曲线

最近，R. J. Xie 等利用橙黄色 Ca-α-SiAlON：Eu^{2+}（Ca$_{0.875}$ Si$_{9.06}$ Al$_{2.94}$ O$_{0.98}$ N$_{15.02}$：0.07Eu^{2+}，$m=1.86$，$n=0.98$，$\lambda_{ex}=449$nm，$\lambda_{em}=583\sim603$nm）发光材料和红色 CaAlSiN$_3$：Eu^{2+} 发光材料再加上蓝光 LED 合成出了一种暖白色白光 LED，制备出的 pc-LED 的色度要比由 YAG：Ce^{3+} 制成的 pc-LED 的色度要稳定得多。例如，在温度从 25℃ 上升到 200℃ 的过程中，由 Ca-α-SiAlON：Eu^{2+} 制成的 pc-LED 的色坐标从（0.503，0.463）变化到（0.509，0.464），而 YAG：Ce^{3+} 制成的 pc-LED 的色坐标从（0.393，0.461）变化到（0.383，0.433）。量子效率可达 95%，封装后的白光 LED 色坐标（0.458，0.414），色温 2750K，发光效率 25.9lm/W。

最近，Krevel 等和 R. J. Xie 已经报道了 Eu^{2+}、Ce^{3+}、Tb^{3+}、Sm^{2+} 或者 Pr^{3+} 在 α-SiAlON 中的光致发光特性。特别是掺杂 Eu^{2+} 的 α-SiAlON 在 280～470nm 有强的吸收光谱，且在 550～600nm 范围内有一个宽的黄光发射，因此，这种材料有

望应用于白光 LED 照明。通常情况下，稀土离子掺入到 α-SiAlON 中经常为三价状态，然而，有一些稀土离子，例如 Eu、Yb、Sm 在 α-SiAlON 中是二价而不是三价。类似于 Eu^{2+} 和 Ce^{3+}，Yb^{2+} 离子同样具有 $4f^{14}$ 构型。Yb^{2+} 的发光是由于 $4f \leftrightarrows 4f^{13}5d$ 电子组态间的跃迁。与 Eu^{2+} 和 Ce^{3+} 相比，文献中对 Yb^{2+} 的光谱的研究很少。Yb^{2+} 的发光光谱的研究大多数集中在碱土卤化物、氟化物、硫酸盐和磷酸盐上。在这些材料中 Yb^{2+} 的 $4f^{13}5d \leftrightarrows 4f^{14}$ 发射通常是在 360～450nm 之间，但 Yb^{2+} 离子在 $Ba_5(PO_4)_3Cl$ 中的发射为 624nm，在 $Sr_5(PO_4)_3Cl$ 中的发射为 560nm。

R. J. Xie 等首先报道了室温下 Yb^{2+} 离子在 α-SiAlON［组成：$(M_{1-2x/v}Yb_x)_{m/v}Si_{12-m-n}Al_{m+n}O_nN_{16-n}$，M＝Ca，Li，Mg 和 Y，$v$ 是 M 的化合价，$0.002 \leqslant x \leqslant 0.10$，$0.5 \leqslant m$，$n \leqslant 3.5$］中的发光特性。观察到一个峰值位于 549nm 的强的单一宽发射带，这是 Yb^{2+} 的电子从激发态 $4f^{13}5d$ 到基态 $4f^{14}$ 的跃迁。这种材料可应用于白光 LED 照明。

制备方法：Yb^{2+} 掺杂的 M-α-SiAlON 样品组成为，$(M_{1-2x/v}Yb_x)_{m/v}Si_{12-m-n}Al_{m+n}O_nN_{16-n}$（M＝Ca，Li，Mg，Y，$x=0.002 \sim 0.10$，$0.5 \leqslant m$，$n \leqslant 3.5$），原料为 α-$Si_3N_4$（SN-E10，Ube Indutries，Japan）、AlN（Tokuyama Corp.，Type F，Japan）、$CaCO_3$、Li_2CO_3、MgO、Y_2O_3 和 Yb_2O_3。混合粉末在 1700℃，0.5MPa 的 N_2 下灼烧 2h。

图 6-21 为各种 Yb^{2+} 掺杂浓度的 Ca-α-SiAlON 的漫反射光谱。不掺杂的 α-SiAlON 体色发白，吸收边为紫外线。Yb 掺杂的 α-SiAlON 在紫外-可见区内有位于 223nm、251nm、284nm、300nm、340nm 和 440nm 处的吸收带。223nm 处的吸收带是基质晶格中（Si，Al）-（O，N）网状结构的电荷迁移引起的，在可见区的吸收光谱可以归因于 Yb^{2+}。

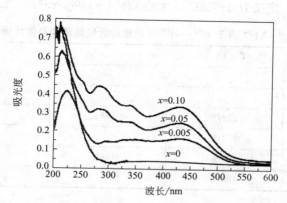

图 6-21 各种 Yb^{2+} 掺杂浓度的 Ca-α-SiAlON($m=2$) 的漫反射光谱

图 6-22 为 Yb^{2+} 激活的 Ca-α-SiAlON 的激发光谱和发射光谱。激发带峰值分别位于 219nm、254nm、283nm、307nm、342nm 和 445nm，与吸收谱线一致。Yb^{2+} 离子的 5d 能级能被晶体场劈裂，配位体的对称性决定能级劈裂的数量，而晶

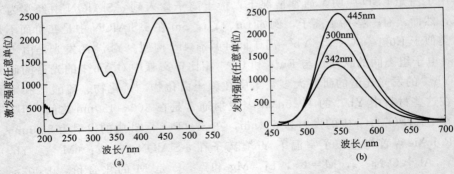

图 6-22　Yb^{2+} 激活的 Ca-α-SiAlON($m=2$，$x=0.005$) 的激发光谱

($\lambda_{em}=549$nm) 和发射光谱 ($\lambda_{ex}=342$nm，300nm，445nm)

(a) 激发光谱；(b) 发射光谱

体场强度决定劈裂程度。Yb^{2+} 离子的 5d 能级在晶体场中劈裂为 t$_2$ 和 e 能级，在八面体场中，t$_2$ 能级在能量比较低的位置；而在四面体或立方体场中，e 能级在能量比较低的位置。依照 Loh 的结论，22472cm^{-1}（445nm）的激发峰归因于 5d(t$_{2g}$)4f^{13}(^{2}F$_{7/2}$)，32573cm^{-1}（307nm）的激发峰归因于 5d(t$_{2g}$)4f^{13}(^{2}F$_{5/2}$)；它们之间的能级差为 10101cm^{-1}，接近于 ^{2}F$_{5/2}$—^{2}F$_{7/2}$。类似地，29240cm^{-1}（342nm）的激发峰和紧接着的 39370cm^{-1}（254nm）的激发峰分别归因于 5d(t$_{2g}$)4f^{13}(^{2}F$_{7/2}$) 和 5d(t$_{2g}$)4f^{13}(^{2}F$_{5/2}$)；它们之间的能级差为 10130cm^{-1}（近似为 ^{2}F$_{5/2}$—^{2}F$_{7/2}$）。还有 35336cm^{-1}（283nm）的激发峰和 45662cm^{-1}（219nm）的激发峰分别归因于 5d(e$_g$)4f^{13}(^{2}F$_{7/2}$) 和 5d(e$_g$)4f^{13}(^{2}F$_{5/2}$)，它们之间的能级差为 10326cm^{-1}（近似为 ^{2}F$_{5/2}$—^{2}F$_{7/2}$）。t$_2$ 和 e 能级间劈裂，定义为 $\Delta=10D_q$，大约 12864~13089cm^{-1}，见表 6-9。

表 6-9　Yb^{2+} 离子 4f^{14}—4f^{13}5d 能级的近似能量和晶体场强度　单位：cm^{-1}

4f^{13}	4f^{13}5d 配置		晶体场强度 $\Delta=10D_q$
	5d		
	t$_{2g}$	e$_g$	
^{2}F$_{7/2}$	22472	35336	12864
	29240		
^{2}F$_{5/2}$	32573	45662	13089
	39370		

　　Yb^{2+} 离子在 Ca-α-SiAlON 呈现强的绿光发射，发射光谱为峰值位于 549nm 的单一宽带，这可以归因于 Yb^{2+} 允许的 4f^{13}5d 和 4f^{14} 组态的跃迁。在各种激发波长下，除了发射强度的变化，发射光谱形态没有显著的改变，最强的发射是在蓝光（$\lambda_{ex}=445$nm）激发下获得的，表明在 α-SiAlON 中 Yb^{2+} 仅有一种格位。斯托克斯

位移大约为 $4300\mathrm{cm}^{-1}$。

　　直接和间接激发都可以使 α-SiAlON 中的 Yb^{2+} 离子发光，但是直接激发比间接激发更有效，这与 α-SiAlON 中 Eu^{2+} 发射一致。Yb^{2+} 离子在 α-SiAlON 中的发射比正常观察到（360～450nm）的波长要长，这是由于激发态的能量较低。$4f^{13}5d$ 能级对应于导带的位置取决于很多因素，如晶体场劈裂、带隙和共价性。与 Yb^{2+} 离子在卤化物、氟化物或氧化物中的发光相比较，由于 N^{3-} 有较大的电荷效应，Yb^{2+} 离子在氮氧化物中的配位场比较强，因此导致了较大的 5d 能级劈裂。另外，氮化物的电负性（3.04）比氧化物（3.50）和氟化物（4.10）低，Yb^{2+} 离子在 α-SiAlON 中的 Yb—(O,N) 键比氧化物材料中的 Yb—O 键或氟化物中的 Yb—F 键更具共价性。因此，Yb^{2+} 离子在氮氧化物中比在氧化物或氟化物中会引起更强的共价或电子云重排效应。电子云重排效应将会减少 Yb^{2+} 离子基态和激发态的能级差，诱使激发带和发射带向较长波长移动。

　　图 6-23 表明，Yb^{2+} 离子在 Ca-α-SiAlON 中的最佳浓度为 $x=0.005$，猝灭浓度为 $x=0.05$，其浓度猝灭效应比其他稀土离子都要显著得多。Eu^{2+} 和 Ce^{3+} 离子激活的 Ca-α-SiAlON，随着激活剂浓度的增加发射红移；然而掺杂 Yb^{2+} 的样品，随着 Yb^{2+} 浓度的增加却没有表现出这种趋势。这种不一致很可能是由于：① α-SiAlON 中 Yb^{2+} 浓度相当低［<5%（原子百分数）］；② Yb^{2+}（$r_{Yb^{2+}}=1.08$，7CN）和 Ca^{2+}（$r_{Ca^{2+}}=1.06$，7CN）的离子尺寸相当，很难改变相邻的 Yb^{2+} 周围的环境。

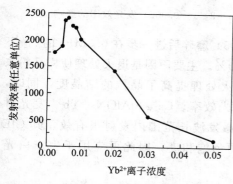

图 6-23　Yb^{2+} 激活的 Ca-α-SiAlON($m=2$) 发光效率与 Yb^{2+} 离子浓度的关系

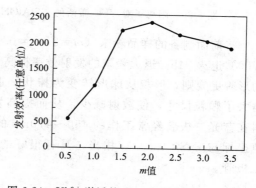

图 6-24　Yb^{2+} 激活的 Ca-α-SiAlON($x=0.005$) 发光效率与组成的关系

　　α-SiAlON 的化学组成可以在一个很宽范围内调整（调整 m 和 n 值）而晶体结构不变。图 6-24 表明掺杂 Yb^{2+} 的样品中 $m=2.0$ 时发射效率最高，而此时 Yb^{2+} 最佳浓度为 $x=0.005$。组成变化对发光特性的影响是由于：组成变化会造成 α-SiAlON 的结晶度、物相纯度、颗粒形貌的变化，从而影响发光效率，如 m 值较低时粉末的结晶度差，颗粒上存在缺陷可以俘获或散射发射光。当 m 值很大时会形成硬团聚，导致粉末堆积密度降低。另外，在 m 值较低和较高时分别形成 β-SiAlON 或 AlN 多型的第二相，它们会降低发射效率。

改变阳离子种类，也对发光产生很大影响，Yb^{2+} 离子在 Ca-α-SiAlON 中的发光效率分别比在 Li-α-SiAlON 和 Mg-α-SiAlON 中高 2 倍和 6 倍（图 6-25），在 Y-α-SiAlON 中的发射则非常弱。Yb^{2+} 离子在 Li-α-SiAlON、Mg-α-SiAlON 和 Ca-α-SiAlON 中的发射光谱峰值分别位于 537nm、543nm 和 549nm。由二价的 Yb^{2+} 离子取代一价的 Li^+ 离子需要电荷补偿。由邻近的 Li^+ 离子空位或其他的缺陷形成的电荷补偿将会减少 Yb^{2+} 离子的对称性（导致大的晶体场劈裂），导致激发态的弛豫增加。这两种影响都将会诱使 Li-α-SiAlON 中的 Yb^{2+} 的发射向长波长移动。

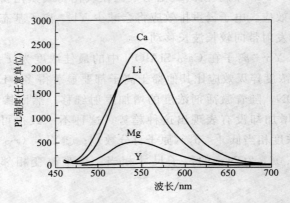

图 6-25　阳离子对 Yb^{2+} 激活的 α-SiAlON（$m=2$，$x=0.005$）发光效率的影响

将前面制备的样品粉末（$m=2$，$x=0.005$）磨碎后进一步在 0.5MPa 的 N_2 下 1700℃退火 24h。退火粉末的发射效率提高 80%。主要原因是退火处理使样品粉末的形貌更规则，形貌从球形转变为棒状。退火处理提高了晶粒的结晶度，同时，增大了颗粒尺寸，使散射减少，从而提高发光效率。Ca-α-SiAlON：Yb^{2+} 发光材料在蓝光二极管经常工作的 450～470nm 的激发波长范围内发射很有效，其 CIE 色坐标与 ZnS：Cu，Al 相当，具有很好的颜色饱和度，因此可应用于生产白光二极管。

6.5.2　Li-α-SiAlON 基质

Li-α-SiAlON：Eu^{2+} 则更适于制备冷白光或日光色白光 LED。R. J. Xie 等介绍利用黄绿光发光材料 Li-α-SiAlON：Eu^{2+} ［组成为（$Ca_{1-0.5x}Li_x$）$_{0.93}$ Si_9 Al_3 ON_{15}：$Eu_{0.07}$（$0 \leqslant x \leqslant 1.0$，$m=2$，$n=1$）和 $Li_{0.87}$ Si_{12-m-n} Al_{m+n} O_n N_{16-n}：$Eu_{0.067}$（$0.5 \leqslant m \leqslant 2.25$，$n=0.5m$）］，制备冷白光或日光色白光 LED。Li-α-SiAlON：Eu^{2+} 发光材料在 460nm 激发下，在 573～577nm 处有短波发射，并与 Ca-α-SiAlON：Eu^{2+} 在 460nm 激发下所产生的发射相比，表现出更小的斯托克斯位移。

组成为 $(Ca_{1-0.5x}Li_x)_{0.93}Si_9Al_3ON_{15}$：$Eu_{0.07}$（$0 \leqslant x \leqslant 1.0$）和 $Li_{0.87}Si_{12-m-n}$-$Al_{m+n}O_nN_{16-n}$：$Eu_{0.667}$。制备方法：由 α-Si_3N_4、AlN、$CaCO_3$ 和 Eu_2O_3 经充分混合后，在 0.5MPa N_2 下，经 1700℃，2h 灼烧制成。

通常，改变化合物的组分便会引起发光材料发射波长的改变。当 Ca-α-SiAlON：Eu^{2+} 中的部分 Ca^{2+} 离子被 Li^+ 离子取代后，发射光谱的对称性便发生了改变。对 $(Ca_{1-0.5x}Li_x)_{0.93}Si_9Al_3ON_{15}$：$Eu_{0.07}$ 来说（图 6-26），随 Li 含量的增加，发射峰逐渐向短波方向移动。如 $x=0$ 时，发射峰值在 588nm 处，$x=1.0$ 时，发射峰值在 577nm 处。这种发射峰的蓝移现象，可能是电荷补偿或单价 Li^+ 离子取代 Ca^{2+} 离子所产生的缺陷引起的。这种电荷补偿和缺陷会降低激活剂离子周围的对称性。此外，发射强度也随 Li 含量的增加而增强，$x=0.5$ 时，发射强最大。这种发射强度随 Li 含量的增加而增强的现象可归纳如下：① 由于粉体颗粒的结晶度和形貌的改变；② 氧空位和氮空位的形成（$Li \rightarrow Li'_{Ca}+V_{\ddot{O}}$ 或 $Li \rightarrow Li'_{Ca}+V_{\ddot{N}}$）。所形成的空穴，在由于电荷迁移态强混合而引起的有效能量传递过程中，起到了相当于敏化剂的作用。

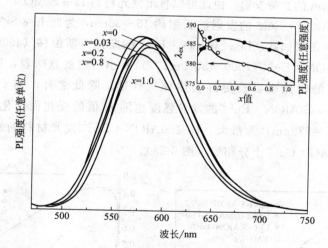

图 6-26　$(Ca_{1-0.5x}Li_x)_{0.93}Si_9Al_3ON_{15}$：$Eu_{0.07}$（$0 \leqslant x \leqslant 1.0$）
的发射光谱（$\lambda_{ex}=460nm$）

继续改变 Li 含量，可使发射波长继续向短波方向移动，如 Li-α-SiAlON：Eu^{2+}（$Li_{0.87}Si_{12-m-n}Al_{m+n}O_nN_{16-n}$：0.067Eu）（图 6-27）。当 $1.0 \leqslant m \leqslant 2.0$ 时，Li-α-SiAlON 为单一相，而 $m=2.25$ 时，形成了少许二次相 AlN 多型。其激发光谱有两个明显的激发峰：300nm 和 435~449nm，峰位与 Ca-α-SiAlON：Eu^{2+} 的激发光谱一致。不过，与 Ca-α-SiAlON：Eu^{2+} 相比，位于 435~449nm 处的强度要强于 300nm 处。这表明 Li-α-SiAlON：Eu^{2+} 在蓝区有更强烈的吸收，这种吸收正好与蓝光二极管相匹配。在 $1.0 \leqslant m \leqslant 2.25$ 时，Li-α-SiAlON：Eu^{2+} 的发光谱为一个峰

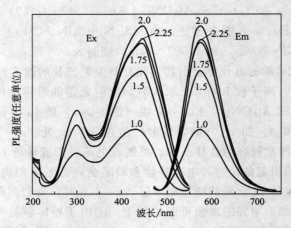

图 6-27 Li$_{0.87}$Si$_{12-m-n}$Al$_{m+n}$O$_n$N$_{16-n}$：Eu$_{0.067}$（0.5≤m≤2.25，n=0.5）发光材料的
发射光谱（460nm 激发）和激发光谱（573nm 发射）

值在 573～575nm 的宽带发射。由此可以看出发光材料 Li-α-SiAlON：Eu^{2+} 的发射波长要比 Ca-α-SiAlON：Eu^{2+} 的发射波长短约 15～30nm，为此 Li-α-SiAlON：Eu^{2+} 的发光为黄绿色。不仅如此，Li-α-SiAlON：Eu^{2+} 的斯托克斯位移（4900～5500cm^{-1}）也比 Ca-α-SiAlON：Eu^{2+}（7000～8000cm^{-1}）要小。这就意味着，Li-α-SiAlON：Eu^{2+} 有着更高的转化率以及更好的热猝灭性能。除此之外，与 Ca-α-SiAlON：Eu^{2+} 相似，Li-α-SiAlON：Eu^{2+} 的发射强度也随 m 值的变化而变化。在 m=2.0，发光强度（λ_{em}=573nm）为最大。Li-α-SiAlON：Eu^{2+} 发光材料的发光为黄绿色，这与商业上 YAG：Ce^{3+} 十分相似（图 6-28）。

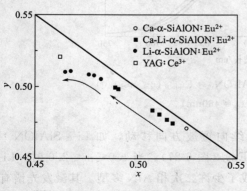

图 6-28 α-SiAlON：Eu^{2+} 发光材
料的 CIE 色坐标图

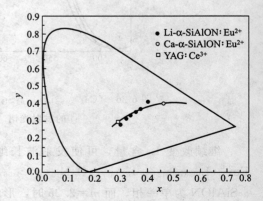

图 6-29 Li-α-SiAlON：Eu^{2+} 制备的
白光 LED CIE 色坐标图

选取最佳的 Li-α-SiAlON：Eu^{2+}（Li$_{1.74}$Si$_9$Al$_3$ON$_{15}$：Eu$_{0.13}$），与 460nm InGaN基蓝光 LED 芯片制备 pc-LED（图 6-29）。通过控制 Li-α-SiAlON：Eu^{2+} 发光材

料的浓度，可以得到宽色度范围的白光。pc-LED 的色温（CCT）变化在 4000～8000K 范围内。CRI 从 63 变化到 74，发光效率也由 40lm/W 变化到 44lm/W。与 Ca-α-SiAlON：Eu^{2+} 发光材料制备的 pc-LED 相比，由 Li-α-SiAlON：Eu^{2+} 发光材料制备的白光 LED，表现出高 CCT 值和高 CRI 值。这些结果再一次证明：使用单波长的短波发射的发光材料 Li-α-SiAlON：Eu^{2+} 可制备出高效日光发射的 LED。这种 LED 具有与 YAG：Ce^{3+} 基白光 LED 相似的发光效率，但它的 CRI 值却比 YAG：Ce^{3+} 基白光 LED 的要低。造成其 CRI 值低的原因可能是由于 α-SiAlON：Eu^{2+} 的发射带比较窄，缺少绿光和红光发射。实际上，虽然 CRI 值并不是很理想，但也可以用于背景灯、闪光灯和汽车内灯的制备。通过加入其他一些红光和绿光发射的发光材料，使发射带的范围变得更广一些，3-pc-LED 的 CRI 值可以提升到 80以上。

6.5.3　β-SiAlON 基质

　　β-SiAlON 是由共角的（Si，Al）（O，N）四面体组成的网状结构，与 α-SiAlON 不同，其结构中不需要金属离子进行电荷补偿，金属离子如稀土元素，不能进入 β-SiAlON 晶格（Eu^{2+}，6CN，$r=0.117nm$；Si^{4+}，6CN，$r=0.04nm$；Al^{3+}，6CN，$r=0.0535nm$）。因此，Eu^{2+} 离子在 β-SiAlON 中的溶解度有限，z 值增加，其溶解度进一步降低。M. Mitomo 等的研究表明，β-SiAlON[$z=0.1～2.0$，$[Eu^{2+}]=0.02\%～1.5\%$（摩尔）] 在 z 值较小（$z \leqslant 1.0$）时，相纯度更高，颗粒更细小，发射更强。z 值还影响颗粒形貌，z 值较小时为长柱状，烧结体松散，易破碎，随 z 值增大逐渐变为等轴状，同时，颗粒变粗。β-SiAlON：Eu 的激发光谱为 250～500nm 的宽峰，峰值波长为 304nm、337nm、406nm 和 480nm；在 350～410nm 的紫外线或 450～470nm 的蓝光激发下，发射光谱峰值 528～550nm（图6-30）。在 303nm 紫外线激发下，内量子效率 61%，外量子效率 70%。其发射光谱的半高宽只有 YAG：Ce 的一半，色纯度更高。斯托克斯位移约 2600cm^{-1}，只有 α-SiAlON（7000～8000cm^{-1}）的 1/3。z 值和 Eu 含量增加，还会导致发射带红移。由于 Al—O 键（0.175nm）和 Al—N 键（0.187nm）比 Si—N 键（0.174nm）长，z 值增大导致晶格膨胀，斯托克斯位移增大，使发射带红移（斯托克斯位移效应）；另一方面，z 值增大也会导致 O/N 比值增大，共价性减弱，这会导致发射带蓝移（电子云扩展效应），两种作用结果。发光的热猝灭小，在 150℃ 的发光强度达到室温的 84%～87%，与 Li-α-SiAlON 相当。Eu^{2+} 离子在 β-SiAlON 基质的发光猝灭浓度相当低，$z=0.1$ 时为 0.7%（摩尔），$z=0.5$ 时为 0.5%（摩尔），$z=1.0～2.0$ 时为 0.3%（摩尔）。综合各种因素，$z=0.1～0.5$ 是比较合适的。与 α-SiAlON 相反，β-SiAlON[$z=0.17$，$[Eu^{2+}]=0.296\%$（摩尔）] 即 $Eu_{0.00296}Si_{0.41395}Al_{0.01334}O_{0.0044}N_{0.56528}$ 的颗粒形貌呈柱状结晶体（图 6-31），与 β-Si_3N_4 相似。

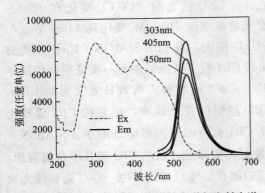

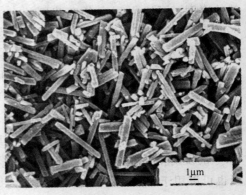

图 6-30　β-SiAlON：Eu^{2+} 的激发光谱与发射光谱（λ_{em}＝535nm，λ_{ex}＝303nm，405nm，450nm）

图 6-31　β-SiAlON（$Eu_{0.00296}Si_{0.41395}Al_{0.01334}$-$O_{0.0044}N_{0.56528}$）的颗粒形貌

6.6　氮化物基质发光材料的研究进展

以前有人曾报道过系列由三价 Yb、碱土金属离子和硅氮化物构成的四元化合物 $MYbSi_4N_7$（M＝Sr，Ba，二价 Eu），其空间群为 $P6_3mc$，Z＝2。其结构由网状且共角 $[SiN_4]$ 四面体构成，M^{2+}（M＝Sr，Ba，Eu）和 Yb^{3+} 存在于 Si_6N_6 环状通道中。近年来，Y. Q. Li 曾报道过 $MYSi_4N_7$（M＝Sr，Ba）的晶体结构和电子构型。

Y. Q. Li 等研究了 Eu^{2+} 和 Ce^{3+} 激活的 $BaYSi_4N_7$ 发光材料的晶体结构及发光性能。$BaYSi_4N_7$ 的晶体结构为六方晶系，空间群 $P6_3mc$(no.186)，a＝6.0550(2) Å，c＝9.8567(1)Å，V＝312.96(2)Å^3，且 Z＝2，与 $BaYbSi_4N_7$ 是同型的。Eu^{2+} 掺杂 $BaYSi_4N_7$ 呈现宽的绿光发射带，峰值波长在 503～527nm 之间，这取决于 Eu^{2+} 的浓度。由于晶体场强度和斯托克斯位移的变化，随着 Eu^{2+} 浓度的提高，Eu^{2+} 发射带表现为红移。Eu^{2+} 的猝灭浓度为 x＝0.05，Eu^{2+} 离子间的临界作用距离约为 20Å。Ce^{3+} 掺杂 $BaYSi_4N_7$ 显示明亮的蓝色发光，峰值波长位置在 417nm，由于 Ce^{3+} 离子在 $BaYSi_4N_7$ 晶格中溶解度很低，发射波长的峰值与 Ce^{3+} 浓度无关。

具体制备方法是：通过固相反应法制备 $BaYSi_4N_7$、$Ba_{1-x}Eu_xYSi_4N_7$（0≤x≤1）和 $BaY_{1-x}Ce_xSi_4N_7$（0≤x≤0.1）固溶体化合物。原料为 Si_3N_4（Ceracs-1177，β 相含量 91%，N 含量 38.35% 和 99.5%），金属 Y（Csre，99.9%，片）。由于 Ba 和 Eu 金属为大的片状，通过混合的方式使其均匀是不可能的，因此，预先通过在纯 N_2 气氛下 550℃ 和 580℃ 氮化 Ba 和 Eu 金属合成 Ba_3N_2 和 EuN，并研磨成细粉末。起始物质充分混合并移入玛瑙研钵。最终混合良好的粉末被移入加盖的钼坩埚并在 1400℃ 和 1650℃ 平放管式炉中灼烧两次，时间 12～24h，同时通入 5% H_2/95% N_2，两次灼烧之间进行研磨。所有操作都在充满 N_2 的干燥手套箱中进行，以隔绝空气。

$BaYSi_4N_7$ 的晶格参数列于表 6-10。Eu^{2+} 和 Ce^{3+} 掺杂 $BaYSi_4N_7$ 的光致发光光谱只有一种对称性高的发射带，说明在 $BaYSi_4N_7$ 基本格子中仅有一个 Y 和 Ba 格位且具有很高的点对称性。考虑到阳离子半径和价态，可以推测 Eu^{2+} 更易占据 Ba^{2+} 格点，而 Ce^{3+} 更易占据 Y 格点。对于 $Ba_{1-x}Eu_xYSi_4N_7(0 \leqslant x \leqslant 1)$，由于 Eu^{2+} 的离子半径比 Ba^{2+} 小，Eu^{2+} 取代 Ba^{2+} 会使晶格参数 a、c 和元胞体积 V 随 Eu^{2+} 浓度提高近似线性减小。尽管 $Ba_{1-x}Eu_xYSi_4N_7$ 和 $EuYSi_4N_7$ 之间可以形成 $Ba_{1-x}Eu_xYSi_4N_7$ 无限固溶体，但不容易得到 $Ba_{1-x}Eu_xYSi_4N_7$ 纯相，x 大于 0.4 会观察到 YSi_3N_5 的杂相。另一方面，由于 Ce^{3+} 半径明显大于 Y^{3+}，$Ba_{1-x}Ce_xYSi_4N_7$ 的晶格参数随 x 增加有轻微增大的趋势，对于 x 大于 0.05，在 Ce 掺杂 $BaYSi_4N_7$ 便会出现杂相。

表 6-10　$BaYSi_4N_7$ 的晶格参数

分子式	$BaYSi_4N_7$	晶格常数/Å	$a = 6.0550(2)$
分子量	436.64		$c = 9.8567(1)$
		晶胞体积/Å³	312.96(2)
晶系	Hexagonal	单位晶胞分子数(Z)	2
空间群	$P6_3mc$(no. 186)	计算密度/(g/cm³)	4.634

未掺杂、Eu 和 Ce 掺杂样品体色分别为灰白、黄绿和古董白。图 6-32 给出典型的未掺杂 $BaYSi_4N_7$、$Ba_{0.9}Eu_{0.1}YSi_4N_7$ 和 $BaY_{0.97}Ce_{0.03}Si_4N_7$ 的漫反射光谱。Eu 掺杂 $BaYSi_4N_7$ 有一个位于 310～350nm 之间的宽吸收光谱，这种吸收来自于 Eu^{2+}。随 Eu^{2+} 离子浓度增加，该吸收带有规律地向长波方向移动，这一趋势一直延续到 Eu^{2+} 离子浓度为 0.3%(摩尔)，相当于 Eu^{2+} 离子在 $BaYSi_4N_7$ 基质中的溶解极限。相反，Ce^{3+} 离子浓度升高只能导致吸收强度提高，对 $BaY_{1-x}Ce_xSi_4N_7(x = 0～0.1)$ 的吸收光谱没有明显影响。

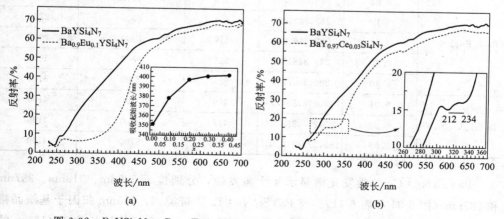

图 6-32　$BaYSi_4N_7$、$Ba_{0.9}Eu_{0.1}YSi_4N_7$ 和 $BaY_{0.97}Ce_{0.03}Si_4N_7$ 的漫反射光谱

图 6-33 给出 $Ba_{1-x}Eu_xYSi_4N_7$（$0 < x \leqslant 0.4$）室温下的发射光谱。$Ba_{1-x}Eu_xYSi_4N_7$（$0 < x \leqslant 0.4$）的激发光谱表现出两个明显的宽激发带，峰值波长位于 342nm 和 386nm，同时伴有 283nm 附近的弱基质激发带（表 6-11）。随着 Eu^{2+} 离子浓度的提高，长波激发带从 383nm 移至 388nm。同 Eu 掺杂 $Ba_2Si_5N_8$ 相比，在 $BaYSi_4N_7$ 中观测不到 400nm 以上的激发带。$Ba_{1-x}Eu_xYSi_4N_7$（$0 < x \leqslant 0.4$）的发射光谱由绿区带有近似对称分布的单一宽带组成。Eu^{2+} 离子在氮化物或氮氧化物中均为 Eu^{2+}。随 Eu^{2+} 离子浓度增加，宽发射带的位置向长波方向移动（图 6-33，503～527nm）。当 Eu^{2+} 离子含量超过 5％时，出现发光浓度猝灭现象。

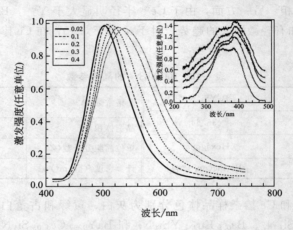

图 6-33　不同 Eu^{2+} 离子含量的 $BaYSi_4N_7$：Eu 的发射光谱（激发波长 385nm，插图：相应的激发光谱，监控 510nm 发射）

表 6-11　$Ba_{1-x}Eu_xYSi_4N_7$（$x = 0～0.4$）和 $BaY_{1-x}Ce_xSi_4N_7$（$x = 0～0.5$）的光谱数据

样　　品		激发峰/nm	发射峰/nm	斯托克斯位移/cm^{-1}	CFS/cm^{-1}
$Ba_{1-x}Eu_xYSi_4N_7$	0.02	283,348,383	503	6200	2600
	0.10	283,349,385	508	6300	2700
	0.20	283,349,388	517	6400	2900
	0.30	283,348,389	526	6800	3000
	0.40	283,346,388	537	7200	3100
$BaY_{1-x}Ce_xSi_4N_7$	0.01	285,297,317,339	416	5500	4100
	0.03	285,297,318,338	417	5600	4100
	0.05	285,297,319,338	419	5700	4100

$BaYSi_4N_7$：Ce 的激发光谱显示 4 个激发带，分别位于 338nm、318nm、297nm 和 285nm（图 6-34 和表 6-11）。与 $BaYSi_4N_7$：Eu^{2+} 带类似，285nm 归因于基质晶格激发，其他 3 个激发峰归因于 Ce^{3+} 离子。发射光谱为一个峰值波长位于 417nm 的

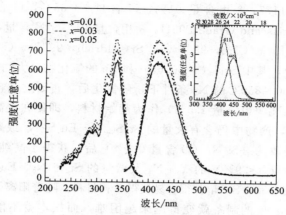

图 6-34　不同 Ce^{3+} 离子含量的 $BaY_{1-x}Ce_xSi_4N_7$（$0<x<0.1$）的激发光谱
（$\lambda_{em}=420nm$）和发射光谱（$\lambda_{exc}=338nm$）

窄发射带，这是 Ce^{3+} 的 $5d\rightarrow4f$（$^2F_{5/2}$，$^2F_{7/2}$）跃迁。随 Ce^{3+} 浓度的增加，观测不到 Ce^{3+} 激发带和发射带的明显变化。

　　某些含有 Y^{3+} 和 Yb^{3+}、Sr^{2+} 和 Eu^{2+} 的氮氧化物和氮化物，如 $LnSi_3O_3N_4$（$Ln=Y$，Yb）、$MYbSi_4N_7$（$M=Sr$，Eu）和 MSi_2N_5（$M=Sr$，Eu），具有相似的晶体结构。但一些新的四元硅氮化物，如 $MYbSi_4N_7$（$M=Sr$，Ba，Eu），其晶体结构与常规的金属-硅氮化物还是有些不同。尽管 $MYbSi_4N_7$ 的结构也是由基本共角的［SiN_4］四面体构成，但在这些材料的结构中并没有发现 NSi_3（$N^{[3]}$）单元，除了 $N^{[2]}$ 原子外，还存在被四个 Si 原子连接的 $N^{[4]}$ 原子。很明显，到这些 $N^{[4]}$ 原子的键长要比二配位的 $N^{[2]}$ 原子的长。

　　Y. Q. Li 等利用固相反应法在 $1400\sim1600℃$，N_2/H_2 气氛下合成 $SrYSi_4N_7$、Eu^{2+} 离子或 Ce^{3+} 离子掺杂的 $SrYSi_4N_7$。$SrYbSi_4N_7$ 和 $EuYbSi_4N_7$ 的晶型为六方对称。并且研究了 $Sr_{1-x}Eu_xYSi_4N_7$（$x=0\sim1$）和 $SrY_{1-x}Ce_xSi_4N_7$（$x=0\sim0.03$）的发光特性。其中 Eu^{2+} 掺杂 $SrYSi_4N_7$ 的发射为黄光宽带发射，峰值波长在 $548\sim570nm$ 范围内；而 Ce^{3+} 掺杂 $SrYSi_4N_7$ 的发射为蓝光发射，峰值波长在 $450nm$ 处。因为 Eu^{2+} 掺杂的 $SrYSi_4N_7$ 能在 $390nm$ 下能被很好地激发，所以它是一种很好的 WLED 发光材料。

　　采用固相反应法合成 $Sr_{1-x}Eu_xYSi_4N_7$ 和 $SrY_{1-x}Ce_xSi_4N_7$，制备过程如下：首先按化学计量称取所需的各种药品，然后再将所称取的各种药品混合在玛瑙研钵内，再用研杵进行充分混合和研磨。需注意，所有的操作都要求在充满 N_2 的干燥箱内进行，因为大部分原材料在空气中会被氧化。接下来，再将充分混合后的粉体放入到钼坩埚中，并分别在 $1400℃$ 和 $1600℃$ 的条件下，分别经 $12h$ 和 $16h$ 的退火处理。注意在退火过程中，放有中间产物的水平管式炉要一直保持气体的流通，通入的气体为 $5\%H_2/95\%N_2$。粉体制备所需的原料为：高纯度的 Si_3N_4［有两种类型，(1)Ceracs-1177，β 相含量 91%，N 含量 38.35%，O 含量 0.7%，纯度 99.5%；(2) Permascand Grade P95H，α 相含量 91%，N 含量 38.08%，O 含量 1.5%，纯度 99%]、Y(Csre，99.9%)、Sr(Aldrich，99%)、Ce(Alfa，99%) 和 Eu(Csre，99.9%)，其中 SrN$_x$($x\sim0.65$) 和 Eu 的氮化物 (大约为 EuN)，是将金属 Eu 和 Sr，在 800~850℃ 的 N$_2$ 条件下，经氮化后，再研磨成超细粉末制得的。

如果选用 α-Si$_3$N$_4$ (O 含量 1.5%) 作为起始材料，即使在很高的温度下，经过很长时间的热处理，产物中仍含有大量的 Sr$_2$Si$_5$N$_8$、Eu$_2$Si$_5$N$_8$ 或是一些不能确定的杂相。将初始原料改为 β-Si$_3$N$_4$ (O 含量 0.7%) 后，获得了高纯度的 SrYSi$_4$N$_7$ 和 EuYSi$_4$N$_7$，只有少量 (<9%) 的 YSi$_3$N$_5$ 及微量的 Sr$_2$Si$_5$N$_8$、Eu$_2$Si$_5$N$_8$。而在合成 BaYSi$_4$N$_7$ 时，选用 α- 和 β-Si$_3$N$_4$ 都很容易获得单相材料。随着阳离子尺寸的变小，如 Ba 变为 Ca，MYSi$_4$N$_7$ 的制备就变得越来越困难，而根本就不能合成 CaYSi$_4$N$_7$。当二价阳离子足够小时就可以占据 Y 位置，氧原子便可以取代氮原子与化合物结合，形成电荷补偿，最后导致结构崩塌。在通入 N$_2$/H$_2$ (10%) 混合气体的条件下，经过长时间的高温热处理，选用 α-Si$_3$N$_4$ 作为原材料也可以制备出纯相材料。

SrYSi$_4$N$_7$、EuYSi$_4$N$_7$ 与 MYbSi$_4$N$_7$(M=Sr，Ba，Eu) 和 BaYSi$_4$N$_7$ 具有相似的晶体结构：共角 [SiN$_4$] 四面体形成的三维网状结构，由 Si$_6$N$_6$ 环沿 [100] 和 [010] 方向形成很大的通道，而 Sr^{2+} (或 Eu^{2+}) 和 Y^{3+} 离子就占据上述通道的格位。Sr^{2+} (或 Eu^{2+}) 离子与 12 个氮原子相结合形成配位体 (SrN$_{12}$ 或 EuN$_{12}$)，Y^{3+} 离子与 6 个氮原子结合形成配位体 (YN$_6$)。在这种网状结构中，一个氮原子 (N$^{[4]}$) 连接四个 Si 原子，其他的氮原子 (N$^{[2]}$) 连接两个 Si 原子，并没有发现经常出现在硅氮化物中的氮原子 (N$^{[3]}$)。随着 Ce 浓度的增加，SrY$_{1-x}$Ce$_x$Si$_4$N$_7$ ($0 \leqslant x \leqslant 0.05$) 的晶格常数表现出明显的增长趋势，这是因为 Ce^{3+} 离子要比 Y^{3+} 离子大。Ce^{3+} 在 SrYCeSi$_4$N$_7$ 中的溶解度非常低，只有 $x=0.03$ 左右。

图 6-35 所示的是未掺杂、Eu 掺杂以及 Ce 掺杂的 SrYSi$_4$N$_7$ 样品的反射光谱。纯 SrYSi$_4$N$_7$ 的反射光谱在约 350~375nm 处有一吸收边，由此可知，化合物 SrYSi$_4$N$_7$ 的禁带宽度约为 3.3~3.5eV。由于 Eu^{2+} 离子的引入，导致了 SrYSi$_4$N$_7$ 在 300~450nm 处形成宽带吸收。随 Eu 浓度的增加，吸收边逐渐向长波方向移动，一直延伸至光谱的可见区。与之相对应的 Eu 含量高的样品体色也发生改变，由黄绿色变为橙色再变为黑红色。Ce^{3+} 掺杂的 SrYSi$_4$N$_7$ 在 310~350nm 区域内有一双重吸收带，这与 BaYSi$_4$N$_7$：Ce^{3+} 相似。此双重吸收带的峰值大约在 320nm 和 342nm 处。

图 6-36 所示的是 SrYSi$_4$N$_7$：Eu^{2+} 的激发光谱，为一宽带激发，峰值大约在 340nm 和 390nm 处。通常，当 Eu^{2+} 离子在晶格中占据 C$_{3v}$ 对称位置时，5d 能级将产生三重劈裂。由于重叠现象严重，Eu^{2+} 离子浓度很高时，在激发光谱中只能观察到 2 条 5d 能级的劈裂。因此，这种 SrYSi$_4$N$_7$：Eu^{2+} 材料能被 GaN 基 LED 很好地激发，在 LED 发光中得到很好应用。其激发光谱的相对强度随着 Eu^{2+} 离子浓度的增加逐渐降低。在 x 约为 0.05 时，390nm 检测下，发射强度为最大。在 $x>$

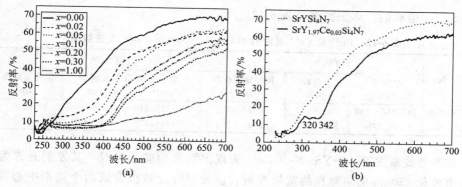

图 6-35　$Sr_{1-x}Eu_xYSi_4N_7$ 和 $SrY_{1-x}Ce_xSi_4N_7(x=0.03)$ 的反射光谱

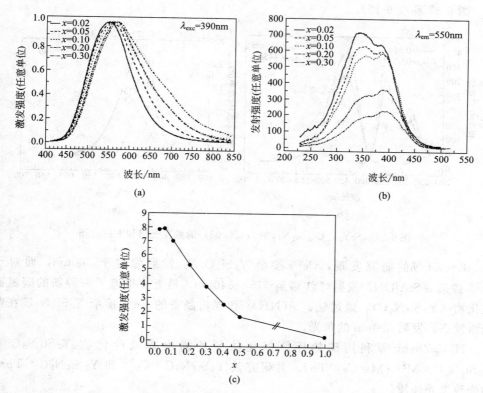

图 6-36　$Sr_{1-x}Eu_xYSi_4N_7(0<x\leqslant1)$ 的激发光谱（$\lambda_{em}=550nm$）和发射光谱（$\lambda_{exc}=390nm$）

0.05 时，其发射强度迅速降低。室温下，$SrYSi_4N_7$：Eu^{2+} 的发射光谱在 550nm 处为一宽带，此发射带与 Eu^{2+} 离子的 $4f^65d\rightarrow4f^7$ 能级跃迁相对应。低 Eu^{2+} 离子浓度掺杂样品的发射带具有对称性，这说明在 $SrYSi_4N_7$ 晶格中，Eu^{2+} 离子只以单独形式出现。随着 Eu 含量的增加，发射带发射红移，由 548nm 移至 570nm。除此之外，在 660～680nm 左右的发射肩也变得越来越明显，这可能是杂相（Sr，

Eu)$_2$Si$_5$N$_8$ 造成的。详细数据见表 6-12。

表 6-12　Eu^{2+} 或 Ce^{3+} 激活的 MYSi$_4$N$_7$（M＝Sr，Ba）发光数据

MYSi$_4$N$_7$	MYSi$_4$N$_7$：Eu^{2+}			MYSi$_4$N$_7$：Ce^{3+}		
	激发带/nm	发射带/nm	斯托克斯位移/cm^{-1}	激发带/nm	发射带/nm	斯托克斯位移/cm^{-1}
SrYSi$_4$N$_7$	340，382～386	548～570	7900～8300	280，320，340	450	7200
BaYSi$_4$N$_7$	348，385	505～537	6200～7200	285，318，338	415～420	4100

在紫外线激发下，SrYSi$_4$N$_7$：Ce^{3+} 表现出强烈的蓝光发射，其发射光谱为一个峰值波长 450nm 的对称性的宽带发射，该发射带能被拟合成两个高斯中心，分别在 435nm 和 473nm 处。其激发光谱在 280nm、320nm 和 340nm 处分别有 3 个强带（图 6-37 和表 6-12）。

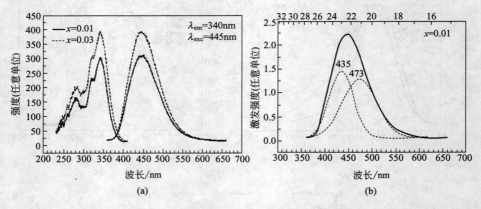

图 6-37　SrY$_{1-x}$Ce$_x$Si$_4$N$_7$（0＜x≤0.03）的激发光谱和发射光谱

Krevel 等的研究发现，Ce^{3+} 掺杂 Y$_4$Si$_2$O$_7$N$_2$ 发射峰位于 500nm，而对于 Ce^{3+} 掺杂 α-SiAlON，发射峰红移至 515～540nm。最近，报道了一种新的碳氮硅钇化物（Y$_2$Si$_4$N$_6$C），通过钇、Si(NH)$_2$ 和碳粉制备的 Ce^{3+} 掺杂 Y$_2$Si$_4$N$_6$C 在蓝光激发下，发射 590nm 的黄光。

H. C. Zhang 等利用碳热还原氮化法制备稀土碳氮硅化物 Y$_2$Si$_4$N$_6$C 和 Y$_2$Si$_4$N$_6$C：M^{3+}（M＝Ce，Tb），并研究其 Y$_2$Si$_4$N$_6$C：Ce^{3+} 和 Y$_2$Si$_4$N$_6$C：Tb^{3+} 的光致发光性质。

通过碳热还原氮化法制备 Y$_{2-x}$Ce$_x$Si$_4$N$_6$C（0≤x≤0.08）和 Y$_{2-x}$Tb$_x$Si$_4$N$_6$C（0≤x≤0.05）样品。原料分别为 Y$_2$O$_3$（99.9%）、CeO$_2$（99.9%）、Tb$_4$O$_7$（99.9%），Si$_3$N$_4$（99%）和碳粉（石墨 98%）。称取适量起始物质并将它们在有少量无水乙醇的玛瑙研钵中混匀。干燥后，混合物置于石墨坩埚中，通入 N$_2$ 在 1500℃ 灼烧 16h。得到的样品在空气中 600℃ 下灼烧 24h 去除剩余的碳。整个合成过程包含脱氧、碳化、氮化等过程，反应温度和时间是影响产品纯度的重要因素，如果加热温度低于 1500℃ 或加热时间短于 16h，会有杂相 $Y_4Si_2O_7N_2$。石墨粉末的用量是 Y_2O_3 的 2.5 倍（理论量是 Y_2O_3 的 4 倍），如果使用了过量的石墨粉末，多余的石墨将会残留在产物中，最终得到深黄色的存在微量杂质碳的产物，在空气中灼烧处理是除去多余的碳，最终得到亮黄色产物。最佳热处理温度定为 600℃ 左右，低于或高于这个温度情况下杂质碳不能完全除去，而高于这个温度情况下会发生局部氧化形成新的杂质。

$Y_2Si_4N_6C$ 的晶体学数据见表 6-13。$Y_2Si_4N_6C：Ce^{3+}$ 的发射光谱为峰值波长位于约 560nm 的宽发射带，Ce^{3+} 离子的加入量为 $x=0.06$ 时，其光致发光最强。在 455nm 波长激发下，$Y_{1.94}Ce_{0.06}Si_4N_6C$ 的发光强度约为商用 YAG：Ce 发光材料（P46Y3，Kasei，Co.，Ltd.）的 25%。将激发波长从 425nm 改到 490nm 时，发射峰位置从 550nm 红移到 585nm（图6-38

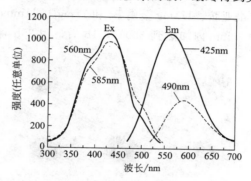

图 6-38　$Y_{1.94}Ce_{0.06}Si_4N_6C$ 的
激发光谱和发射光谱
（激发光谱的监视波长为 560nm 和 585nm，发射光谱的激发波长为 425nm 和 490nm）

和表 6-14）。最佳激发波长为 425nm，且随激发波长的增加，发射强度逐渐减小。存在两种不同的发光中心对应 $Y_2Si_4N_6C$ 中 Y 原子的 Y1 和 Y2 两种不同格位。

表 6-13　$Y_2Si_4N_6C$ 的晶体学数据

分子式	$Y_2Si_4N_6C$	c/Å	11.8800(2)
分子量	386.205	β/(°)	119.63(4)
晶系	单斜晶系	单位晶胞分子数(Z)	4
空间群	P21/c(no.14)	计算密度/(g/cm³)	4.23
a/Å	5.9295(1)	测量密度/(g/cm³)	4.03
b/Å	9.8957(1)		

表 6-14　$Y_{2-x}Ce_xSi_4N_6C(\lambda_{ex}=425nm)$ 与 $YAG：Ce(\lambda_{ex}=455nm)$ 的
发光峰值波长和发光强度

x	λ_{em}/nm	I_a	x	λ_{em}/nm	I_a
0.02	552	23	0.08	565	21
0.04	554	24	$YAG：Ce^{3+}$	558	100
0.06	561	25			

H. A. Höppe 等研究了 $Ba_{2-x}Eu_xSi_5N_8$ 系列化合物的荧光发射，观察到对应于两个 Eu^{2+} 离子格点的发光峰。用 1.047μm 强激光激发，呈现 600nm 的双光子上转换发光。研究了 $Ba_{1.89}Eu_{0.11}Si_5N_8$ 的长余辉发光。移走激发光源 15min 后，在暗处仍能用肉眼看到峰值约为 590nm 的发射。这种效应是由空穴和氮空位组成的

陷阱的再复合产生的，其中空位是由还原合成条件形成的。

根据化学反应式 $(2-x)\text{Ba}+x\text{Eu}+5\text{Si}(\text{NH})_2 \rightarrow \text{Ba}_{2-x}\text{Eu}_x\text{Si}_5\text{N}_8+5\text{H}_2+\text{N}_2$ 在感应炉里合成 $\text{Ba}_{1.89}\text{Eu}_{0.11}\text{Si}_5\text{N}_8$。具体过程是：在 Ar 保护下，将 116mg(2.00mmol) 硅二酰亚胺、171mg 金属 Ba 和 17mg(0.11mmol) 金属 Eu 混合，放入钨坩埚内。在 N_2 中 30min 内加热到 800℃，1h 后，用 25h 将坩埚加热至 1600℃ 并在此温度下保温

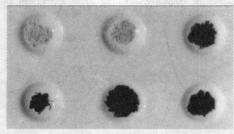

图 6-39 $\text{Ba}_{2-x}\text{Eu}_x\text{Si}_5\text{N}_8$ 的体色
($x=0.14$，0.29，0.40，0.52，0.81，1.16)

40h。之后用 2h 加热到 1650℃，30min 降至室温，生成单相 $\text{Ba}_{1.89}$ $\text{Eu}_{0.11}\text{Si}_5\text{N}_8$。过量的金属从反应混合物中蒸发出来，凝结在水冷却的石英反应器内壁上，得到亮橙色的 $\text{Ba}_{1.89}$ $\text{Eu}_{0.11}\text{Si}_5\text{N}_8$ 粗晶粉末。图 6-39 是 $\text{Ba}_{2-x}\text{Eu}_x\text{Si}_5\text{N}_8$ 的体色与组成的关系。

$\text{Ba}_{1.89}\text{Eu}_{0.11}\text{Si}_5\text{N}_8$ 的晶体结构与 $\text{M}_2\text{Si}_5\text{N}_8(\text{M}=\text{Sr},\text{Ba},\text{Eu})$ 相同：空间群为 $\text{P}_{\text{mn}2_1}$，$Z=2$，$a=577.38(3)\text{pm}$，$b=694.73(4)\text{pm}$，$c=937.73(4)\text{pm}$。其晶体结构是基于共角的 $[\text{SiN}_4]$ 四面体的网格。该网格中，一半的 N 原子连接两个 Si 原子 ($\text{N}^{[2]}$)，其他 N 原子连接三个 Si 原子 ($\text{N}^{[3]}$)。金属离子（Ba^{2+}、Eu^{2+}）占据 [100] 方向由 Si_6N_6 环形成的通道里的两个不同格点，它们主要和 $\text{N}^{[2]}$ 原子配位，配位数分别为 8 和 10。

人们对 Eu^{2+} 的能级排列知之已久，发射光谱是 4f→4f 跃迁的尖峰或者 5d→4f 跃迁的宽带，这由 5d 能级的配合体场劈裂的大小决定（4f 能级不受影响）。因此，最低激发态属于 $4f^65d$ 组态或是 $4f^7$ 组态。宽带发射源于 $4f^65d \rightarrow 4f^7$ 跃迁。

图 6-40 为 $\text{Ba}_{1.89}\text{Eu}_{0.11}\text{Si}_5\text{N}_8$ 的激发光谱和发射光谱。两光谱均由宽带组成：吸收峰位于 540nm，发射峰位于 600nm。即使冷却到 -190℃，发射光谱也是如此。这是 5d→4f 的跃迁特征，无 Eu^{3+} 离子的线发射。发射曲线被稍有不同的两个 Eu 发射带增宽，这两个发射带分别位于 610nm 和 630nm 处，在图 6-40 中清晰可见。它们是由 Eu^{2+} 格点的重叠引起的。

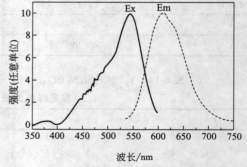

图 6-40 $\text{Ba}_{1.89}\text{Eu}_{0.11}\text{Si}_5\text{N}_8$ 的激发光谱和发射光谱

$\text{Ba}_{1.89}\text{Eu}_{0.11}\text{Si}_5\text{N}_8$ 的发射位于长波区。在碱土氟化物中，Eu^{2+} 的发射通常为 300nm；而在碱土硅酸盐化合物中通常为 550nm。SrO：Eu^{2+} 中的 625nm 和 CaO：Eu^{2+} 中的 733nm 除外。有人认为 d 轨道的优先取向或导带的低位能态将发射移至长波。一方面因为 N^{3-} 比 O^{2-} 荷电多，

另一方面是因为电子云重排效应，5d 能级的配合体场劈裂变大，5d 态的重心比类似的氧氛围中能量低。

不同 Eu 含量的 $Ba_{2-x}Eu_xSi_5N_8$ 样品的发射光谱示于图 6-41 中。发光强度随 x 增加而增加，在 $x=0.5$ 处达到峰值，x 值继续增强，发光强度下降。当 $x>0.5$ 时，发射漂移到长波。在 $Sr_{2-x}Eu_xSi_5N_8$ 和 $Ca_{2-x}Eu_xSi_5N_8$ 体系中可观察到相同的现象。$Ba_{2-x}Eu_xSi_5N_8$ 中 Eu 含量 $x<0.1$ 时主要是蓝色发射带；只有当 x 值更高时才有红移带。可总结出 Eu 原子更倾向于占据蓝色发射的格点。然而，无法用两格点的不同尺寸来解释这种现象。尽管 Eu^{2+} 的离子半径比 Ca^{2+} 和 Sr^{2+} 大，比 Ba^{2+} 的小，在 $Ba_{2-x}Eu_xSi_5N_8$、$Sr_{2-x}Eu_xSi_5N_8$ 和 $Ca_{2-x}Eu_xSi_5N_8$ 中可看到相同的现象。重吸收在 Eu 含量高的化合物中具有重大作用。随着 x 的增大，Eu 吸收变得很强，重吸收开始减弱蓝色部分的发射，另一个红移发光带得到增强。当 $x>0.8$ 时，激发光全部被粉末吸收，但重吸收依然增强。结果，发射强度减弱，峰值波长红移，如图 6-41 所示。

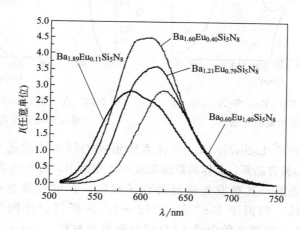

图 6-41 不同 Eu 含量的 $Ba_{2-x}Eu_xSi_5N_8$ 样品的发射光谱（$x=1.40$，0.79，0.40，0.11）

$Ba_{2-x}Eu_xSi_5N_8$ 不仅荧光发射强，而且，在 $1.047\mu m$ 的 Nd：YLF 激光泵浦下也有较强的上转换发光。掺杂少的 $Ba_{2-x}Eu_xSi_5N_8$（$x<0.5$）同时显示长余辉发光，当 $x=0.11$ 时达到最大值，余辉发光时间达 15min。

K. Uheda 等采用 LaN（由 La 金属和氨气反应合成的 LaN），Eu_2O_3 和 Si_3N_4（Ube 工业企业）为原料，通过固相反应（1900℃，2h，$1.01\times10^6N/m^2N_2$），合成了 $LaSi_3N_5$、$La_{0.9}Eu_{0.1}Si_3N_{5-x}O_x$、$LaEuSi_2N_3O_2$。$La_{0.9}Eu_{0.1}Si_3N_{5-x}O_x$ 与 $LaSi_3N_5$ 结构相同。$La_{0.9}Eu_{0.1}Si_3N_{5-x}O_x$ 的发射光谱为一个峰值波长位于 549nm 处的宽发射带。而 $LaEuSi_2N_3O_2$ 中的 Eu^{2+} 离子在 650nm 处显示一个深红色发射带。

$LaSi_3N_5$ 的晶体结构由 [SiN_4] 四面体组成，这种四面体通过共角连接方式形成由五个四面体组成的环。一个镧离子被固定在五边形空间的中心。对于 $La_{0.9}Eu_{0.1}Si_3N_{5-x}O_x$，有一个峰值波长位于 549nm 处的宽发射带，如图 6-42 所示。这个发射带归因于 Eu^{2+} 的 $4f^6 5d \rightarrow 4f^7$ 的跃迁。另外，在 $La_{0.9}Eu_{0.1}Si_3N_{5-x}O_x$ 的吸收光谱中在 443nm 处观察到 Eu^{2+} 的一个宽的吸收带。Eu 原子位于是由五个 ［SiN_4］四面体组成的五边形孔洞中心，相当于 Eu^{2+} 离子。这要归因于在 $La_{0.9}Eu_{0.1}Si_3N_{5-x}O_x$ 中 Eu—N 共价性比氧化硅中的 Eu—O 共价性要高。另外，考虑到当 Eu^{2+} 离子取代 La^{3+} 离子时在 $LaSi_3N_5$ 基质中可能形成的点缺陷。La^{3+} 和 Eu^{2+} 之间电荷不同可在基质中通过一个 O^{2-} 代替 N^{3-} 离子来补偿。估计在 $La_{0.9}Eu_{0.1}Si_3N_{5-x}O_x$ 中 x 大约为 0.1。

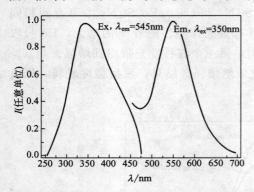

图 6-42　在室温下 $La_{0.9}Eu_{0.1}Si_3N_{5-x}O_x$ 的
激发光谱和发射光谱

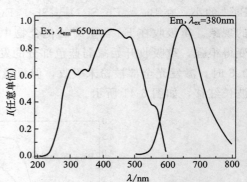

图 6-43　在室温下 $LaEuSi_2N_3O_2$ 的
激发光谱和发射光谱

K. Uheda 在研究 $LaSi_3N_5$-Eu_2O_3 体系中形成的固溶体时还发现了一个新相 $LaEuSi_2N_3O_2$，为斜方晶系，晶体的数据在表 6-15 中给出。图 6-43 为 $LaEuSi_2N_3O_2$ 的激发光谱和发射光谱，其激发光谱延展到了红区，发射光谱为一个峰值波长为 650nm 的宽发射峰，归因于 Eu^{2+} 的 $4f^6 5d \rightarrow 4f^7$ 的跃迁。这两类材料，特别是 $LaEuSi_2N_3O_2$，是一直潜在的白光 LED 用红色发光材料。

表 6-15　$LaEuSi_2N_3O_2$ 的晶体结构参数

晶系	斜方晶系
空间群	Cmca
晶格常数/Å	$a=7.817(3), b=15.363(3), c=7.785(2)$
晶胞体积/Å³	935.0(4)
单位晶胞分子数(Z)	8

白光 LED 照明光源的品质表征指标是发光效率和显色性 ［显色指数 R_a（CRI）和相关色温 （CCT）］，通常，$R_a > 80$ 才能被认为是 "好的" 光源。

R. Mueller-Mach 等制备了一种高效的暖白色全氮化物 pcW-LED，它是利用 GaN 基量子阱蓝光 LED 和两种新的 Eu^{2+} 离子激活含氮发光材料。采用的发光材料是含氮硅酸盐 $M_2Si_5N_8$ （橙红色发光）和 $MSi_2O_2N_2$ （黄绿色发光），M＝碱土金属。得到了发光效率高（25lm/W 在 1W 输入），显色性能好（相关色温 CCT＝3200K，显色指数 $R_a>90$），到目前为止所有的是 pcW-LED 中色彩稳定性最高的是氮化物 pcW-LED。因此，该全氮 LED 优于白炽光和荧光灯，也许会成为下一代普通照明光源。

这两种新的荧光物质是化学和热学性质都非常稳定的含氮硅酸盐。含氮硅酸盐的典型结构由共角 SiN₄［四面体］组成，且氮原子连接 4 个相邻的硅原子。发红光的 $Sr_2Si_5N_8$：Eu^{2+} 是由共角的［SiN_4］四面体组成的三维网状结构，且有一半的氮原子连接 2 个硅原子（$N^{[2]}$）。另一半的氮原子连接 3 个硅原子（$N^{[3]}$）。Sr^{2+} 离子由 10 个氮原子配位，主要是 $N^{[2]}$。$Eu_2Si_5N_8$ 和 $Ba_2Si_5N_8$ 的结构与 $Sr_2Si_5N_8$ 相同。

通过增加基质晶格中小尺寸阳离子的浓度，或者通过增加 Eu^{2+} 浓度，斜方晶系固溶体 $(Ba_{1-x-y}Sr_xCa_y)_2Si_5N_8$：$Eu^{2+}$ 的发射带光谱位置可以从黄色变到深红色（图 6-44）。在斜方晶系 $M_2Si_5N_8$ 结构类型中，用 $O^{[2]}$ 原子取代 $N^{[2]}$，为了保持电中性，通过由 Al 取代相应位置上的 Si，形成化合物 $M_2Si_{5-x}Al_x(N^{[2]})_{4-x}(O^{[2]})_x(N^{[3]})_4$，即 SiAlON 晶体。在 $M_2Si_{5-x}Al_xN_{8-x}O_x$：$Eu^{2+}$ 中，x 的增加导致了 Eu^{2+} 发射带的红移和斯托克斯位移的增加。

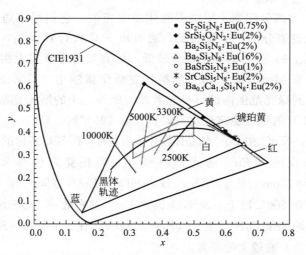

图 6-44　不同组成的 $(Ba,Sr,Ca)_2Si_5N_8$：Eu^{2+} 和 $SrSi_2O_2N_2$：Eu^{2+} 在 CIE 坐标图中的位置

［图中的点（●）为不同比例的 $SrSi_2O_2N_2$：Eu^{2+} 和 $M_2Si_5N_8$：Eu^{2+} 混合后的实际色坐标］

最近，R. Mueller-Mach 又合成了新型 $M^{II}Si_2O_2N_2$ 化合物，这里 M^{II}＝Ca，Sr，即 O-SiAlON。这些化合物是一种新的单层硅酸盐：亚结构 $[Si_2O_2N_2]^{2-}$ 中的 Si：(O/N)＝1：2，其结构更像硅酸盐（SiO_2）的三维结构。在 $SrSi_2O_2N_2$ 中每一个起伏层都是由 $SiON_3$ 四面体构成的 Si_3N_3 环组成的。每一个氮原子连接 3 个硅原子，而氧原子连接硅原子。

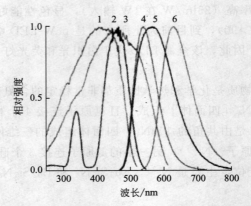

图 6-45　$M_2Si_5N_8$：Eu^{2+}、$M^{II}Si_2O_2N_2$：Eu^{2+} 和对比样 YAG：Ce^{3+} 的激发光谱和发射光谱

1,4—$M^{II}Si_2O_2N_2$：Eu^{2+}；2,5—YAG：Ce^{3+}；3,6—$M_2Si_5N_8$：Eu^{2+}

图 6-45 为 $M^{II}Si_2O_2N_2$：Eu^{2+}、$M_2Si_5N_8$：Eu^{2+} 和对比的 YAG：Ce^{3+} 的激发光谱和发射光谱。很明显，YAG：Ce^{3+} 的激发带宽比其他的都窄，而发射却比较宽。与氧化物基质相比，这两种含氧氮化物中的 Eu^{2+} 激发和发射带宽具有明显的红移，其原因是电子云扩大效应。

在 $M_2Si_5N_8$ 中两种阳离子配位多面体非常相似，它们很难通过低温穆斯堡尔（Mössbauer）光谱来分辨。尽管如此，通过电子结构计算表明，与 M（2）相比，位于 M（1）位置上的 Eu^{2+} 的净正电荷较低，该宽发射带事实上由两个分离的发射带组成。斜方晶系 $M_2Si_5N_8$：Eu^{2+} 的斯托克斯位移较小（2700cm^{-1}），因此材料很容易被从蓝光到绿光范围内的可见光激发。此外，小的斯托克斯位移还会导致发光量子效率（QE）的温度稳定性优良，即使在 200℃ 时，QE＞90%。

在 $SrSi_2O_2N_2$：Eu^{2+} 中 Eu^{2+} 的晶体场环境与具有 β-K_2SO_4 结构的 $(Sr，Ba)_2SiO_4$：Eu^{2+} 相似。$SrSi_2O_2N_2$：Eu^{2+} 的光谱特性（如斯托克斯位移 2700cm^{-1}，$\lambda_{max}=$538nm，FWHM=78nm）几乎与 $Sr_{1.4}Ba_{0.7}SiO_4$：Eu^{2+} 相同。与 $(Sr，Ba)_2SiO_4$：Eu^{2+} 相比，即使在 200℃ 以上，$SrSi_2O_2N_2$：Eu^{2+} 发光效率（QE＞90%）还是非常高，原因有可能是 $SrSi_2O_2N_2$：Eu^{2+}（$E_g=5.88eV$）比 $(Sr，Ba)_2SiO_4$：Eu^{2+}（$E_g=$5.66eV，70%Ba^{2+}）有较大的带宽。

该全氮化物暖白色 pcW-LED 的发光效率高达 25lm/W（在 1W 输入），是白炽灯的 2 倍（大约 15lm/W），相关色温 CCT=3200K，显色指数 R_a＞90，显色性能超过荧光灯，是到目前为止所有的 pcW-LED 中色彩稳定性最高的。对于驱动电流和温度的稳定性可以达到 200℃ 以上（图 6-46）。通过优化颗粒形貌和改变沉积方法，其发光效率还可能提高 2 倍。另外，选用效率更高的蓝光 LED，其发光效率在此基础上还能提高 2 倍。因此，该全氮 LED 优于白炽光和荧光灯，也许因此成为下一代普通照明光源。

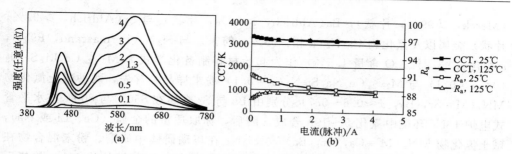

图 6-46 全氮化物 2-pc-LED 的发射光谱与驱动电流的关系曲线及 CCT 和
R_a 随驱动电流与温度的变化曲线

(a) 全氮化物 2-pc-LED 的发射光谱与驱动电流的关系曲线（最大驱动电流 4A，相当于
激发功率 2W/mm²）；(b) CCT 和 R_a 随驱动电流与温度的变化曲线（25℃、125℃）

Y. J. Lu 等报道了一种 Mg^{2+} 和 Eu^{2+} 共掺杂的 $CaSiO_2N_2$ 荧光粉，采用传统的高温固相法合成该荧光粉。制备过程是：原材料有 Si_3N_4、SiO_2、$CaCO_3$、$(MgCO_3)_2$、$Mg(OH)_2 \cdot 5H_2O$ 和 Eu_2O_3，将上述材料在玛瑙研钵中研磨，然后干燥，于 1400℃的 N_2 气氛下煅烧 5h。再在玛瑙研钵中研成粉末，然后用盐酸、水和乙醇洗涤。结果表明，Mg^{2+} 的掺入显著提高了荧光粉的发光强度。可能的原因有两个：①Mg^{2+} 的引入使 Eu^{2+} 周围的场强发生变化；②Mg^{2+} 进入了晶格间隙，导致 Eu^{2+} 之间的距离减小。Mg^{2+} 的掺入对荧光粉的热猝灭影响很小，该体系仍具有较高的热稳定性，将会是一种潜在的白光 LED 用发光材料。并且对研究多离子掺杂氮氧化物发光材料具有一些参考价值。

对于纯氮化物发光材料，目前为止只有掺杂 Ce^{3+} 的 $MYSi_4N_7$（M＝Sr，Ba）被报道过，而有不少报道是关于掺杂 Eu^{2+} 的氮化物基质材料 $M_2Si_5N_8$（M＝Ca，Sr，Ba）的发光性能。

Y. Q. Li 等研究了 M 型阳离子对 Ce^{3+} 在 $M_2Si_5N_8$（M＝Ca，Sr，Ba）中溶解性的影响以及室温下 Ce^{3+}、Li^+ 或 Na^+ 共掺杂的 $M_2Si_5N_8$（M＝Ca，Sr，Ba，$M_{2-2x}Ce_xLi_xSi_5N_8$）的发光特性。Ce^{3+} 在 $Ca_2Si_5N_8$ 与 $Sr_2Si_5N_8$ 中的最大溶解度都是 2.5%（摩尔）（$x \approx 0.05$），对 $Ba_2Si_5N_8$ 为 1.0%（摩尔）（$x \leqslant 0.02$）。由于 Ce^{3+} 的 5d→4f 跃迁，M＝Ca，Sr，Ba 时，Ce^{3+} 激活 $M_2Si_5N_8$ 的发光材料分别在 470nm、553nm 与 451nm 呈现出宽发射峰。另外，$M_2Si_5N_8$：Ce^{3+}，Li^+（M＝Sr，Ba）呈现双 Ce^{3+} 发光中心，这是由于 Ce^{3+} 占据两个 M 格位。随 Ce^{3+} 浓度的增加，吸收与发射强度增加而且发射带的位置产生了轻微的红移（<10nm）。用 Na^+ 代替 Li^+ 作为电荷补偿剂对发射或激发特性的影响虽然小，但由于 Ce^{3+} 在 $M_2Si_5N_8$（M＝Ca，Sr）中的溶解度较大，Na^+ 使发射强度得以增强。$M_2Si_5N_8$：Ce，Li(Na)（M＝Ca，Sr）在蓝光范围（370～450nm）强的吸收带与激发带表明它们是白光 LED 合适的光转换发光材料。

制备过程如下：用 Ce(α 相，>99%，块状)，Li(Merck，>99%，块状)，Na

(Merck，>99%，片状)，Ba(Aldrich，>99%，片状) 与 Sr(Aldrich，>99%，片状) 金属以及氮化物 Ca_3N_2(α 相，98%，粉末) 与 Si_3N_4(Permascand，P95H，α 相含量 93.2%；O 含量 1.5%) 作为起始材料制备化学式为 $M_{2-2x}Ce_xLi_xSi_5N_8$ ($0 \leqslant x \leqslant 0.1$) 与 $M_{2-2x}Ce_xNa_xSi_5N_8$($x=0.1$) 粉末样品。首先，两种碱土氮化物 MN_x(M=Sr, Ba, $x \approx 0.6 \sim 0.7$) 分别由 Ba 与 Sr 金属在 550℃ 与 800℃ 在水平管式电炉于 N_2 环境中氮化 $5 \sim 10h$ 合成，随后，称取适量的金属（Ce、Li 或 Na），碱土氮化物 MN_x(M=Ca, Sr, Ba) 与 Si_3N_4 在玛瑙研钵中研磨。粉末混合物在 N_2/H_2(10%) 气氛的水平管式电炉于钼坩埚中在 $1300 \sim 1400$℃ 灼烧 12h。灼烧后样品在炉中逐渐冷却至室温，然后重新研磨样品，并在相同条件下再次灼烧 32h，为防空气和水，所有操作都在充满 N_2 的手套箱中进行。

一方面，由于 Ce^{3+}-Li^+ 离子对的尺寸小于 Ca^{2+} 或 Sr^{2+} 的尺寸，在 $Ca_{2-2x}Ce_xLi_xSi_5N_8$ 和 $Sr_{2-2x}Ce_xLi_xSi_5N_8$ 中，Ce^{3+}-Li^+ 的加入使其晶胞体积减小，随 x 增加到 0.05，它们的晶胞体积分别略微减小 0.03% 与 0.04%。另一方面，对 $Ba_{2-2x}Ce_xLi_xSi_5N_8$ 样品来说，即使在很高的 x 值（如 $x>1.0$）情况下，晶胞体积的变化也非常小。Ce^{3+} 离子在 $Ca_2Si_5N_8$ 和 $Sr_2Si_5N_8$ 中的固溶度为 $x=0.05$ [即相当于 2.5%（摩尔）的 Ca 或 Sr]，而 Ce^{3+} 离子在 $Ba_2Si_5N_8$ 中的固溶度为只有 $x=0.02$ 或更小。$Sr_2Si_5N_8$ 和 $Ba_2Si_5N_8$ 的相似结构，Ce^{3+} 与 Ba^{2+} 离子半径差达 20%～26%，远比 Ce^{3+} 与 Sr^{2+} 间的 9%～13% 大，这是 Ce^{3+} 在 $Ba_2Si_5N_8$ 中溶解度低的主要原因。

图 6-47 为 $M_{2-2x}Ce_xLi_xSi_5N_8$($0 \leqslant x \leqslant 0.1$, M=Ca, Sr, Ba) 的漫反射光谱。未掺杂的 $M_2Si_5N_8$ 样品为灰白色粉末，说明在紫外范围表现为强的吸收，$Ca_2Si_5N_8$、$Sr_2Si_5N_8$、$Ba_2Si_5N_8$ 的吸收边分别位于 243nm、250nm 与 270nm，这是 $M_2Si_5N_8$ 基质中价带到导带的跃迁。Ce^{3+} 和 Li^+ 共掺杂的 $M_2Si_5N_8$(M=Ca, Sr, Ba) 粉末在蓝光范围（400～450nm）有强的吸收带，体色从浅到深黄-绿色的变化，该吸收带可归因于 Ce^{3+} 离子的 4f→5d 跃迁，并随 Ce 浓度的增加吸收带增强。$Ca_2Si_5N_8$：Ce，Li 的体色为浅黄绿色，有一个位于 395nm、367nm、327nm 强吸收峰，$Sr_2Si_5N_8$：Ce，Li 的体色为深黄绿色，有一个位于 375～420nm 强而宽的吸收峰，$Ba_2Si_5N_8$：Ce，Li 的体色为暗浅黄绿色，在 410nm 有一个非常弱的吸收峰。

表 6-16 为 Ce^{3+} 激活 $M_2Si_5N_8$(M=Ca, Ba, Sr) 的发光特性数据。图 6-48 为 $x=$ 0.02，0.05，0.1 时 $Ca_{2-2x}Ce_xLi_xSi_5N_8$ 的激发光谱与发射光谱，在 250nm、329nm 与 397nm 附近有三个不同的激发峰，一个 288nm 弱峰，以及分别位于 261nm 与 370nm 两个肩峰。很明显，在 250nm 最短的激发峰有基质晶格激发产生，其余的激发峰是 Ce^{3+} 的 4f→5d 跃迁。发射光谱为一个 400～640nm 的宽峰（FWHM=95nm，$x=0.05$），峰值位于 470nm，且与激发波长无关。$Ca_2Si_5N_8$ 中有两个 Ca 格点，但只有一个高对称发射峰，意味着两个 Ce_{Ca} 格点的环境周围相似，使两中心发射峰大部分重叠，经拟合，发射峰可分离成两个中心位于 465nm 与 510nm 的

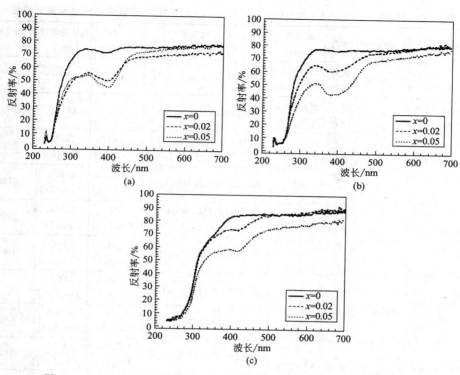

图 6-47　$Ca_{2-2x}Ce_xLi_xSi_5N_8$，$Sr_{2-2x}Ce_xLi_xSi_5N_8$，$Ba_{2-2x}Ce_xLi_xSi_5N_8$
（$x=0$，0.02，0.05）的漫反射光谱

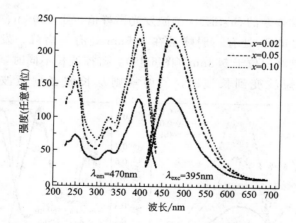

图 6-48　$Ca_{2-2x}Ce_xLi_xSi_5N_8$ 的激发光谱和发射光谱
（$x=0.02$，0.05，0.1）

Gaussian 峰，其能量差为 $1900cm^{-1}$，对应于 Ce^{3+} 的 4f 基态构造的劈裂（$^2F_{7/2}$ 与 $^2F_{5/2}$ 能量差为 $2000cm^{-1}$）。$Ca_2Si_5N_8$：Ce，Li 的斯托克斯位移为 $3700cm^{-1}$。

表 6-16　　$M_2Si_5N_8$ ：Ce, A（M＝Ca，Sr，Ba；A＝Li，Na）的组成、物相和发光特性

组成	物相	体色	吸收带/nm	Ce 5d 激发带/nm	发射带/nm	晶体场劈裂/cm^{-1}	斯托克斯位移/cm^{-1}
$Ca_2Si_5N_8$ ：Ce, Li	$Ca_2Si_5N_8$	淡黄绿色	250,327, 367,395	261,288,329,365,397	470	13100	3700
$Ca_2Si_5N_8$ ：Ce, Na	$Ca_2Si_5N_8$	淡黄绿色	251,329, 367,395	260,286,329,373,396	471	13100	3700
$Sr_2Si_5N_8$ ：Ce, Li	$Sr_2Si_5N_8$	黄绿色	240,260, 327,375, 420	260,276,330,387,431 [Ce$_{Sr}$(1)]	495 [Ce$_{Sr}$(1)]	15300 [Ce$_{Sr}$(2)]	2600
				259,272,327,395[Ce$_{Sr}$(2)]	553 [Ce$_{Sr}$(2)]	13300 [Ce$_{Sr}$(2)]	6700
$Sr_2Si_5N_8$ ：Ce, Na	$Sr_2Si_5N_8$	黄绿色	242,261, 327,377, 422	260,279,328,396,434 [Ce$_{Sr}$(1)]	520 [Ce$_{Sr}$(1)]	15400 [Ce$_{Sr}$(1)]	2700
				261,280,326,395[Ce$_{Sr}$(2)]	556 [Ce$_{Sr}$(2)]	13000 [Ce$_{Sr}$(2)]	7000
$Ba_2Si_5N_8$ ：Ce, Li	$Ba_2Si_5N_8$	淡黄绿色	250,370, 410	260,284,384,415[Ce$_{Ba}$(1)]	451,497 [Ce$_{Ba}$(1)]	14400 [Ce$_{Ba}$(1)]	2000
				257,285,380,405[Ce$_{Ba}$(2)]	561 [Ce$_{Ba}$(2)]	14200 [Ce$_{Ba}$(2)]	6400
$Ba_2Si_5N_8$ ：Ce, Na	$Ba_2Si_5N_8$	淡黄绿色	253,373, 412	258,285,384,416[Ce$_{Ba}$(1)]	457,495 [Ce$_{Ba}$(1)]	14700 [Ce$_{Ba}$(1)]	2100
				259,286,384,406[Ce$_{Ba}$(2)]	560 [Ce$_{Ba}$(2)]	14000 [Ce$_{Ba}$(2)]	6400

Ce^{3+} 和 Li^+ 共掺杂的 $Sr_2Si_5N_8$ 的激发光谱峰值位于 $330nm$、$325nm$ 与 $397nm$ 的三个强峰，在 $266nm$ 处有一弱峰且在 $435nm$ 处有一肩峰，发射光谱为 $420\sim 700nm$ 的宽峰，其峰值位于 $553nm$（图 6-49）。监控波长不同时，其光谱有很大差别。当激发峰从短波变到长波时，发射峰则从长波变到短波，这说明 Ce 在

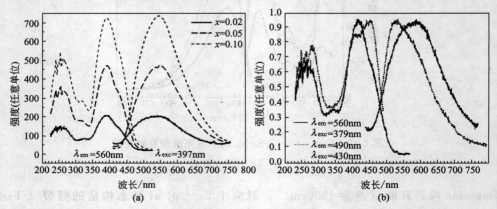

图 6-49　$Sr_{2-2x}Ce_xLi_xSi_5N_8$ 的激发光谱和发射光谱（$x＝0.02，0.05，0.1$）

$Sr_2Si_5N_8$ 中占据两个不同的 Sr 格位。由于 $Ce_{Sr}(1)$ 的 Ce_{Sr}-N 距离比 $Ce_{Sr}(2)$ 的 Ce_{Sr}-N 距离短；同时，Ce_{Sr}（1）的配位数 $[Ce_{Sr}(1)CN=6]$ 平均距离中 $Ce_{Sr}(1)$ 比 $Ce_{Sr}(2)$ 少 $[Ce_{Sr}(2)CN=7]$，$Ce_{Sr}(1)$ 处的晶体场大于 $Ce_{Sr}(2)$。因此，Ce^{3+} 的 5d 能级劈裂中 Ce_{Sr}（1）比 Ce_{Sr}（2）大，Ce_{Sr}（1）激发峰最大值 431nm，Ce_{Sr}（2）为 395nm。随 Ce 浓度增加，$Sr_2Si_5N_8$：Ce，Li 的发射峰红移并不明显（6nm）。

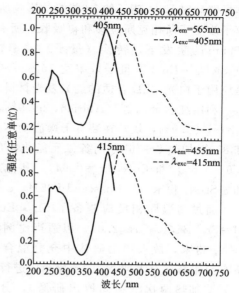

图 6-50　$Ba_{2-2x}Ce_xLi_xSi_5N_8$ 的激发光谱和发射光谱（$x=0.02$）

$Ba_2Si_5N_8$：Ce，Li 的激发光谱有两个特殊的宽峰，峰值分别位于 250nm 和 405～415nm（图 6-50）。发射光谱为位于 425～700nm 之间的三个宽峰，峰值分别位于 451nm、497nm 与 560nm。

Ce^{3+} 在具有相同晶体结构的 $Sr_2Si_5N_8$ 与 $Ba_2Si_5N_8$ 中有两个格位，对于两个 Ce 格位，$Sr_2Si_5N_8$ 中的斯托克斯位移比 $Ba_2Si_5N_8$ 中大。通过对 Ce、Li 或 Ce、Na 共掺杂与 Ce 单掺杂 $M_2Si_5N_8$ 的对比，发现 Li 或 Na 对发光行为的影响较小。但 Na^+ 明显能促进 Ce^{3+} 在 $M_2Si_5N_8$ 中的溶解，如 $Sr_2Si_5N_8$：Ce，Na 情况下，$Sr_2Si_5N_8$ 晶格至少可结合 5%（摩尔）Ce^{3+}。值得一提的是，$Ca_2Si_5N_8$：Ce，Li 与 $Sr_2Si_5N_8$：Ce，Li 的吸收峰与发射峰与基于 (In, Ga) N 的蓝光 LED 光源在 370～450nm 完美匹配，因此与其他发光材料结合，这些材料可产生白光。

Van Krevel 报道了 $M_2Si_5N_8$：Eu^{2+}（M＝Ca，Sr，Ba）在可见光范围内一个不寻常的 Eu^{2+} 长波发射（620～660nm），且吸收带位于可见区。由于存在氮配位，导致的共价性增强和晶体场劈裂效应，影响 Eu^{2+} 5d 能级，从而产生长波发射。随后，Höppe 等研究了 $Ba_2Eu_xSi_5N_8$ 系列化合物的发光特性，证实在 600nm 处存在两个发射峰，这对应于 $Ba_2Si_5N_8$ 基质晶格中两个 Ba(Eu) 格点，由于 Eu^{2+} 的再吸收过程，随着 Eu 浓度增加，发射峰值波长向长波长方向移动。

Y. Q. Li 等研究了碱土金属离子的类型和 Eu^{2+} 离子浓度对 $M_2Si_5N_8$：Eu^{2+}（M＝Ca，Sr，Ba）的发光特性的影响。Eu^{2+} 掺杂的 $Ca_2Si_5N_8$ 为单斜晶系，形成最大溶解度为 7%（摩尔）的有限固溶体，而 Eu^{2+} 掺杂的 $Sr_2Si_5N_8$ 和 $Ba_2Si_5N_8$ 为斜方晶系，能形成无限固溶体。$M_2Si_5N_8$：Eu^{2+}（M＝Ca，Sr）存在 600～680nm 的宽带发射，发光颜色从黄光变化到红光，这取决于 M 离子的类型和 Eu 浓度。随 Eu^{2+} 离子浓度增加，$Ba_2Si_5N_8$：Eu^{2+} 发射光谱峰值从 580nm 增加到 680nm，发光颜色从黄光变化到红光。长波长激发和发射是由于在 N_2 下，高的共价性和大的晶

体场劈裂对 Eu^{2+} 离子的 5d 能级的影响所致。随着 Eu^{2+} 离子浓度增加，由于 Eu^{2+} 离子改变了斯托克斯位移和再吸收，所有的 $M_2Si_5N_8$ 化合物的发射带都红移。在 465nm 的激发下，转换（量子）效率按 Ca 到 Sr 和 Ba 的顺序增加，特别是 $Sr_2Si_5N_8$：Eu^{2+}，量子效率达 75%～80%，在 150℃ 的热猝灭也只有百分之几，是应用于白光 LED 合适的红光发光材料。

利用纯的金属锶（Aldrich，99.9%，条）、钡（Aldrich，99.9%，条）和 Eu（Csre，99.9%，块）在装有干燥流动 N_2 的水平管式炉中，分别在 800℃、550℃ 和 800℃ 加热 8～16h，制备二元氮化物前驱体 SrN_x（$x\approx0.6\sim0.66$）、BaN_x（$x\approx0.6\sim0.66$）和 EuN_x（$x=0.94$）。其他原料为：氮化钙粉末 Ca_3N_2（Alfa，98%）和 $\alpha\text{-}Si_3N_2$ 粉末（Permascand P95H，α 相含量 93.2%，O 含量 1.5%）。

通过高温固相反应制备了 $M_{2-x}Eu_xSi_5N_8$ 多晶粉末（M＝Ca，$0\leqslant x\leqslant0.2$；M＝Sr，Ba，$0\leqslant x\leqslant2.0$）。以适当比例称量出 Ca_3N_2、SrN_x、BaN_x、EuN_x 和 $\alpha\text{-}Si_3N_2$ 粉末，放入玛瑙研钵中充分混合研磨。然后将混合物粉末放入钼坩埚中，所有操作都在充满纯 N_2 的干燥箱中进行。随后粉末放入水平管式炉中，在 1300～1400℃ 加热两次（中间取出研磨），分别是 12h 和 16h，气氛为流动 90% N_2/10% H_2，加热之后，样品放在炉中慢慢冷却，制备的氮化物与钼坩埚不反应。与已知量子效率的校准发光材料进行对比〔黄—橘黄—发射 $Sr_{2-x-y}Ba_xCa_ySiO_4$：Eu^{2+}（Sbcose）和红光发射 $Ca_{1-x}Sr_xS$：Eu^{2+}（Sarnoff）〕估算转换效率（即量子效率）。

对于 $Ca_{2-x}Eu_xSi_5N_8$，随着 Eu^{2+} 离子浓度从 $x=0$ 增加到 $x=0.14$〔即相当于 Ca 的 0～7%（摩尔）〕，晶胞体积变大，这与 Eu^{2+} 的尺寸（1.12Å，CN＝6）明显大于（大约 15%）Ca^{2+}（1.00Å，CN＝6）相关。当 x 值超过 0.14，出现相应的杂相，晶胞体积保持恒定。这表明，Eu^{2+} 在 $Ca_2Si_5N_8$ 中的最大溶解度大约是 $x=0.14$〔即 7%（摩尔）〕。由于 $Ca_2Si_5N_8$ 和 $Eu_2Si_5N_8$ 的晶体结构不同（即单斜晶系和正交晶系），二者形成有限固溶体。Eu^{2+} 离子比 Sr^{2+} 和 Ba^{2+} 的尺寸小，所以 $M_{2-x}Eu_xSi_5N_8$（M＝Sr，Ba）晶胞体积随着 x 增加几乎线性减小。此外，由于 Ba^{2+} 离子尺寸大于 Sr^{2+}，当掺入 Eu^{2+} 离子时，Ba^{2+} 离子晶格收缩要明显大于 Sr^{2+}。$M_2Si_5N_8$（M＝Sr，Ba）和 $Eu_2Si_5N_8$ 化合物都是正交晶系，$Sr_2Si_5N_8\text{-}Eu_2Si_5N_8$ 和 $Ba_2Si_5N_8\text{-}Eu_2Si_5N_8$ 之间完全固溶。

未掺杂的 $M_2Si_5N_8$ 体色为灰白色，所有未掺杂的 $M_2Si_5N_8$ 化合物在 300nm 左右的紫外范围内有明显的吸收，对应于 $M_2Si_5N_8$ 基质晶格中价带到导带的跃迁，带宽分别是：M＝Ca 时 250nm，M＝Sr 时 265nm，M＝Ba 时 270nm。对比未掺杂的样品，Eu^{2+} 掺杂的 $M_2Si_5N_8$ 对于 M＝Ca，Sr，它的体色从橘黄到红，对于 M＝Ba，从黄到红，随 Eu 浓度的变化，在可见光范围内（370～490nm）有强烈吸收。此外，随着 Eu 浓度增加，吸收峰起点向长波长方向移动，因此，Eu 浓度的变化能调节吸收范围（图6-51）。在整个 $0<x\leqslant2$ 范围内，吸收边不断地移向长波长方向。

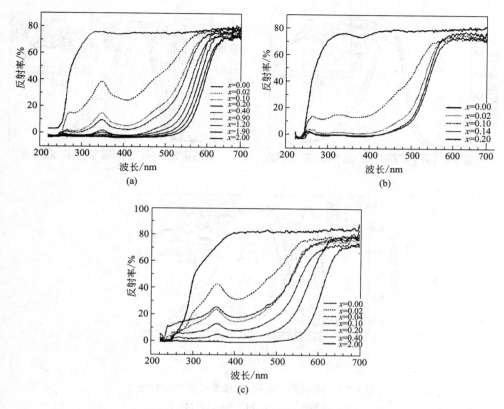

图 6-51　$M_{2-x}Eu_xSi_5N_8$ 的漫反射光谱

（a）M＝Ca；（b）M＝Sr；（c）M＝Ba

对于 $Sr_2Si_5N_8$：Eu^{2+} 是 490～608nm，对于 $Ba_2Si_5N_8$：Eu^{2+} 是460～608nm。

在 $M_2Si_5N_8$：Eu^{2+}（M＝Ca，Sr，Ba）激发光谱中，能区分相互接近的 5 个宽带峰（表 6-17 和图 6-52）。激发带的峰值分别位于 250nm、300nm、340nm、395nm 和 460nm，与 M 离子的类型、Eu 浓度和晶体结构无关，M 离子的不同仅能导致激发光谱微小的变化。250nm 处的第一激发带归结为基质晶格的激发（即 $M_2Si_5N_8$ 基质晶格的价带到导带的激发），剩下的激发带来自于 Eu^{2+} 的 $4f^7 \rightarrow 4f^6 5d$ 跃迁。$M_2Si_5N_8$：Eu^{2+} 最强的 5d 激发带大约在 395nm 处，5d 激发带的最低能级（非常宽，位于 420～500nm）能进一步分解成 2～3 个副带，尤其在 M＝Sr 且 Eu 浓度高时。此外，随着 Eu^{2+} 离子浓度增加，长波长处的副带变得更强，而 395nm 处的主激发带下降。但激发带的位置和形状没有明显改变。在 400～470nm 范围，$M_2Si_5N_8$：Eu^{2+} 有高效的吸收和激发，与来自 InGaN 基 LED 的蓝光辐射匹配得相当好。并没有出现 Eu^{2+} 尖峰的 f→f 跃迁，而是出现宽带发射特征，Eu^{2+} 掺杂的 $M_2Si_5N_8$ 样品中的 Eu 是二价的，红光宽带发射来自于 Eu^{2+} 离子的 $4f^6 5d \rightarrow 4f^7$ 跃迁。

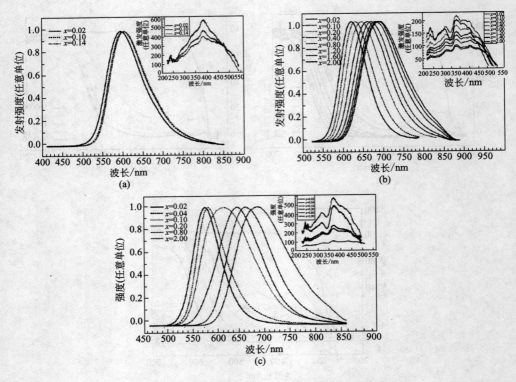

图 6-52　$M_{2-x}Eu_xSi_5N_8$ 的激发光谱和发射光谱

（a）M＝Ca；（b）M＝Sr；（c）M＝Ba

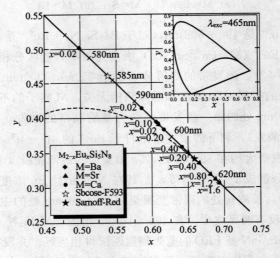

图 6-53　$M_{2-x}Eu_xSi_5N_8$（λ_{exc}＝465nm）

发射光谱的 CIE 色坐标图

表 6-17　$M_{2-x}Eu_xSi_5N_8$（M=Ca，Sr，Ba）的发光特性

$M_{2-x}Eu_xSi_5N_8$	M=Ca	M=Sr	M=Ba
晶系	Monoclinic Cc	Orthorhombic Pmn21	Orthorhombic Pmn21
Eu^{2+} 离子最大溶解度	$x=0.14$	$x=2.0$	$x=2.0$
5d 激发带/nm	297,355,394,460,496	294,334,395,465,505	295,334,395,460,504
发射带/nm	605~615	609~680	570~680
能级重心/cm^{-1}	25800	26000	26100
晶体场劈裂/cm^{-1}	13500	14200	14100
斯托克斯位移/cm^{-1}	3800	3700	3500
转化效率/%	50~55	75~80	75~80

　　尽管激发光谱与 M 离子的类型几乎无关，发射带的位置强烈取决于 M 离子的类型。例如，对于 M=Ca，Sr，Ba，Al，$M_2Si_5N_8$：Eu^{2+}［1%（摩尔）］发射带峰值分别在 605nm、610nm 和 574nm（图 6-53）。$Ca_2Si_5N_8$：Eu^{2+} 来说，随 Eu 浓度增加，发射光谱峰值从 605nm 红移到 615nm，光谱红移量并不大。对于 $M_2Si_5N_8$：Eu^{2+}（M=Sr，Ba）来说，随 Eu 浓度从低到高，Eu^{2+} 离子发射带分别从橘黄（M=Sr）或黄（M=Ba）向红区移动，最大的发射光谱峰值约为 680nm。$Ba_2Si_5N_8$：Eu^{2+} 光谱红移量达 107nm，比 $Sr_2Si_5N_8$：Eu^{2+} 的 71nm 要大。

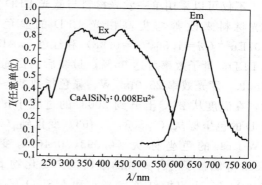

图 6-54　$CaAlSiN_3$：$0.008Eu^{2+}$ 的激发光谱和发射光谱

　　由于斯托克斯位移不同而产生的发射带移动按照 Ca、Sr、Ba（表 6-17）的顺序逐渐增加。对于 M=Ca，Sr，Ba，随 Eu 浓度变化，斯托克斯位移改变量分别是 $300cm^{-1}$、$1200cm^{-1}$、$2100cm^{-1}$。随 Eu 浓度增加，$M_2Si_5N_8$：Eu^{2+} 发射带红移主要归结为斯托克斯位移的增加及 Eu^{2+} 离子的再吸收。

　　在 465nm 激发下，$M_{1.98}Eu_{0.02}Si_5N_8$ 样品的相对发射强度分别是 71%（M=Ca）、87%（M=Sr）和 84%（M=Ba）。转换（量子）效率最高的 $Sr_2Si_5N_8$：Eu^{2+} 的转换（量子）效率大约是 75%~80%，这种化合物显示出很小的热猝灭。在 150℃，量子效率仅降低百分之几，而 $Ca_2Si_5N_8$：Eu^{2+} 的量子效率则下降到室温的 40%。$Ca_2Si_5N_8$：Eu^{2+} 较强的热猝灭是由于它的斯托克斯位移比 $M_2Si_5N_8$：Eu^{2+}（M=Sr，Ba）稍大，这与 Blasse 报道的高的热猝灭温度与大的碱土离子的关系是一致的。$Sr_2Si_5N_8$：Eu^{2+} 在应用于 LED 器件红光发射转换发光材料方面已经得到了证实。

　　Eu^{2+} 离子 $CaAlSiN_3$ 基质中呈现红色发光［［Eu^{2+}］=1.6%（摩尔），$\lambda_{max}=$

650nm，图 6-54]，其激发光谱可从紫外区延展到绿区（紫外至 600nm），适合于蓝光芯片和紫外芯片。最佳 Eu^{2+} 离子浓度为 1.6%（摩尔），随 Eu^{2+} 离子浓度增加，发射光谱红移。在 460nm 蓝光激发下，如果以 YAG：Ce 为 100%，$Ca_2Si_5N_8$：$0.008Eu^{2+}$ 的量子效率达到 102%，而 $CaAlSiN_3$：$0.008Eu^{2+}$ 则可达到 155%。特别是其温度特性优良，$Ca_2Si_5N_8$：$0.008Eu^{2+}$ 在 150℃ 的发光效率只有室温的 66%，$CaSiN_2$：$0.003Eu^{2+}$ 只有室温的 26%，而 $CaAlSiN_3$：$0.008Eu^{2+}$ 则可达到室温的 83%。

　　白光 LED 照明光源的品质表征指标是发光效率和显色性。对发光材料来说，其发光效率取决于激活剂浓度、相纯度、粒子结晶度、粉体形貌；显色性则取决于光谱特性。从上面的光谱数据可以知道，氮化物基质发光材料的发光颜色非常丰富，不仅可以采用单一发光材料与蓝光 LED 复合成白光，而且还可以利用多颜色发光材料来改善与提高白光 LED 的显色性能。如利用黄色 $Ca\text{-}\alpha\text{-}SiAlON$：$0.07Eu^{2+}$（$m=1.86$，$n=0.98$）和红色 $CaAlSiN_3$：Eu^{2+} 发光材料封装成暖白色白光 LED，量子效率可达 95%，封装后的白光 LED 色坐标（0.458，0.414），色温 2750K，发光效率 25.9lm/W，显色指数 82～88，而且，其色度稳定性非常好。例如，在温度从 25℃ 上升到 200℃ 的过程中，由 $Ca\text{-}\alpha\text{-}SiAlON$：$Eu^{2+}$ 制成的 pcW-LED 的色坐标从（0.503，0.463）变化到（0.509，0.464），而 YAG：Ce 制成的 pcW-LED 的色坐标从（0.393，0.461）变化到（0.383，0.433）。R. Mueller-Mach 等制备了一种高效的暖白色全氮化物 pcW-LED，所用的发光材料是含氮硅酸盐 $M_2Si_5N_8$（橙红色发光）和 $MSi_2O_2N_2$（黄绿色发光），得到了发光效率高（25 lm/W），显色性能好（CCT＝3200K，显色指数 $R_a>90$），色彩稳定性高的白光 LED。对于驱动电流和温度的稳定性可以达到非常高的 200℃ 以上。为了得到更高的显色指数，必须补充该蓝绿光。Kimura 等采用纯氮化物四色发光材料，即 $BaSi_2O_2N_2$：Eu^{2+}（蓝绿色）、$\beta\text{-}SiAlON$：Eu^{2+}（绿色）、$\alpha\text{-}SiAlON$：Eu^{2+}（黄色）和 $CaAlSiN_3$：Eu^{2+}（红色）与蓝光 LED 芯片制备出了显色指数 95～98，发光效率 28～35lm/W 的白光 LED。

　　稀土离子掺杂硅氮化物和硅氮氧化物为基质的发光材料，是继钇铝石榴石结构的 YAG：Ce 和硅酸盐发光材料（LMS：Eu）之后出现的最适合应用于白光 LED 制备的发光材料之一。虽然制备较困难，但其红色发光是目前所有材料中最好的，而且，其温度特性优良，它已经被证明是一种优越的白光 LED 用发光材料。

第7章　白光 LED 用发光材料的新体系探找

迄今为止，照明光源的发展获得广泛应用的主要有三大类：白炽灯、普通和紧凑型荧光灯及各种类型的高强度气体放电灯。这些均属于真空电光源器件。直到 1996 年，日本日亚公司推出白光 LED，照明光源的发展才开始了一个新的进程。

荧光体转换的白光 LED 权衡了技术、工艺、生产成本和照明质量等多种因素，被认为是一种综合性能适中、短期内有望实现产业化的固体光源。无疑光转换材料的研究也是当今发光材料研究领域中的前沿课题。

7.1　白光 LED 用发光材料制备中的影响因素

白光 LED 用发光材料在制备过程当中涉及一系列的化学问题，无论从提高质量和改进工艺，还是从探讨新体系材料，化学问题都十分重要，现叙述如下。

7.1.1　原料的纯度和晶型

作为一种发光材料，荧光粉的发光性能与晶体结构、电子结构及其相应的晶体场理论和能带理论有着微妙的关系，特别是荧光发光不可缺少的激活剂离子与其周围的晶体场环境、电子环境和晶格环境有着微妙的作用，导致了或好或坏的荧光发光性能。白光 LED 用荧光粉作为一种高技术的新型发光材料，对其所用的原材料有极其严格的要求，外来的无益杂质的引入往往在微观尺度起着微扰作用，使得材料的荧光性能下降或劣化。因此，选择合适的原材料是头等重要的问题。国内的荧光粉质量存在的一些问题，往往与原材料纯度、质量的稳定性息息相关。

合成白光 LED 用荧光粉的主要原材料主要有 Y_2O_3、CeO_2、Eu_2O_3、SiO_2、Si_3N_4 以及第二主族的 Sr、Ba、Mg 金属的碳酸盐、硝酸盐等盐类。随着我国对稀土行业的重视以及稀土精制工艺的成熟，一般国内稀土材料纯度可以达到要求，质量和批次的稳定性也相对较好。但是第二主族的 Sr、Ba、Mg 金属的碳酸盐、硝酸盐和用量较大的 SiO_2 的纯度和稳定性都不尽如人意。其中第二主族的 Sr、Ba、Mg 金属的碳酸盐在工业生产中应用较多，综合性能好。碳酸盐的提纯一般采取酸法浸取或者碱法浸取精制，但是无论何种工艺都很难保证产品的高纯度。一些 Fe、Co、Ni、Pb 等杂质均会降低荧光粉的发光强度。

原材料的形貌对荧光粉的制备也有较大影响，一般情况下，主要原材料的形貌会对其影响最大，基本控制最后产品的形貌，如在制备硅酸盐荧光粉的过程中，球形的二氧化硅能合成出粒度比较规则的硅酸盐发光产品。

　　合成白光 LED 用硅酸盐荧光粉用到的 SiO_2，国内常采用的技术是以石英砂作为原料经过精制提纯处理得到的。以相同的配比料和合成条件，用不同纯度的 SiO_2 制得的荧光粉，其发光性能的测试数据见表 7-1，荧光粉采用 HITACHI 的 F-4500 光谱仪测试激发光谱、发射光谱和发光强度，封装后 $\phi5$ 白光 LED 管使用杭州远方 PMS-50（增强型）紫外-可见-近红外光谱分析系统测试光效。从表 7-1 中可见，纯度对产品的影响很大。

表 7-1　原料二氧化硅纯度对荧光粉发光性能的影响

$SiO_2/\%$	其他/%	发光相对强度	封装后白光 LED 发光效率/(lm/W)
99.9		1.02	68
99	高纯 99.99	0.98	65
98		0.90	60
参比样品		1.00	68

　　从上表可以看出，二氧化硅的纯度高，产品具有较好的发光性能，其荧光粉的相对发光强度及封装后白光 LED 的发光效率均较好。随着二氧化硅纯度的降低，产品的发光性能变差，荧光粉的烧成物样品的外观也由黄色变为暗黄色。这可能是因为纯度低的二氧化硅含有较多的过渡金属、重金属离子，影响了 Eu^{2+} 的发光过程，从而影响了产品的发光性能。

　　为了得到综合性能较好的白光 LED 管，对荧光粉的研究重点也从其光学性能逐渐转移到物理特性方面，如荧光粉的粒度大小和形貌等，相应的对其所用的原料也是越来越严格。

　　比如，固相法制备白光 LED 用 YAG 荧光粉的过程中，所用的主要原材料有 Al_2O_3、Y_2O_3、CeO_2、Gd_2O_3、Ga_2O_3 等。通过实验发现，各原材料的纯度、原材料的粒径、原材料的形貌对合成 YAG 荧光粉的性能都有很大影响。大量的实验表明，不同类型的 Y_2O_3、CeO_2、Gd_2O_3、Ga_2O_3 对合成 YAG 荧光粉结果的影响不是很明显，但不同的 Al_2O_3 对 YAG 荧光粉的影响则很大。分别选用了 $\alpha\text{-}Al_2O_3$、$\gamma\text{-}Al_2O_3$、$\alpha+\gamma Al_2O_3$ 以及 $\gamma+\theta Al_2O_3$，实验结果见表 7-2。除 $\alpha\text{-}Al_2O_3$ 外的几种氧化铝，在氧化烧结制备 YAG 的过程中有氧化铝的晶型转变过程，$\gamma\rightarrow\theta$ 转变属于非晶格重建型转变，仅需要少量的能量就可以完成，因而这种转变过程对 YAG 氧化合成过程并无影响，但是 $\theta\rightarrow\alpha$ 过程属于晶格重建型转变，经历成核和生长两个阶段，需要较高的相变能，这种转变过程有可能对 YAG 粉的合成具有负面的影响，从而容易出现 YAM 和 YAP 等杂相，减少了 YAG 立方晶体结构的生成。

　　作为固相法合成 YAG 荧光粉的主要原材料的氧化铝，其物理特性不仅直接影响荧光粉的颗粒和形貌，而且还对荧光粉的光学性能、稳定性能和光衰等特性影响很大。作为荧光粉原料的氧化铝，除了要求其纯度外，还要求其具有结晶良好，颗粒较小且分布均匀，颗粒形貌较好，比表面积小等特点。因此，选择纯度高、粒径均匀、形貌好的氧化铝，制备性能优良的 YAG 荧光粉，具有重要的意义。下面就生产试验的一些经验分别加以叙述（有关试验结果参见表 7-2）。

表 7-2　原料氧化铝对 YAG 荧光粉发光性能的影响

项　　目		发光强度(计数)	LED 管的发光效率/(lm/W)
Al_2O_3 的纯度	99.9%	1452	70.21
	99%	1209	62.30
	98%	1130	58.21
Al_2O_3 的晶相	α- Al_2O_3	1432	69.89
	$\alpha + \gamma Al_2O_3$	1324	67.45
	γ-Al_2O_3	1289	65.21
	$\gamma + \theta Al_2O_3$	1132	59.00
Al_2O_3 的工艺	碳酸铝铵热分解法	1434	69.56
	硫酸铝铵热分解法	1220	61.59
	醇盐水解法	899	51.2
	改良拜耳法	895	51.0

7.1.1.1　原料 Al_2O_3 纯度的影响

氧化铝的纯度对产品的性能影响很大，不同纯度的氧化铝制得的 YAG 荧光粉，发光效率有明显的差别。用纯度较低的化学纯 Al_2O_3 烧成的 YAG 样品，表面颜色为暗黄色，而且内部有暗色不发光颗粒，收缩也差，激发和发射强度很低。而采用纯度为 99.9% 的 Al_2O_3 烧成的 YAG 样品，颜色均匀，呈鲜艳的黄色，发光效率明显提高。

7.1.1.2　原料 Al_2O_3 粒度的影响

荧光粉是高温固相反应生成的产物，配合蓝光芯片进行封装产生白色的发光，应用前景非常广阔。在封装制备过程中，要在芯片上涂上薄而致密的一层 YAG 荧光粉和透明树脂胶的混合物，大粒度的 YAG 荧光粉容易在胶体中产生沉淀，影响使用，而粒度太小，发光效率又会降低，所以为了获得较好的发光效率，在 LED 封装制备的应用中要求 YAG 荧光粉的粒度适中，约为 $5\sim10\mu m$ 且粒度分布尽量要窄。尽管固相反应制备过程复杂，但原料粒度的大小在很大程度上决定了 YAG 粉体的粒度大小。一般原材料的粒度越大，合成的 YAG 荧光粉的晶粒也越大，在后期加工过程中容易造成产品的收率比较低，生产成本加大。大量的实验表明，粒径为 $2\sim10\mu m$ 是合适的粒度选择。

从图 7-1 中可以看出，当所用氧化铝原材料粒径小于 $1\mu m$ 时所得的 YAG 荧光粉粒径也小，这样粒度大小的 YAG 荧光粉在封装使用时具有一定的局限性，发光效率明显很低，作者使用该粉和中国台湾广稼 ITO 芯片（芯片亮度 $70\sim80$mcd）

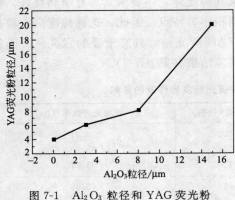

图 7-1　Al_2O_3 粒径和 YAG 荧光粉
粒径的关系

封装 $\phi5$ 白光 LED 管，发光效率测试仅为 $45\sim55lm/W$；当 Al_2O_3 的粒径大于 $12\mu m$ 后，高温合成的 YAG 荧光粉即使团聚很少，粒径也会明显增加，可达到 $20\mu m$ 以上，这样大的粒径会导致粉体在封装过程中发生沉淀，从而出现漏光、偏色、亮度不均匀等现象，给应用中带来一些不可解决的问题。为了得到可以应用的细的 YAG 荧光粉，需要进一步研磨，在研磨过程中荧光粉的晶体结构遭到破坏，而且很容易引入杂质，随着研磨的进行，YAG 荧光粉的亮度衰减也愈发严重，这样获得的最终粉体粒度分布宽，形貌较差，不能有效地吸收芯片所发射的蓝光，因此发光效率也不高。

7.1.1.3　原料 Al_2O_3 形貌的影响

YAG 荧光粉的形貌和尺寸对于获得高亮度的 LED 是一个很重要的影响因素。对于发光体来说，最理想的发光体应该是形貌规则的，并且形状规则、大小均一、具有规则形状的 YAG 具有很高的堆积密度，可以减少光的散射，获得较高的发光效率。其次，形状规则近似球形的 YAG 具有最小的受力面积，使不规则发光层最小化，因此具有较长的发光寿命。

YAG 荧光粉的性能优劣与其所用的原材料 Al_2O_3 有很大关系，选择了几种不同工艺制备的 Al_2O_3 加以对比，由这几种不同工艺得到的 Al_2O_3 形貌各不相同。目前，氧化铝主要由硫酸铝铵热分解法或碳酸铝铵热分解法、改良拜耳法、醇盐水解法等方法制备，这几种工艺生产的氧化铝形貌各不相同，醇盐水解多为无定形硬团聚颗粒，粒径分布宽，比表面积大，反应活性低，颗粒形貌为"枕状"，颗粒与颗粒之间有"脖"相连，因此形貌不好。但此法可以得到超高纯度的 Al_2O_3，以此原料制备的 YAG 荧光粉颗粒大小和形貌不易控制，而且存在发光效率低、光衰差等问题。硫酸铝铵热分解法和碳酸铝铵热分解法生产的氧化铝颗粒均匀，形貌近似球形，纯度也可达到要求。用此氧化铝制得的 YAG 荧光粉具有优异的物理性能和使用性能。图 7-2、图 7-3 展示了由不同形貌的 Al_2O_3 高温合成的 YAG 荧光粉的电镜图。

7.1.2　配比组成的均匀性和活性

按照化学计量比准确称取一定量原料，然后充分混合。在混料的时候，适当的混料方式、研磨罐的材质、混料时间、料和球的比例、磨球的级配、研磨机转速等方面对合成荧光粉的性能都有一定影响。

荧光粉的发光效率主要取决于基质，一般根据基质的组成确定所需原料的配比

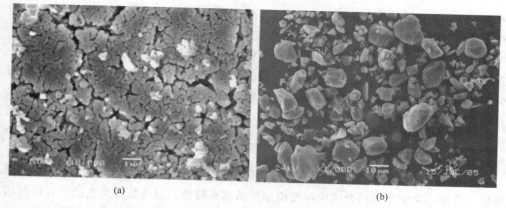

图 7-2　(a)"枕状"Al_2O_3 电镜图；(b) 高温合成的 YAG 荧光粉电镜图

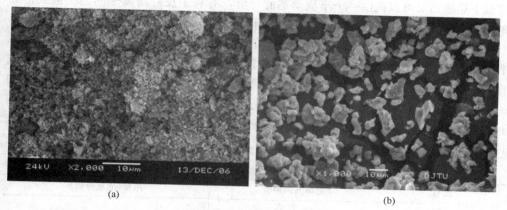

图 7-3　(a)"球状"Al_2O_3 电镜图；(b) 高温合成的 YAG 荧光粉电镜图

和类型，但原料及前驱物的反应活性也决定着最终荧光粉的质量。在通常的固相合成反应中，原料的粒度及比表面积是固定的，因此需要较高的温度和较长的烧结时间来获得荧光粉，原料较差的活性会使得反应过程中的扩散速率变慢，母料往往不能完全"烧透"(反应均匀)。结果将是不能获得极高性能、高强度的荧光材料。鉴于上述原因，各种软化学方法，如共沉淀法、溶胶-凝胶法、热分解法等逐渐开始用于荧光粉的合成当中。软化学方法制备出的原料及前驱物具有较小的粒度、较大的比表面积，反应活性相对较高，在较低的温度下、较短的烧结时间内即可成相，代表了荧光粉合成的一个趋势。但由于工艺的复杂以及产业化的困难，实际的工业应用不多。

　　由于某些原料在高温下挥发、在空气中吸潮等因素往往不能按照实际的化学理论计量比来配料，一般根据工艺的实际情况和原料的类型，对某些原料适当地过量才能保证得到纯相的荧光粉。例如，在合成硅酸盐荧光粉的反应中，为了增加反应的活性，降低烧结的成本，在原料的配比中一般使用过量的 SiO_2，过量的 SiO_2 虽

　　然提高了荧光粉的光效，但过量的 SiO_2 混于其中，封装后严重影响芯片光的通透性，使得整体的封装后 LED 的发光效率受到影响。

　　在荧光粉的合成当中，各组分配比原料的充分混合也是烧结工艺前的一个重要条件。对于荧光材料来说，其特点是少量的甚至是微量的激活剂或共激活剂离子的引入而引起的发光。微量成分在每个荧光粉晶粒中的均匀分布对于获得高强度的荧光才有意义。利用软化学方法使得激活剂或共激活剂达到分子、原子水平的均匀混合，从而起到在每一个荧光体颗粒中均匀分布的效果。在生产实际中被证明是完全可行的。

　　在固定了原料和配比的条件下，为了促进高温固相反应，加快其反应速率，降低反应温度，在荧光粉的合成中都要添加少量熔点较低、对产物发光性能没有影响的碱金属或碱土金属卤化物、硼酸等作为助熔剂。由于助熔剂本身具有较低的熔点，在高温下熔融后又可以提供一个半流动态的环境，有利于反应物离子间的扩散及产物的结晶。助熔剂的种类很多，其效果也不同，一般采用混合助熔剂的效果很好。

　　按表 7-3 分别配制 8 个样品。这些样品的相对发射强度和粒径列于表 7-4。从表中可以看出，加入助熔剂后，样品的发射强度都有较大提高。而加入两种助熔剂比单独加入一种助熔剂的样品发射强度要高，粒度分布也要好一些。其中添加 0.5% 的 BaF_2 与 0.5% 的 H_3BO_3 所得荧光粉中心粒径（D_{50}）较小，粒径分布范围相对也较窄，发射强度比不加入助熔剂所得到的荧光粉高 25%。综合来看，H_3BO_3 与 BaF_2 同时作为助熔剂效果最好。

表 7-3　样品编号及助熔剂的种类和用量

编号	助熔剂的种类	用量（质量分数）
1#	无	0
2#	$BaF_2 + H_3BO_3$	0.5% + 0.5%
3#	H_3BO_3	1%
4#	NH_4Cl	1%
5#	NH_4F	1%
6#	BaF_2	1%
7#	$NH_4Cl + H_3BO_3$	0.5% + 0.5%
8#	$NH_4Cl + H_3BO_3$	0.5% + 0.5%

表 7-4　样品的相对发射强度和粒径

编号	相对发射强度/%	粒径/μm		
		D_{10}	D_{50}	D_{90}
1#	75	9.4	4.9	2.5
2#	100	10.7	5.8	2.8
3#	89	12.9	7.4	3.1
4#	87	12.5	7.3	3.0
5#	90	12.0	7.9	3.9
6#	79	13.0	6.9	3.8
7#	96	11.1	6.7	3.4
8#	94	10.9	6.4	3.2

7.1.3　烧结工艺

除少数体系外，大多数荧光粉材料都是三元以上的体系。因此合成反应时物相的平衡极为重要。不同体系的荧光粉的合成工艺均不同且各有窍门和特点，烧结工艺对荧光粉的影响最重要。在合成反应过程中反应温度和合成温度曲线共同决定了产物的粒径和晶型。一般温度的高低决定了产物荧光粉的粒径大小，温度曲线即升降温的速度决定荧光粉的晶型。如何在较低的温度下合成出质量优良的晶粒，即晶粒发育完全、合理。比如在 YAG 的合成反应中需要将 Ce^{4+} 还原成 Ce^{3+}，还原进行得是否完全严重影响荧光粉的质量，包括亮度、光谱和色坐标。

不同的加热速度（慢速、中速、快速，$50 \sim 1000℃/h$）对亮度和光谱影响很大。在快速加热的条件下（$>650℃/h$），样品的亮度较好，但对窑炉的要求加高，损坏也厉害，生产成本高。在中速加温的条件下（$300 \sim 650℃/h$），荧光粉的体色最佳，色坐标也最纯正，最佳的加热速度为 $395℃/h$。

不同的保温时间和冷却速度对荧光粉也有很大影响。当保温时间超过 8h 时，有利于高温固相的扩散反应完全，样品发育完整，烧结体致密，产品的亮度高。

冷却速度不同得到产品的结果也完全不同，慢速冷却（$>100℃/h$），导致产品的烧结过于致密，甚至于后续的加工很困难，又造成了产品亮度的损失。自然冷却（$100 \sim 150℃/h$）和冷空气强制的中速冷却（$150 \sim 300℃/h$）不影响荧光粉的特性。从高温区直接推进到室温区的快速冷却（$300 \sim 1650℃/h$）条件下，由于热震造成样品的冲击，样品很松脆，体密度低，非常利于后期加工的处理，但是易造成出炉坩埚内烧结体的不均匀氧化，必须通过选粉工艺剔除氧化部分，否则很难得到优质的荧光粉。

7.1.4　后处理工艺

荧光粉的后处理包括选粉、破碎、分级、洗粉、包膜、筛选等工艺。为了保证合成荧光粉的质量，除去合成过程中的杂质，过量的成分，特别是要保持合适的荧光粉的粒度，往往要洗粉和分级，这些处理工艺对提高产品的质量有利，但是成本增加很多。在破损和分级过程中，无疑会对荧光粉的粒度和晶型有破坏。当荧光粉经破碎分级达到一定细小粒度后，其荧光强度往往会下降。通常来讲，荧光现象是由适当"杂质"缺陷引起的，破碎工艺造成了荧光粉晶体的不利于发光的缺陷增加，从而影响了激活剂离子在周围环境中的微妙作用，跃迁和发射都被局限。因此在荧光粉合成中，通过精细的控制合成条件，尽量减少后处理环节，获得细小粒度而又结晶完好的荧光体意义重大。

白光 LED 对荧光粉的粒径要求比较高，粒径太大不仅浪费大量的荧光粉，使其成本提高，而且会阻挡芯片所发的蓝光，从而会影响芯片效率，影响封装效果。粒径太小，荧光粉的发光强度会急剧下降，难以得到亮度较好的白光 LED，就硅酸盐荧光粉而言，在达到同样发光效率的前提下，由于在封装过程中其用量比 YAG 荧光粉大约多一倍，粉的堆积厚度较大，因此硅酸盐荧光粉的粒径可以略大。大连路明公司生产的牌号为 LMS-550-A 的硅酸盐荧光粉的中心粒径平均为 $18\mu m$，在封装工艺当中结果较好，调节其适当粉和胶的浓度就能封装好白光 LED。

通过高温固相反应烧成 YAG 荧光粉烧结体，需要将其破碎成小块，然后通过研磨的方式得到荧光粉颗粒。但是破碎和研磨往往会降低材料的发光效率，这是因为在研磨过程中的碾压摩擦作用使得晶粒中产生晶体缺陷，从而降低发光效率。为了得到更细的荧光粉颗粒产品，后处理液相分级也是必要的工艺。但不管什么方法都会一定程度上破坏荧光粉的晶格，从而影响其发光性能。所以尽可能地采取弱研磨或不研磨的方法，制备出粒径合适的荧光材料产品。大连路明公司所生产的硅酸盐荧光粉基本不需研磨，产品的形貌较好，封装后的 LED 发光性能很好。该硅酸盐荧光粉（牌号为 LMS-550-A）的扫描电镜图如图 7-4 所示。

图 7-4　LMS-550-A 的扫描电镜图

7.2　探找新体系

7.2.1　概述

自 1996 年荧光体转换的白光 LED 问世以来，转换用荧光体的研究进展十分迅速，成就显著，尤其是硅酸盐体系和含氮体系，因其具有的激发带宽、稳定性好、易掺杂、无毒害、无污染等优异特质，颇为令人关注。大连路明公司在硅酸盐体系研发方面取得的一些重要成果，为快速探寻新的荧光体，为尽早实现白光 LED 高效率、高亮度、高显色性的高质量化展示了令人鼓舞的前景。图 7-5 给出的是国内外一些正在探找中的碱土硅酸盐体系。表 7-5 给出的是一些国内外正在探找中的可用于白光 LED 的氮化物基质。

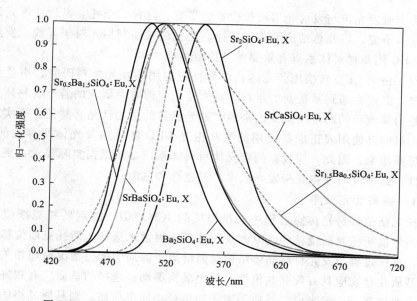

图 7-5　可用于白光 LED 的若干硅酸盐体系 （X＝Ce，Mn，Ti）

表 7-5　一些国内外正在探找中的可用于白光 LED 的氮化物基质

含氮体系通式	化合物表达通式或分子式		含氮体系通式	化合物表达通式或分子式
M-Si-M	M_4SiN_4	M_4Si_6N	M-Si-O-N	$YSiO_2N$
(M＝Mg,Ca,Sr,Ba,Ln,Y)	$M_5Si_2N_6$	$Y_6Si_3N_{10}$	(M＝Y,La,Yb,Ca,Sr,Ba)	$YSi_2O_7N_4$
	$MSiN_2$	$Y_2Si_3N_6$		$Y_2Si_3O_3N_4$
	MSi_7N_{10}	MSi_3N_5		$Y_4Si_2O_7N_2$
	$SrSi_7N_{10}$	$M_9Si_{11}N_{23}$		$Y_5(SiO_4)_3N$
	$M_2Si_5N_8$	$M_2Si_4N_7$		YSi_3O_3N
	$M_3Si_6N_{11}$	$Y_2Si_4N_6C$		$YbSi_3O_3N$
M-Ge-N	Ca_2GeN_2	$Sr_{11}Ge_4N_6$		$MSi_2O_2N_2$
(M＝Ca,Sr)	Ca_4GeN_4	Sr_3GeMgN_4		$LaSi_2O_2N_3$
	$Ca_5Ge_2N_6$	$Li_4Sr_3Ge_2N$		$LaSi_3ON_5$
M-Al-N	$MAlSiN_3$	$Sr_3Al_2N_2$	Si-Al-O-N	α-SiAlON
(M＝Mg,Ca,Sr,Ba)	α-$Ca_3Al_2N_4$	$Ca_6Al_2N_6$		β-SiAlON
	β-$Ca_3Al_2N_4$			Ca-α-SiAlON
M-Ga-N	$Sr_3Ga_2N_4$	$LiSrGaN_2$		Li-Ca-α-SiAlON
(M＝Mg,Ca,Sr)	$Sr_3Ga_3N_5$	$Ca_3Ga_2N_4$	MAl_2SiO_4N	$SrAl_2SiO_4$
	Sr_3GaN_3	α-$Ca_3Ga_2N_4$	(M＝Ca,Sr,Ba)	
	Sr_6GaN_5	$(Ba_6N)[Ga_5]$		
	$(Sr_6N)[Ga_5]$			

　　在探找新体系的研究进程中，值得指出的是，一些相关基础理论研究成果为材料预测与设计提供了许多有益的启示。Dorenbos 关于 Ce^{3+} 和 Eu^{2+} 在各种无机化

合物基质中激发光谱与发射光谱波长位置、带宽、红移、斯托克斯位移等光谱特性的广泛深入研究，以及总结出的若干规律、建立的某些判据，对于寻找、发现和研究白光 LED 用新材料体系具有重要参考价值。

然而，白光 LED 转换用荧光体，作为特定应用的发光材料研究，毕竟是一个新的方向，必定会遇到某些新的难题。特别是，当前着力研究的若干材料体系，多半都曾是为其他目的而专门研发出来的，缺乏满意的适用性是必然的。事实正如前面所述，目前已使用或正准备使用的某些白光 LED 转换用荧光体所存在的问题，已逐渐显露出来。因此，探找新的荧光体材料体系，必须根据实际要求，更多地强调针对性。这种针对性主要指发光效率、显色性和色温。

7.2.1.1 提高发光效率

斯托克斯位移是光转换过程中能量损耗的主要原因。控制斯托克斯位移的途径，应当依据斯托克斯位移产生原因及相关影响因素来选择。斯托克斯位移源于晶格振动，这一过程与发光材料晶体结构及激活离子的周围配位情况密切相关。因此选择的基质化合物应具有较强共价性，减小晶格振动；选择的基质应有较好热稳定性，猝灭温度高。一般来说，基质阳离子的半径小而电荷高，则基质晶格的键强度大。在这种刚性晶格中，基态与激发态的平衡距离差相应变小。图 7-6 是不同 N 含量的 Ca-Al-Si-O-N：Eu^{2+} 玻璃的激发光谱与发射光谱。从图中可以看出，随 N 含量增加，发射谱峰位置逐渐红移 [N 含量 3.8%、7.7%、12.7%（原子百分数），其发射谱峰位置分别为 580nm、630nm 和 680nm]。这是因为 N 的引入部分替代 O，与 Eu 配位的 N 增多，N 周围致密化，化合物共价性增强。类似情况在 $M_2Si_5N_8$：Eu^{2+} 和 $M^{II}Si_2O_2N_2$：Eu^{2+} 中反映更为明显。

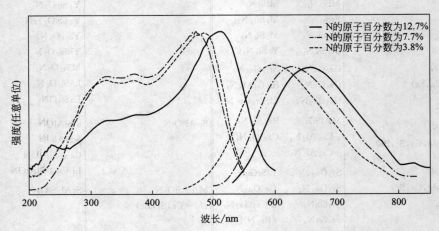

图 7-6　不同 N 含量的 Ca-Al-Si-O-N：Eu^{2+} 玻璃的激发光谱与发射光谱

激活离子的激发带谱峰位置尽可能与激发用 LED 的发射峰一致，并且对 2-pc-LED 和 3-pc-LED 而言，几种荧光体的激发带谱峰位置必须相同或相近，以保证对激发能量的充分吸收。

图 7-7 表示出三波长复合成的白光的发光效率 η 与波长 λ 的关系。可以看出，若只有两个波长复合成白光的情况下，450nm 和 580nm 可获得最高效率。三波长则选择波长 450nm、540nm 和 610nm 时效率最高。

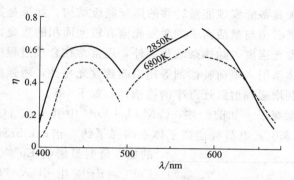

图 7-7　三波长复合成的白光的发光效率 η 与波长 λ 的关系

7.2.1.2　改善显色性

显色性的制约因素比较多，特别是在提高显色性的同时不能过多降低发光效率。显色性与发射波长关系密切。由 450nm、540nm、610nm 三波长复合成的白光，其显色性与波长的关系如图 7-8 所示，可以看出，由这三个发射波长复合的白光显色性最佳（有害波长是 500nm 和 580nm）。另外，确定显色性的前提必须是以相关色温为参照条件。因此提高显色性一定要顾及到发光效率和色温这些至关重要的因素。如果在比较侧重考虑显色性的情况下，可通过控制或调整光源所发出光的光色比例来实现。

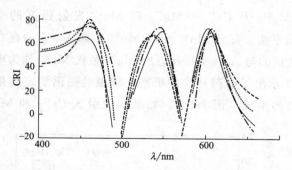

图 7-8　三波长复合成的白光的显色性 CRI 与波长 λ 的关系

7.2.1.3　增强发射强度

发光效率是光通量与辐射通量之比，单位是流明/瓦（lm/W），实际上是辐射度学与光度学上两种单位量的一个比值，或者是存在的一个相关系数。而发光强度、发光亮度也都与光通量有关。增强发光强度、提高发光亮度对提高发光效率都是有益的。增强发光强度通常办法是在体系中掺入敏化离子，通过能量传递使激活离子发射强度增强。一般情况下，是在激活离子对激发能量吸收作用较弱时，选择一种对这一激发能量具有较强吸收能力的敏化离子，在发光材料合成过程中，与激活离子一起掺入到体系中，使其将吸收的激发能转移给激活离子发光。敏化离子与激活离子之间必须具备能实现能量转移的匹配能级结构。如果是共振传递机制，敏化离子的发射光谱必须与激活离子的激发光谱有较大面积的重叠，才会有较高能量传递概率。增强发光强度，除掺杂敏化剂外，还常常在合成过程中引入助熔剂，对一些不等价取代体系引入电荷补偿剂等用以改善发光特性，增强发射强度。有时还刻意引入某些有利增强辐射跃迁概率的掺杂剂，如 F^- 等。

（1）电荷补偿离子　如前所述，$CaMoO_4$：Eu^{3+} 中引入 K^+（或 Na^+，或 Li^+），Eu^{3+} 发射强度比未引入电荷补偿离子体系增强了约 3 倍；$LiSrSiO_4$：Eu^{2+} 中 Li^+

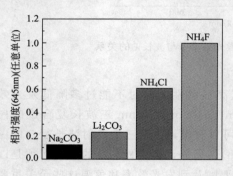

图 7-9　CaS：Eu^{2+}，Er^{3+} 中引入助熔剂后 645nm 发射强度的变化

的加入量明显影响 Eu^{2+} 发射强度；CaS：Eu^{2+}，Er^{3+} 中引入 Na_2CO_3、Li_2CO_3、NH_4Cl 和 NH_4F，Eu^{2+} 的 645nm 发射强度逐渐增强（图 7-9），并发现 Li^+ 半径小，进入格位间隙，产生阳离子空位，加速了离子扩散；与 NH_4Cl 不同，NH_4F 的引入，增强了颗粒生长的稳定性，提高了发射强度。体系中引入的这些不同盐类化合物都是助熔剂，而这些碱金属（碱土金属离子）都起到了电荷补偿剂作用。

图 7-10 是 $CaAl_{12}O_{19}$：Mn^{4+} 体系中，分别引入 CaF_2、MgF_2 及 CaF_2+MgF_2 后 Mn^{4+} 发射强度的变化。Mn^{4+} 取代 Al^{3+}，为达到电荷平衡，部分 Mn^{4+} 变成 Mn^{2+}，而 Mn^{2+} 的存在将降低 Mn^{4+} 的发光强度。引入适量的与 Al^{3+} 半径接近的 Mg^{2+} 替代 Mn^{2+} 作为电荷补偿剂，发射强度增强。图 7-11 示出了电荷补偿的机制。顺磁共振谱测定结果证明了 Mg^{2+} 的引入抑止了 Mn^{2+} 的生成（图 7-12）。如果同时引入 CaF_2 和 MgF_2，则 Mn^{4+} 的

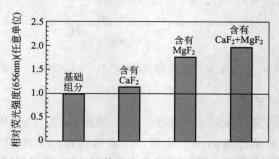

图 7-10　$CaAl_{12}O_{19}$：Mn^{4+} 体系中引入电荷补偿剂后的发射强度变化

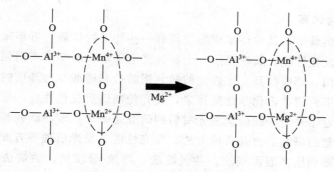

图 7-11 电荷补偿的机制示意图

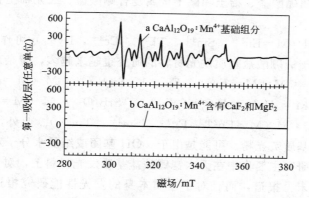

图 7-12 电荷补偿剂引入前后体系的顺磁共振谱

656nm 发射强度增强更明显，这是由于助熔剂与电荷补偿剂协同作用引起的效果。

（2）F^- 离子 在一些荧光体如 Eu^{2+} 或 Eu^{3+} 激活的硅酸盐、钼酸盐或钨酸盐中，引入 F^- 常常会使发射强度增强。例如，在 $LiEuM_2O_8$（M＝Mo，W）中加入 F^-，可使 Eu^{3+} 的超灵敏跃迁发射强度增强近 2 倍，其原因是 F^- 格位取代部分 O^{2-} 后使 Eu^{3+} 配位结构改变，从 S_4 变为 C_1（图 7-13）。这种结构对称性改变对 Eu^{3+} 电偶极跃迁有利。更重要的原因是，F^- 的引入降低了声子能量，增大了辐射跃迁概率。

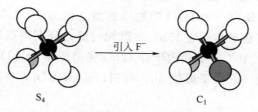

图 7-13 $LiEuM_2O_8$（M＝Mo，W）中加入 F^- 后
Eu^{3+} 配位结构的改变

7.2.2 硼酸盐体系

硼酸盐种类繁多，其中许多硼酸盐具有一些特殊的性能，近年来发现一些硼酸盐具有特殊的发光性能，其在显示、光源、光电子学、医学等不同领域中已得到了一定程度的利用。硼酸盐具有比以硅酸盐、铝酸盐和磷酸盐为基质的发光材料合成温度低，合成工艺简单，化学性质稳定，荧光粉制灯后显色性好，发光效率高，光衰小等特点。近年来对于硼酸盐发光材料的研究是一个比较活跃的领域，人们在此方面进行了大量的研究，在其合成方法、发光性能、发光机理等方面的研究取得了一定进展，主要利用高温固相法、共沉淀法、溶胶-凝胶法、燃烧法、热分解法等方法合成不同种类的硼酸盐基质发光材料。按其组成分类，常见的基质为稀土金属硼酸盐、碱土金属硼酸盐、稀土和碱土金属复合硼酸盐、二元稀土金属硼酸盐及多硼酸盐。

$LiSrBO_3$：M（M＝Eu^{3+}，Sm^{3+}，Tb^{3+}，Ce^{3+}，Dy^{3+}）可作为 LED 发光材料等。因此，关于锶硼酸盐基质发光材料的研究也越来越多，掺杂离子主要是稀土离子，如 SrB_2O_4：M（M＝Eu^{3+}，Eu^{2+}），$Sr_2B_2O_2$：M（M＝Eu^{3+}，Eu^{2+}），$Sr_3B_2O_6$：M（M＝Eu^{2+}，Eu^{3+}，Yb^{3+}），SrB_4O_7：M（M＝Eu^{2+}，Eu^{3+}，Sm^{2+}），SrB_6O_{10}：M（M＝Eu^{2+}，Eu^{3+}，Sm^{2+}，Tm^{2+}）。此外，还有锶和稀土金属复合硼酸盐基质荧光粉。可能是由于—OH 基团或结晶水分子对物质荧光有猝灭作用，目前的研究主要集中在无水锶硼酸盐基质发光材料上，对于水合锶硼酸盐基质发光材料还未见报道，而且对于基质本身的发光性能研究报道也很少。实际上，大部分水合硼酸盐也具有一定的发光性能。

Liu 等采用水热法得到纳米 $MgBO_2(OH)$，其中 260nm 紫外线激发下，Eu^{3+} 掺杂的 $MgBO_2(OH)$ 纳米带展现了一个较强的红色发射光谱。表明 $MgBO_2(OH)$ 是一个新的基质发光材料，在 Eu^{3+}、Y^{3+} 共掺杂下，其发射光谱效率和强度都有较大的提高。

黄宏升等利用液相共沉淀法及高温焙烧前驱体法分别制备了 $SrB_2O_4 \cdot 4H_2O$、$SrB_2O_4 \cdot 4H_2O$：Eu^{3+}、SrB_2O_4 和 SrB_2O_4：Eu^{3+}。

$SrB_2O_4 \cdot 4H_2O$ 和 SrB_2O_4 的制备方法是：在搅拌下，将 0.1mol/L $SrCl_2$ 和 20mL PEG-300 溶液缓慢加入 NaOH 与 $Na_2B_4O_7 \cdot 10H_2O$ 混合溶液中，其中 $SrCl_2$、NaOH、$Na_2B_4O_7 \cdot 10H_2O$ 的物质的量之比为 1∶2.5∶1。将混合溶液超声振荡 30min，在室温下共反应 12h。将沉淀过滤，分别用蒸馏水、无水乙醇及无水乙醚洗涤，最后在 40℃干燥箱内干燥 12h，得前驱体 $SrB_2O_4 \cdot 4H_2O$。将所得前驱体置于马弗炉中在 800℃下煅烧 3h，得到产品 SrB_2O_4，待冷却后，将其放入干燥器中恒重。

$SrB_2O_4 \cdot 4H_2O$：Eu^{3+} 和 SrB_2O_4：Eu^{3+} 的制备方法是：在搅拌下，将 0.15mol/L $SrCl_2$ 溶液与计算比例的 0.05mol/L $Eu(NO_3)_3$ 溶液（由定量氧化铕，

在加热的条件下加入体积比为 1∶1 的硝酸溶液使其完全溶解，缓慢蒸发除去多余的硝酸，待冷却到室温加入去离子水配成）和 10mL PEG-300 缓慢加入 NaOH 与硼砂混合溶液中。原料 $SrCl_2 \cdot 6H_2O$、NaOH、$Na_2B_4O_7 \cdot 10H_2O$ 的物质的量之比为 1∶2.5∶1。将其超声振荡 30min，在室温下共反应 12h。将沉淀过滤，分别用蒸馏水、无水乙醇及无水乙醚洗涤，最后在 40℃ 干燥箱内干燥 12h，得到前驱体 $SrB_2O_4 \cdot 4H_2O$∶Eu^{3+}。将所得前驱体置于马弗炉中在 800℃ 下煅烧 4h，得到产品 SrB_2O_4∶Eu^{3+}。

图 7-14 为样品在激发波长为 267nm 时的室温发射光谱。在波长 300～500nm 范围内都出现一个很强的紫外发射峰，而且发射峰位置基本一致，332nm 处发射峰强度最高，发射峰位置基本不受结晶水及掺杂离子的影响，其发射峰为基质自激活发光，主要是由样品本身的结构缺陷产生的。但是，样品发射峰的强度有明显的不同，基质 SrB_2O_4 和 $SrB_2O_4 \cdot 4H_2O$ 发光强度分别高于 SrB_2O_4∶$0.09Eu^{3+}$ 和 $SrB_2O_4 \cdot 4H_2O$∶$0.09Eu^{3+}$ 的发射峰强度。这可能是一部分 Eu^{3+} 替代了 Sr^{2+}，基质吸收的能量一部分有效地传递给了发光中心 Eu^{3+}，导致在此区域自激活发光强度降低。此外，图 7-14 中 SrB_2O_4 和 SrB_2O_4∶$0.09Eu^{3+}$ 的发射峰强度明显高于 $SrB_2O_4 \cdot 4H_2O$ 和 $SrB_2O_4 \cdot 4H_2O$∶$0.09Eu^{3+}$，说明结晶水对发光具有较强的猝灭作用，成为猝灭中心，从而影响其发光强度。

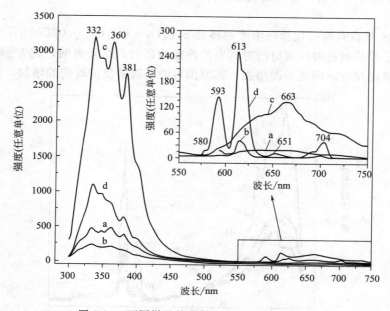

图 7-14　不同样品的发射光谱（$\lambda_{ex}=267nm$）

a—$SrB_2O_4 \cdot 4H_2O$；b—$SrB_2O_4 \cdot 4H_2O$∶$0.09Eu^{3+}$；c—SrB_2O_4；d—SrB_2O_4∶$0.09Eu^{3+}$

图 7-15 为在 267nm 波长的光激发下，SrB_2O_4∶Eu^{3+} 和 $SrB_2O_4 \cdot 4H_2O$∶

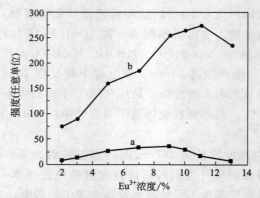

图 7-15   发光强度与 Eu^{3+} 掺杂浓度的关系 （$\lambda_{ex}=267nm$，$\lambda_{em}=613nm$）

a—$SrB_2O_4 \cdot 4H_2O$：Eu^{3+}； b—SrB_2O_4：Eu^{3+}

Eu^{3+} 在 $\lambda=613nm$ 处 （$^5D_0$—$^7F_2$）发光强度与 Eu^{3+} 掺杂浓度的关系。由图 7-15 可知，相同掺杂量的 $SrB_2O_4 \cdot 4H_2O$：Eu^{3+} 发光强度弱于 SrB_2O_4：Eu^{3+}。发光强度随着掺杂浓度的增大而增强，这是因为随着掺杂浓度的增大，基质中发光中心增多而引起的，当掺杂浓度进一步增大，发光强度随掺杂浓度的增大而又减弱，发生了浓度猝灭，SrB_2O_4：Eu^{3+} 和 $SrB_2O_4 \cdot 4H_2O$：Eu^{3+} 的猝灭浓度都比较高，分别为 11％和 9％。由于前者不存在结晶水的猝灭影响以及样品的粒径较小，引起其猝灭浓度较大。

图 7-16 是以具有最佳掺杂浓度的样品 $SrB_2O_4 \cdot 4H_2O$：$0.09Eu^{3+}$ 作为研究对象，研究了样品制备时反应时间对其发光性能的影响。结果表明，其 $\lambda=613nm$ 处的发光强度随反应时间延长而增强，其原因可能是随着反应时间的增加，产物的结

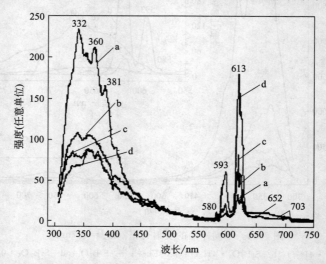

图 7-16   不同反应时间制备的 $SrB_2O_4 \cdot 4H_2O$：$0.09Eu^{3+}$ 样品的发射光谱 （$\lambda_{ex}=267nm$）

a～d—不同反应时间制备

晶度增强以及样品的粒径增大引起的。

通过上述的研究结果表明，$SrB_2O_4 \cdot 4H_2O$ 和 SrB_2O_4 在紫外区具有较强的发光性能，可作为良好的紫外发光材料。对比研究发现，结构水对基质本身以及掺杂荧光粉都具有一定的荧光猝灭作用，虽然 $SrB_2O_4 \cdot 4H_2O$：Eu^{3+} 的发光性能较 SrB_2O_4：Eu^{3+} 差，但通过调整反应时间、提高掺杂量，可以克服结构水的猝灭作用的影响，大大提高 $SrB_2O_4 \cdot 4H_2O$：Eu^{3+} 发光性能。而且具有更高的红橙比，并且其猝灭浓度较大，是一种良好的新型发光基质。

苏锵等研制的复合硼酸盐 $Sr_3Y_2(BO_3)_4$：Dy^{3+}、$LnCa_4O(BO_3)_3$：Dy^{3+}（Ln＝Y，La，Gd）荧光粉，在 365nm 波长激发下，发射 488nm（B）、575nm（Y）和 665nm（R）的全色光，其黄光 575nm 的激发峰为 343nm、378nm、432nm 和 473nm，分别与紫外 LED（350～410nm）和蓝光 LED（450～470nm）相匹配。随着 Dy^{3+} 浓度的增加，发光的黄蓝比（Y/B）随浓度的增大而增大，从而可对其色坐标进行调整，在与 370nm 波长紫外芯片封装后相关色温为 5896K，色坐标为（0.2997，0.3142），已与白光比较接近。

7.2.3 磷酸盐体系

稀土磷酸盐是一类发光性能优良的基质材料，因其合成温度低、发光亮度高和物理化学稳定性好而获得了广泛应用。在目前的发光材料中，磷酸盐是最重要的荧光粉基质材料。其中，正磷酸盐中的磷酸根（PO_4^{3-}）可以有效地吸收 UV（紫外线）以及 VUV（真空紫外线）光子能量（在 UV 以及 VUV 区域有宽而强的激发带），PO_4^{3-} 与其中的激活离子（Eu^{3+}、Tb^{3+}、Dy^{3+} 等）有高效率的能量转换，并且有较好的光学稳定性、热化学稳定性和较长的光学寿命，因此吸引了很多研究者的关注。V. Janssen 和 G. Blasse 等研究了二价铕离子激活的 $KBaPO_4$ 和 $KSrPO_4$ 荧光粉，随着白光 LED 用发光材料研究的发展，关于稀土离子激活磷酸盐发光材料的研究成为国内外研究热点。

由于磷酸盐具有较高的湿热稳定性且其三维的四面体结构可以稳定存放发光离子，从 2006 年起 $ABPO_4$（$A＝Li^+$，Na^+，K^+，Rb^+，Cs^+；$B＝Sr^{2+}$，Ba^{2+}）族化合物逐渐走入近紫外芯片蓝光材料家庭。中山大学吴占超等首次制备了蓝光 $LiSrPO_4$：Eu^{2+} 和 $LiBaPO_4$：Eu^{2+} 磷酸盐荧光粉，前者在 356nm 和 396nm 激发下发射 450nm 蓝光，其发光强度高于商用 BAM 荧光粉，封装 LED 后其色坐标为（0.160，0.062），与标准蓝光（0.150，0.060）非常接近，用 Ba 取代 Sr 后发射 480nm 的蓝光，色坐标为（0.2350，0.3253），用 K^+ 取代 Li^+ 后蓝移至 424nm，其在 250℃以上发光强度几乎不变，在其表面包覆 SiO_2 增强其耐湿性后，色坐标为（0.1606，0.0271）。

另外，磷酸盐荧光粉也可以产生绿色的光。杨志平等报道的具有较好热稳定性和电荷稳定性的 $NaCaPO_4$：Eu^{2+} 绿色荧光粉，在 400nm 宽带激发下发射 505nm

绿色。苏锵等报道的 $Ca_{10}K(PO_4)_7$：Eu^{2+}，Tb^{3+} 在 400nm 激发下通过 Eu^{2+} 向 Tb^{3+} 传递能量提高了 544nm 的绿光发射，Eu^{2+} 的加入使激发光谱变宽。罗志涛等采用高温固相法制备了 $NaCaPO_4$：Dy^{3+} 系列样品，并且在紫外（UV）及真空紫外（VUV）区域研究了系列样品的发光性能。Dy^{3+} 在可见光区呈现出两种主要发射，即 $^4F_{9/2}$—$^6F_{15/2}$（470～500nm）和 $^4F_{9/2}$—$^6F_{13/2}$（570～600nm）。Dy^{3+} 的总发射经常穿过 CIE 色坐标图中的白色光区，因而 Dy^{3+} 掺杂的荧光粉在白光 LED 和无汞荧光灯领域都有很大的应用潜力。采用简单的高温固相法于 850℃ 下煅烧 6h 制备了 $NaCaPO_4$：Dy^{3+} 系列单相样品。其在 UV 以及 VUV 激发下的发光性质表明，$NaCa_{0.97}Dy_{0.03}PO_4$ 样品的发光亮度最高。该样品在 UV 激发下具有多个线状激发峰，最强的两个峰位于 350nm 和 365nm 处，荧光粉的激发峰位于 350～420nm，都有潜在的应用价值。系列样品的发射峰包括位于 479nm 和 491nm 的蓝光发射和位于 574nm 的黄色发射两部分。因此，无论在 UV 还是 VUV 区域，$NaCaPO_4$：Dy^{3+} 都可实现单一基质的白光发射，有潜力成为发光二极管（LED）以及无汞荧光灯用荧光粉的候选材料。

王志军等采用高温固相法制备了 $KBaPO_4$：Eu^{3+} 红色发光材料，研究了 Eu^{3+} 掺杂浓度、电荷补偿剂等对材料发光性质的影响，并且利用 X 射线衍射及光谱等技术对材料的性能进行了表征。研究结果显示，在 400nm 近紫外线激发下，材料呈多峰发射，分别由 Eu^{3+} 的 $^5D_0$—^7F_J（$J=0$，1，2，3，4）能级跃迁产生，主峰位于 621nm，所得激发光谱由 O^{2-}—Eu^{3+} 电荷迁移带（200～350nm）和 f—f 高能级跃迁吸收带（350～450nm）组成，主峰位于 400nm；改变 Eu^{3+} 掺杂浓度，$KBaPO_4$：Eu^{3+} 材料的发射强度随之改变，Eu^{3+} 浓度为 5% 时，强度最大；依据 Dexter 理论，得知引起浓度猝灭的原因为电偶极-电偶极相互作用；添加电荷补偿剂，可增强 $KBaPO_4$：Eu^{3+} 材料的发射强度，其中以添加 Li^+、Cl^- 时，材料发射强度提高最明显。

杨艳民等采用水热法合成了 $KCaY(PO_4)_2$：Tb^{3+} 绿色荧光粉，通过在上述样品中共掺杂 Eu^{3+}，利用 $Tb^{3+} \rightarrow Eu^{3+}$ 的能量传递实现了发射光的颜色从绿色到白色连续调制。该荧光粉适合作为紫外线、真空紫外线激发的单一基质白色发射荧光粉。

XRD 光谱表明，合成的物质为纯相的 $KCaY(PO_4)_2$ 晶体，属于六方晶系。扫描电镜照片显示样品呈规则的四、六棱柱形状。

图 7-17 为 Tb^{3+} 掺杂 $KCaY(PO_4)_2$ 样品的激发光谱和发射光谱。图中虚线部分为监测 Tb^{3+} 的 544nm 发射光的激发光谱，激发峰位于 218nm，属于 $4f^8 \rightarrow 4f^75d^1$ 跃迁。图 7-17 中的实线部分为在 218nm 光激发下的 Tb^{3+} 的发射光谱，发射峰位于 379nm、416nm、436nm、461nm、493nm、544nm、588nm、625nm，分别对应于 Tb^{3+} 的 $^5D_3 \rightarrow ^7F_{6,5,4,3}$ 和 $^5D_4 \rightarrow ^7F_{6,5,4,3}$ 能级跃迁。

图 7-18 给出了 218nm 光激发下掺杂不同摩尔分数 Tb^{3+} 的 $KCaY(PO_4)_2$ 样品的发射光谱。从发射光谱可以看出，随着 Tb^{3+} 摩尔分数的增加，Tb^{3+} 的 $^5D_3 \rightarrow$

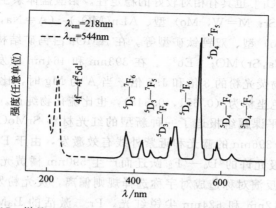

图 7-17　样品 KCaY(PO₄)₂：4%Tb³⁺ 的激发光谱和发射光谱

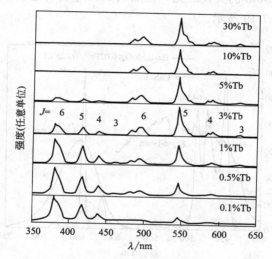

图 7-18　KCaY(PO₄)₂：x%Tb³⁺ 的发射光谱

$^7F_{6,5,4,3}$ 光发射强度逐渐减小，直到消失。

　　KCaY(PO₄)₂：Tb³⁺ 荧光粉样品由于 Tb³⁺ 离子间存在交叉弛豫，使样品发光的颜色随着掺杂浓度的不同而改变。由于缺少红色，发光的颜色只能在蓝绿色和黄绿色之间改变。Eu³⁺ 是常用的红光发光中心，通过与 Tb³⁺ 共掺杂利用 Tb³⁺ → Eu³⁺ 的能量传递，实现了白光发射。

7.2.4　钼酸盐体系

　　钼酸盐体系红色荧光粉与其他体系荧光粉相比，具有烧结温度低（700～900℃）、性能稳定、绿色无毒等优点。钼酸盐体系在紫外区具有宽而强的电荷迁移带吸收，掺杂 Eu³⁺ 后在近紫外线激发下可产生高效的红色发光。近年在研究适用于近紫外 LED 芯片的红粉时发现，钨钼酸盐也可被蓝光有效激发，Mo⁶⁺ 被 4 个 O²⁻ 包围，位于四面体对称中心，［MoO_4］也具有相对较好的稳定性。钼酸盐体系主要分为 Eu^{3+} 掺杂的 AMO_4（A＝Ca，Sr；M＝W，Mo）型、$ALn(MoO_4)_2$（A＝Na，K；Ln＝镧系元素，Y；M＝W，Mo）型、双钙钛矿型等。在 AMO_4 白钨矿结构中，主要代表是碱土金属钼酸盐（Ca，Sr）MoO_4：Eu^{3+}。在 393nm 和 464nm 激发下，624nm 的红光强度分别是硫化物荧光粉的 3 倍和 1.5 倍，当 A 为 Mg 时，比 Y_2O_2S：Eu^{3+} 发光强度高 3.4 倍，色坐标为（0.651，0.348），也比硫化物纯正。

2007 年，杨志平课题组报道了一种新型的红光材料 SrMoO$_4$：Eu^{3+} 荧光粉，它可以被 464nm 和 396nm 的蓝光和近紫外线有效激发，由于 Eu^{3+} 在对称性较好的晶格中发射磁偶极允许的 $^5D_0$—$^7F_2$ 跃迁而产生 590nm 橘黄光，而在该基质中，Eu^{3+} 所在位置缺乏反演对称造成对宇称选择规则偏离，荧光粉发射电子 $^5D_0$—$^7F_2$ 电偶极跃迁产生 612nm 和 624nm 尖锐红光。Pr^{3+} 激活的 $BaMnO_4$ 荧光粉可在 450nm 激发下发射 649nm 的尖锐红光，在加入 KCl 电荷补偿后其发光强度高于商用 CaS：Eu^{2+}，如图 7-19 所示。

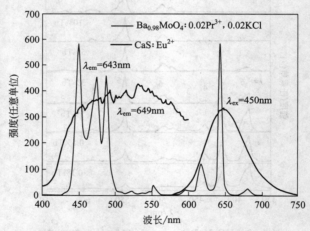

图 7-19　$Ba_{0.98}MoO_4$：$0.02Pr^{3+}$，0.02KCl（λ_{em}＝643nm）和
CaS：Eu^{2+}（λ_{em}＝649nm）的激发光谱与发射光谱（λ_{ex}＝450nm）

2010 年，夏志国等研制了一种新型的红光材料 $BaMoO_4$：Sm^{3+} 荧光粉，它可以被 402nm 的近紫外线有效激发，由于 Sm^{3+} 发射磁偶极允许的 $^4G_{5/2} \rightarrow {}^6H_J$（J＝5/2，7/2，9/2）跃迁而产生 561nm、598nm 和 642nm 的发射峰。添加适量浓度的 K^+ 可以有效提高红光的强度。Pr^{3+} 激活的 $BaMoO_4$ 荧光粉可在 450nm 激发下发射 649nm 的尖锐红光，在加入 KCl 电荷补偿后其发光强度高于商用 CaS：Eu^{2+}，如图 7-20 所示。

以 H_3BO_3 为助熔剂采用高温固相法成功制备了 $LiMo_2O_8$：Eu^{3+} 系列红色荧光粉。浓度猝灭的研究发现，Eu^{3+} 在该体系具有较高的猝灭浓度，当 Eu^{3+} 用量 x＝1.0 时，$LiMo_2O_8$：Eu^{3+} 发光粉的发射强度最大，并且确定了 750℃ 为该红色

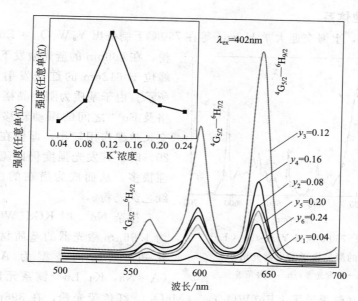

图 7-20　掺杂不同浓度的 K^+ 的 $Ba_{0.84}MoO_4 : 0.08Sm^{3+}$，
yK^+ 荧光粉的激发光谱和发射光谱

荧光粉的最佳烧结温度。XRD 结果证明，合成产物为具有四方晶系的白钨矿（scheelite）结构，SEM 显示了在恰当地选取助熔剂时该荧光粉的表面形貌较为规整，并且不团聚，粒径尺寸分布均匀。通过荧光光谱的研究发现，该荧光粉存在较强的近紫外和蓝色激发带，并且能发射出色纯度非常好的红光，它可能成为一种应用于 GaN 基白光 LED 的红色发射荧光粉。

　　Bo Xu 等用传统的固相反应法制备出了红色的钼酸盐荧光粉，其组成表达式为 $Li_{1-m}Ag_mLa_{0.99-n}Y_nPr_{0.01}(MoO_4)_2$。$Pr^{3+}$ 的最佳的掺杂量为 1%。当 m 取 0.06 时，荧光粉的发光强度最大。其激发波长为 440～500nm，正好与蓝光 LED 芯片组合。Pr^{3+} 掺杂的 $LiLa_{0.99-n}Y_nPr_{0.01}(MoO_4)_2$（$n=0$，0.1，0.3，0.5，0.7，0.99）将会是潜在的白光 LED 用发光材料。色坐标的相关参数见表 7-6。

表 7-6　$LiLa_{0.99-n}Y_nPr_{0.01}(MoO_4)_2$（$n=0$，0.1，0.3，0.5，0.7，0.99）的色坐标的相关参数

荧光粉	CIE 色坐标				
	激发波长/nm	x	y	$^1D_2$—$^3H_4$ 相对强度	$^3P_0$—$^3F_2$ 相对强度
$LiY_{0.99}Pr_{0.01}(MoO_4)_2$	451	0.639	0.351	1	0.227
$LiY_{0.89}La_{0.10}Pr_{0.01}(MoO_4)_2$	452	0.641	0.349	0.981	0.274
$LiY_{0.69}La_{0.30}Pr_{0.01}(MoO_4)_2$	451	0.647	0.343	0.783	0.346
$LiY_{0.49}La_{0.50}Pr_{0.01}(MoO_4)_2$	453	0.648	0.342	0.741	0.443
$LiY_{0.29}La_{0.70}Pr_{0.01}(MoO_4)_2$	453	0.649	0.341	0.592	0.472
$LiY_{0.09}La_{0.90}Pr_{0.01}(MoO_4)_2$	451	0.651	0.339	0.391	0.544
$LiLa_{0.99}Pr_{0.01}(MoO_4)_2$	452	0.653	0.337	0.541	0.872

7.2.5　其他体系

2007 年，上海交通大学 Huang 等在 750℃下制备出 $Y_6W_2O_{15}$：Eu^{3+} 红色荧光粉，在 466nm 的蓝光激发下产生了最强峰位于 612nm 的红光发射，如图 7-21 所示。由于基质为刚性晶格，Eu^{3+} 在晶格及 Eu^{3+} 之间的振动转移和无辐射的交叉弛豫作用较小，即使在掺杂浓度达 20%时，其发光强度仍比硫化物荧光粉强很多，从而成为潜在的白光 LED 用红色荧光粉。

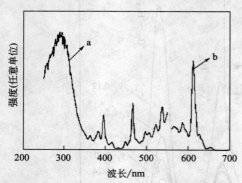

图 7-21　750℃制得 $Y_6W_2O_{15}$：Eu^{3+}
的激发光谱和发射光谱
a—激发光谱；b—发射光谱

掺杂 Nd^{3+} 时 $KGd(WO_4)_2$ 最早作为 1.06μm 激光器的基质材料而被人们熟知，其结构类型为 $ALn(MO_4)_2$（A=Na，K；Ln=镧系元素，Y；M= W，Mo）。文献报道了 $KEu(WO_4)_{2-x}(MoO_4)_x$ 红色荧光粉，在 396nm 近紫外线激发下，发射较强的 615nm 和较弱的 620nm 红光，615nm 的发射随 Mo 含量的增加而增强，当 Mo/W 为 3 时达到最大值，而 620nm 红光发射却逐渐变弱，如图 7-22所示。用 Y^{3+} 部分取代 Eu^{3+} 后荧光粉可以高效地被 396nm 和 466nm 同时激发，因此，该荧光粉可作为三基色荧光粉或补充蓝光 LED 芯片的红色荧光粉，相同结构类型的 $Ca_{0.54}Sr_{0.16}Eu_{0.08}Gd_{0.12}(MoO_4)_{0.2}(WO_4)_{0.8}$ 在 394nm 激发下发射 616nm 红光，采用碱金属（Li^+、Na^+、K^+）三元组合电荷补偿剂能明显提高其发光强度，色坐标为（0.65，0.33），颜色稳定；将碱土金属用稀土 La^{3+} 代替后，$La_{1.95}Eu_{0.05}W_{2-x}Mo_xO_9$ 可被 394nm 和 465nm 激发，发光强度是硫化物的 3.8 倍。

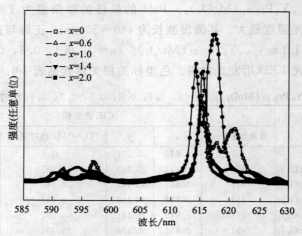

图 7-22　$KEu(WO_4)_{2-x}(MO_4)_x$（x=0，0.6，1.0，1.4，2.0，λ_{ex}=396nm）的光致发光光谱

为了进一步提高钨钼酸盐 W—O 与 Mo—O 电荷迁移带的激发效率进而获得更高的红光发射，有学者尝试将 Eu^{3+} 掺杂到具有双钙钛矿结构的 W—O 八面体中。印度的 Sivakumar 等制备了 Eu^{3+} 激活的双钙钛矿结构的 A_2CaWO_6（A＝Sr，Ba）橘红-红色荧光粉，当 Eu^{3+} 取代无中心对称的 Sr^{2+} 位置（A 位）时（Sr_2CaWO_6 为单斜晶系，W—O 八面体倾斜），其激发光谱的电荷迁移带 330nm 在不同监测波长时强度差别不大，如图 7-23(a) 所示，Eu^{3+} 的发射以电偶极跃迁为主，分别为强的 615nm（$^5D_0—^7F_2$，电偶极跃迁）和弱的 596nm（$^5D_0—^7F_1$，磁偶极跃迁），如图 7-23(b) 所示。当 Eu^{3+} 取代中心对称的 Ca^{2+} 位置（B 位）时，监测 596nm 波长时 330nm 的激发带强度明显强于监测 615nm 时，如图 7-23(c) 所示，表明在掺杂 B 位时，能量更有效地从 WO_6^{6-} 转移到 Eu^{3+}，而 Eu^{3+} 发射的磁偶极跃迁的强度大于电偶极跃迁，如图 7-23(d) 所示。在 Ba_2CaWO_6（赝立方结构）中，Eu^{3+} 在 A 位时，596nm 监测时，C-T 宽带强度大于 Eu^{3+} 的线吸收，监测 615nm 时正好相反。在 B 位时只有 C-T 吸收。无论 A 位还是 B 位，其发射都包含电偶极和磁偶极跃迁，但磁偶极在 C-T 和 394nm 激发时较强，这也表明了 Eu^{3+} 占据了中心

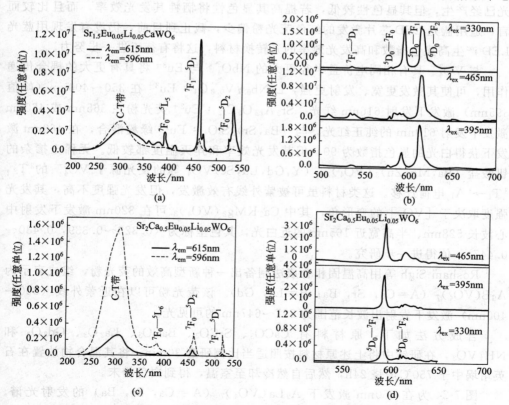

图 7-23　Eu 取代 A 位和 B 位时 Sr_2CaWO_6：Eu 的激发光谱与发射光谱

(a)，(c) 激发光谱；(b)，(d) 发射光谱

对称位置，这是因为赝立方结构中 A 位和 B 位皆为中心对称，但是 465nm 激发时电偶极跃迁更强。当 Ba^{2+} 的含量不同时，$Sr_{1.9-x}Ba_xEu_{0.05}Li_{0.05}CaWO_6$（$x=0\sim1.9$）在 $x\leqslant0.2$，存在从单斜到赝立方结构转变，在 C-T 和 394nm 激发时电偶极和磁偶极跃迁都发生，在 465nm 激发时，以电偶极跃迁为主，当 $x=0.4$ 时，其红光发光强度为商用 $Y_2O_2S:Eu^{3+}$ 的 4.5 倍，选择不同的 Ba^{2+} 取代量，可以使该荧光粉分别作为近紫外或蓝光芯片激发的橘红-红色荧光粉。从以上研究可知，无论是基于找到性能优异的红色荧光粉还是对材料组成、结构与性能间关系的研究，双钙钛矿型钨钼酸盐荧光粉因具有广泛的应用前景而需要更深入的研究。

$YVO_4:Eu^{3+}$ 是研究最早的钒酸盐荧光粉，其在 325nm 激发下发射 620nm 红光，$Ca_3Sr_3(VO_4)_4:Eu^{3+}$ 在 $250\sim350$nm 有较宽而强的电荷迁移带吸收，发射 618nm 的纯正红光［色坐标为（0.667，0.328）］。

新型钒酸盐 $A_3(VO_4)_2:Eu^{3+}$（A=Ca，Sr，Ba）荧光粉在 466nm 激发下发射 617nm 红光，但其发光强度较弱，在用 Ba^{2+} 部分取代 Ca^{2+} 使 Eu^{3+} 位于对称性降低的非反演中心时，其发光强度增强。所以，在蓝光激发下，具有较高效率的白光已经产生，但其显色性较低，若提高其显色性将牺牲其发光效率，而且比较而言，适用蓝光 LED 芯片激发的红色荧光粉偏少，截止到目前，仍没有发现用蓝光 LED 产生高显色指数和高发光效率的光转换材料，这将有待于进一步努力。

与 VO_4^{3-} 具有相同电价且半径更大的 NbO_4^{3-} 与 Eu^{3+} 将具有更大的耦合传递作用，可使其激发更宽、发射更强，$LaNb_{0.7}V_{0.3}O_4:Eu^{3+}$ 在 $350\sim400$nm（峰值 395nm）激发下发射 616nm 红光。$Sr_3Al_{12}O_5C_{12}:Eu^{2+}$ 荧光粉在 365nm 或 460nm 激发下发射 610nm 的纯正红光，与 $(Ba,Sr)_2SiO_4:Eu^{2+}$ 绿粉混合，在 460nm 激发下获得白光的显色指数为 90，但其发光效率和猝灭温度都较低。无稀土掺杂的钒酸盐 $(Ba,Mg,Zn)_3(VO_4)_2$、$(Y,Gd,Lu,Sc)VO_4$ 等的发光源于 VO_4^{3-} 的 $^3T_2$，$^3T_1\rightarrow{}^1A_1$ 电荷迁移。这类材料虽可被紫外线有效激发，但发光强度不高，其发光强度取决于［VO_4］的变形角，其中 $Ca_2KMg_2(VO_4)_3$ 可在 320nm 激发下发射中心波长 528nm、半高宽近 165nm 的近白光，其色坐标为（$0.323\sim0.339$，$0.430\sim0.447$），值得进一步研究。

Roshani Sigh 等用高温固相合成法制备出一种新型高效的荧光粉，组成表示为 $A_9B(VO_4)_7$（A=Ca，Sr，Ba；B=La，Gd）。该荧光粉可以在近紫外线（$300\sim400$）激发下发射出波长范围为 $397\sim647$nm 的可见光。

合成方法如下：原材料有 $CaCO_3$、$SrCO_3$、$BaCO_3$、La_2O_3、Gd_2O_3 和 NH_4VO_3，在研钵中将上述原材料按照适当比例研磨 30min，将其混合物放置在石英坩埚中于 750℃煅烧 24h，然后自然冷却至室温，得到白色粉末。

图 7-24 为在 350nm 激发下 $A_9La(VO_4)_7$（A=Ca，Sr，Ba）的发射光谱。$Ca_9La(VO_4)_7$ 的最高峰出现在 497nm 处，位于蓝色光谱区。$Sr_9La(VO_4)_7$ 和 $Ba_9La(VO_4)_7$ 的最强峰分别位于 505nm 和 510nm 附近。荧光粉的基质组成由 Ca

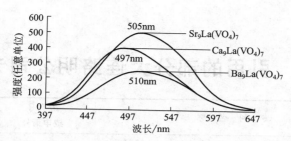

图 7-24 $A_9La(VO_4)_7$ （A＝Ca，Sr，Ba）的发射光谱 （λ_{ex}＝350nm）

到 Sr 再到 Ba，其对应的发射光谱的波长逐渐红移。

图 7-25 为在 355nm 激发下 $A_9La(VO_4)_7$ （A＝Ca，Sr，Ba） 的发射光谱。$Ca_9Gd(VO_4)_7$ 的最高峰出现在 490nm 处，位于蓝色光谱区。$Sr_9Gd(VO_4)_7$ 和 $Ba_9Gd(VO_4)_7$ 的最强峰分别位于 497nm 和 505nm 附近。荧光粉的基质组成由 Ca 到 Sr 再到 Ba，其对应的发射光谱的波长逐渐红移。

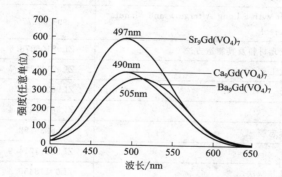

图 7-25 $A_9Gd(VO_4)_7$（A＝Ca,Sr,Ba）的发射光谱 （λ_{ex}＝355nm）

附录 引用的部分大连路明公司专利

序号	专利名称	专利号或申请号	国别
1	Silicate Phosphor with a Long Afterglow and Manufacturing Method Thereof	EP0972815	英国、法国、意大利、西班牙
2	Silicate Phosphor with a Long Afterglow and Manufacturing Method Thereof	69731119.8	德国
3	Silicate Phosphor with a Long Afterglow and Manufacturing Method Thereof	6,093,346	美国
4	Silicate Phosphor with a Long Afterglow and Manufacturing Method Thereof	3948757	日本
5	Silicate Phosphor with a Long Afterglow and Manufacturing Method Thereof	99-7008775	韩国
6	硅酸盐长余辉发光材料及其制造方法	ZL98105078.6	中国
7	夜光材料的合成工艺	ZL92110744.7	中国
8	一种复合发光膜	ZL96238019.9	中国
9	长余辉夜光材料	ZL96102906.4	中国
10	自动发光显示标志膜	ZL96239152.2	中国
11	发光皮革	ZL98211214.9	中国
12	发光合成纤维及其制法	ZL00118450.4	中国
13	发光塑料母料及其制法	ZL99127572.1	中国
14	蓄光型长余辉发光材料	00118437.7	中国
15	发光膜及其制造方法	00119131.4	中国
16	发光板及其制造方法	00119132.2	中国
17	新型长余辉材料	00138089.3	中国
18	光致发光金属复合装饰板	ZL00268636.8	中国
19	发光艺术陶瓷画	ZL01230742.4	中国
20	具有自发光功能的指示标志	ZL01233873.7	中国
21	具有反光和发光功能的树脂（优）	ZL01264792.6	中国
22	具有夜光功能的标志板、牌	ZL01277696.3	中国
23	一种小体积高亮度氮化镓发光二极管芯片的制造方法	200410097276.2	中国
24	氮化镓基高亮度高功率蓝绿发光二极管芯片	200510071592.7	中国
25	便携式发光二极管潜水用灯	ZL200520109244.X	中国

序号	专 利 名 称	专利号 或申请号	国别
26	一种用于平面显示或灯光照明的显示模组	ZL200520106815.4	中国
27	GaN基光电子器件及其制法	200610005280.0	中国
28	长余辉发光材料及其制造方法	200610070963.4	中国
29	一种蓝宝石衬底上的发光二极管芯片的制造方法	200610077626.8	中国
30	硅酸盐荧光材料及其制造方法以及使用其的发光装置	200610082355.5	中国
31	氮化物半导体发光器件的透明电极及其制法	200610093382.2	中国
32	四元发光二极管制造方法	200710002851.X	中国

参 考 文 献

[1] 肖志国主编．蓄光型发光材料及其制品．北京：化学工业出版社，2002．

[2] 徐叙瑢，苏勉曾主编．发光学与发光材料．北京：化学工业出版社，2004．

[3] 信息功能材料工程（下）//中国机械工程学会，中国材料研究学会．《中国材料工程大典》编委会．中国材料工程大典：第 13 卷．北京：化学工业出版社，2006．

[4] 苏勉曾编著．固体化学导论．北京：北京大学出版社，1986．

[5] 刘如熹，王健源编著．白光發光二極體制作技術——21 世紀人類的新曙光．台北：全華科技圖書股份有限公司，2005．

[6] ［立陶宛］茹考斯卡斯 A，［美］迈克尔 S 舒尔，［美］勒米·加斯卡著．固体照明导论．黄世华译．藤枫校．北京：化学工业出版社，2006．

[7] 孙家跃，杜海燕，胡文祥主编，固体发光材料．北京：化学工业出版社，2003．

[8] 李世普．特种陶瓷工艺学，武汉：武汉工业大学出版社，1990．

[9] 肖志国，肖志强．ZL 98105078.6（2000），USP 6093346（2000-07-25），EP 0972815B1（2000-01-19），KR 0477347（2005）．

[10] 石春山，苏全将主编．变价稀土元素化学与物理．北京：科学出版社，1994．

[11] 罗昔贤，段锦霞，林广旭等．新型硅酸盐长余辉发光材料．发光学报，2003，24（2）：165-170．

[12] 罗昔贤，于晶杰，林广旭等．长余辉发光材料研究进展．发光学报，2002，23（5）：497-502．

[13] 刘洁，孙家跃，石春山．与 LED 匹配的白光发射荧光体的研究进展．化学通报，2005，68（6）：417-424．

[14] Blasse G，Grabmaier B C. Luminescent Materials. Spriner-Verlag，1994．

[15] Shionoya Shigeo，Yen William M. Phospor Handbook. Boca Raton-Boston-London-New York-Washington D. C.：CRC Press，1999．

[16] Xixian Luo，Wanghe Cao，Zhiguo Xiao. Investigation on the distribution of rare earth ions in strontium aluminate phosphors. J. Alloys &. Comp.，2006，416（1-2）：250-255．

[17] Thornton W A. Luminosity and color-rendering capability of white light. J. Opt. Soc. Am.，1971，61（9）：1155-1163．

[18] Jacobs R R，Krupke W F，Waber M J. Measurement of excited-state-absorption loss for Ce^{3+} in $Y_3Al_5O_{12}$ and implications for tunable 5d→4f rare-earth lasers. Appl. Phys. Lett.，1978，33（5）：410-412．

[19] Shimizu，et al（Nichia Kagaku Kogyo Kabushiki Kaishi，Japan）. US 6069440．

[20] Reeh U，et al（Osram Opto Semiconductions GmbH&. Co.，，OHG）. US 6576930．

[21] Dorenbos P. The 5d level positions of the trivalent lanthnides in inorganic compound. J. Lumin.，2000，91：155-176．

[22] Feldmann C，Jüstel T，Ronda C R，et al. Inorganic luminescent materials：100 years of research and application. Adv. Funct. Mater.，2003，13（7）：511-516．

[23] Dorenbos P. Relation between Eu^{2+} and Ce^{3+} f⇄d transition energies in inorganic com-

pounds. J. Phys. Condensed Mater. , 2003, 15: 4797-4807.

[24] Soules T F, et al (General Electric Company, US). US 6252254.

[25] Steckler H I, et al (General Electric Company, US). EP 1051795.

[26] Srivastava A M, et al (General Electric Company, US). EP 6621211.

[27] Duggal A R, et al (General Electric Company, US). EP 6294800.

[28] Shur M S, Zukauskas A. Solid-state lighting: toward superior Illumination, Proc. IEEE, 2005, 93 (10): 1691-1703.

[29] Kim J S, Lim K T, Jeong Y S, et al. Full-color $Ba_3MgSi_2O_8$: Eu^{2+} , Mn^{2+} phosphor for white-light-emitting diode. Solid State Commun. , 2005, 135: 21-24.

[30] Kim J S, Kwon A K, Park Y H, et al. Luminescent and thermal properties of full-color e-mitting $X_3MgSi_2O_8$: Eu^{2+} , Mn^{2+} ($X=Ba$, Sr, Ca)phosphor for white LED. J. Lumin. , 2007, 122/123: 583-586.

[31] Shimamura Y, Honma T, Shigeiwa M. Photoluminescence and crystal structure of green-e-mitting $Ca_3Sc_2Si_3O_{12}$: Ce^{3+} phosphor for white light emitting diodes. J. Electrochem. Soc. , 2007, 154 (1): J35-J38.

[32] Sivakumar V, Varadaraju U V. $Ce^{3+} \rightarrow Eu^{2+}$ energy transfer studies on $BaMgSiO_4$ —a green phosphor for three band white LEDs. J. Electrochem. Soc. , 2007, 154 (5): J167-J171.

[33] Kamioka H, Yamaguch T, Hirano M, et al. Structureal an photo-induced properties of Eu^{2+}-doped $Ca_2ZnSi_2O_7$: a red phosphor for white light generation by blue ray excitation. J. Lumin. , 2007, 122/123: 339-341.

[34] Yang Chih-Chieh, Chen Chih-Min, et al. Highly stable three-band white light from an In-GaN-based blue light emitting diode chip procoated with (Oxy) nitride green/red phosphors. Appl. Phys. Lett. , 2007, 90: 123503.

[35] Piao X, Horikawa T, Machidae K. Synthesis of $Sr_2Si_5N_8$: Eu^{2+} metal nitride phosphor prepared by carbothermal reduction and nitridation method and the fabrication of the white LED. Rare Earths, 2007, 5: 152-153.

[36] Narukawa Y, Narita J, Sakamoto T, et al. Recent progress of high efficience white LED. Phys. Stat. Sol. (a), 2007, 204 (6): 2087-2093.

[37] Yang W J, Chen T M. Ce^{3+}/Eu^{2+} codoped Ba_2ZnS_3 : a blue radiation-converting phosphor for white light-emitting diodes . Appl. Phys. Lett. , 2007, 90: 171908.

[38] Liu J, Lian H Z, Shi C S. Improved optical photoluminescence by charge compensation in the phosphor system $CaMoO_4$: Eu^{3+}. Opt. Mater. , 2007, 29: 1591-1594.

[39] Nakamura S, Mukai T, Senoh M. Candela-class high-brightness InGaN/AlGaN double-het-erostructure blue-light-emitting diodes. Appl. Phys. Lett. , 1994, 64: 1687-1689.

[40] Schlotter P, Baur J, HielscherC, et al. Fabrication and characterization of GaN : InGaN : AlGaN double heterostructure LEDs and their application in luminescence conversion LESs. Mater. Sci. Eng. , 1999, B59: 390-394.

[41] Narukawa Y. White-light LEDs. Opt. & Photonice News, 2004, 15 (4): 25-29.

[42] Jüstel T, Nikol H, Ronda C. New developments in the field of luminescent materials for

lighting and displays. Angew. Chem. Int. Ed. , 1998, 37 (22): 3084.

[43] Colvin V, Schlamp M, Alivisatos A. Light-emitting diodes made from cadmium selenidae nanocrystals and a semiconducting polymer. Nature, 1994, 370: 354-357.

[44] Lin J, Shi Y J, Yang Y. Improving the performance of polymer light-emitting diodes using polymer solid solutions. Appl. Phys. Lett. , 2001, 79 (5): 578-580.

[45] Adachi C, Baldo M A, Thompson M E, et al. Nearly 100% internal phosphorescence efficiency in an organic light-emitting device. J. Appl. Phys. , 2001, 90: 5048-5051.

[46] Blasse G, Wanmaker W L, Vrugt J W. Some new classes of efficient Eu^{2+}-activated phosphors. J. Electrochem. Soc. , 1968, 115: 673.

[47] van Krevel J W H, van Rutten J W T, Mandal H, et al. Luminescence properties of terbium-, cerium-, or europium-doped α-SiAlON materials. J. Solid State Chem. , 2002, 165: 19-24.

[48] Li Y Q, Delsing C A, With G de, et al. Luminescence properties of Eu^{2+}-activated alkaline-earth silicon-oxynitr ide $MSi_2O_{2-\delta}N_{2+2/3\delta}$ (M=Ca, Sr, Ba): a promising class of novel LED conversion phosphors. Chem. Mater. , 2005, 17: 3242-3248.

[49] Barry Thomas L. Fluorescence of Eu^{2+} activated phase in binary alkaline earth orthosilicate systems. J. Electrochem. Soc. , 1968, 115 (11): 1181-1183.

[50] Dorenbos P. Energy of the first $4f^7 \rightarrow 4f^6 5d$ transition of Eu^{2+} in inorganic compounds. J. Lumin. , 2003, 104: 239-260.

[51] Poort S H M, Mererink A, Blasse G. Lifetime measurements in Eu^{2+}-doped host lattices. J. Phys. Chem. Solids, 1997, 58 (9): 1451-1456.

[52] Poort S H M, Blokpoel W P, Blasse G. Luminescence of Eu^{2+} in barium and strontium aluminate and gallate. Chem. Mater. , 1995, 7 (8): 1547-1551.

[53] Poort S H M, Reijnhoudt H M, van der Kuip H O T, et al. Luminescence of Eu^{2+} in silicate host lattices with alkaline earth ions in a row. J. Alloys & Comp. , 1996, 241: 75-81.

[54] Liu B, Barbier J, Structures of the stuffed tridymite derivatives, $BaMSiO_4$ (M=Co, Zn, Mg). J. Solid State Chem. , 1993, 102: 115-125.

[55] Akella A, Keszler D A. Sr_2LiSiO_4F: synthesis, structure, and Eu^{2+} luminescence. Chem. Mater. , 1995, 7: 1229-1302.

[56] Fields Jr J M, Dear P S, Brown Jr J J. Phase equilibria in the system $BaO-SrO-SiO_2$. J. Am. Ceram. Soc. , 1972, 55: 585-588.

[57] Poort S H M, Janssen W, Blasse G. Optical properties of Eu^{2+}-activated orthosilicates and orthophosphates. J. Alloys& Comp. , 1997, 260: 93-97.

[58] Qiu J, Miura K, Sugimoto N, et al. Preparation and fluorescence properties of fluoroaluminate glasses containing Eu^{2+} ions. J. Non-Cryst. Solids, 1997, 213-214: 266-270.

[59] Poort S H M, van Krevel J W H, Stomphorst R, et al. Luminescence of Eu^{2+} in host lattices with three alkaline earth ions in a row. J. Solid State Chem. , 1996, 122: 432-435.

[60] Park J K, Choi K J, Kim C H, et al. Optical properties of Eu^{2+}-activated Sr_2SiO_4 phosphor for light-emitting diodes. Electrochem. Solid State Lett. , 2004, 7 (5): H15-H17.

[61] Park J K, Kim C H, Park S H, et al. Application of strontium silicate yellow phosphor for white light-emitting diodes. Appl. Phys. Lett. , 2004, 84: 1647-1649.

[62] Muthu S, Schuurmans F J, Pashley M D. Red, green, and blue LEDs for white light illumination. IEEE Trans. on Quantum Electron. , 2002, 8: 333-338.

[63] Park J K, Choi K J, Yeon J H, et al. Embodiment of the warm white-light-emitting diodes by using a Ba^{2+} codoped $Sr_3 SiO_5$: Eu phosphor. Appl. Phys. Lett. , 2006, 88: 43511.

[64] Hyde B G, Sellar J R, Stenberg L. The β-α' transition in $Sr_2 SiO_4$ (and $Ca_2 SiO_4$, $K_2 SeO_4$ etc.), involving a modulated structure. Acta. Cryst. , 1986, B42: 423-429.

[65] Yoo J S, Kim S H, Yoo W T, et al. Control of spectral properties of strontium-alkaline earth-silicate-europium phosphors for LED applications. J. Electrochem. Soc. , 2005, 152 (5): G382-G385.

[66] Kang H S, Kang Y C, Jung K Y, et al. Eu-doped barium strontium silicate phosphor particles prepared from spray solution containing $NH_4 Cl$ flux by spray pyrolysis. Mater. Sci. Eng. B, 2005, 121: 81-85.

[67] Liu J, Lian H Z, Shi C S. A new luminescent material: $Li_2 CaSiO_4$: Eu^{2+} . Mater. Lett. , 2006, 60: 2830-2833.

[68] Liu J, Lian H Z, Shi C S, et al. EU^{2+}-doped high-temperature phase $Ca_3 SiO_4 Cl_2$-A yellowish orange phosphor for white light-emitting diodes. J. Electrochem. Soc. , 2005, 152 (11): G880-G884.

[69] Liu J, Lian H Z, Sun J Y, et al. Characterization and properties of green emitting $Ca_3 SiO_4 Cl_2$: Eu^{2+} powder phosphor for white light-emitting diodes. Chem. Lett. , 2005, 34 (10): 1340-1341.

[70] Naoki S, Toshiya U, Hisao Y, et al. Fabrication of LED based on Ⅲ-Ⅴ nitride and its applications. Phys. Status Solid A, 2003, 200: 58-61.

[71] Srivastava A M, Comanzo H A. US 6501100 (2002).

[72] Sato Y, Takahashi N, Sato S. Full-color fluorescent display devices using a near-UV light-emitting diode. Jpn. J. Appl. Phys. , 1996, 35: L838-L839.

[73] Jüstel T, Nikol H, Ronda C. US 6084250 (2000).

[74] Kuo C H, Sheu J K, Chang S J, et al. n-UV+blue/green/red white light emitting diode lamps. Jpn. J. Appl. Phys. , Part 1, 2003, 42: 2284-2287.

[75] Kim J S, Kang J Y, Jeon P E, et al. GaN-based white-light-emitting diodes fabricated with a mixture of $Ba_3 MgSi_2 O_8$: Eu^{2+} and $Sr_2 Si_4 O$: Eu^{2+} phosphors. Jpn. J. Appl. Phys. , Part 1, 2004, 43 (3): 989-992.

[76] Huh Y D, Shim J H, Kim Y H, et al. Optical properties of three-band white light emitting diodes. J. Electrochem. Soc. , 2003, 150 (2): H57-H60.

[77] Kim J S, Jeon P E, Choi J C, et al. Warm-white-light emitting diode utilizing a single-phase full-color $Ba_3 MgSi_2 O_8$: Eu^{2+} , Mn^{2+} phosphor. Appl. Phys. Lett. , 2004, 84: 2931.

[78] Kim J S, Jeon P E, Park Y H, et al. White-light generation through ultraviolet-emitting diode and white-emitting phosphor. Appl. Phys. Lett. , 2004, 85 (17): 3696-3698.

[79] Kim J S, Park Y H, Choi J C, et al. Temperature-dependent emission spectrum of

$Ba_3MgSi_2O_8$: Eu^{2+}, Mn^{2+} phosphor for white-light-emitting diode. Electrochem. Solid State Lett. , 2005, 8 (8): H65-H67.

[80] Niki I, Narukawa Y, Morita D, et al. White LEDs for solid state lighting. Proc. SPIE, 2004, 5187: 1-9.

[81] Summers C J, Wagner B, Menkara H. Solid state lighting: diode phosphors. Proc. SPIE, 2004, 5187: 123-132.

[82] Oyama Y, Yogyo K. Solid solution in the Si_3N_4-AlN-Al_2O_3 system. J. Ceram. Soc. Jpn. , 1974, 82 (9): 351-357.

[83] Hampshire S, Park H K, Thompson D P, et al. α'-SiAlON ceramics. Nature, 1978, 274 (31): 880-882.

[84] Jack K H. Review: sialons and related nitrogen ceramics. J. Mater. Sci. , 1976, 11: 1135-1158.

[85] Izhevskiy V A, Genova L A, Bressiani J C, et al. Progress in SiAlON ceramics. J. Eur. Ceram. Soc. , 2000, 20: 2275-2295.

[86] Cao G Z, Metselaar R. α'-SiAlON ceramics: a review. Chem. Mater. , 1991, 3: 242-252.

[87] Takase A, Umebayashi S, Kishi K. Infrared spectroscopic study of β-SiAlON in the system Si_3N_4-SiO_2-AlN. J. Mater. Sci. Lett. , 1982, 1: 529-532.

[88] Lee K M, Cheah K W, et al. Emission characteristics of inorganic/organic hybrid white-light phosphor. Appl. Phys. A, 2005, 80 (2): 337-339.

[89] Lee H J, Johnson A R, et al. White LED based on polyfluorene co-polymers blend on plastic substrate. IEEE Transactions on Electron Devices, 2006, 53 (3): 427-434.

[90] Wei Zhao, White J M. Dramatically improving polymer light-emitting diode performance by doping with inorganic salt. Appl. Phys. Lett. , 2005, 87: 103503.

[91] Hogan H. Tandem white-light organic LED displays gains in luminance efficiency. Photonics Spectra, 2006, 40 (4): 94-94.

[92] Nakamura S. Present performance of InGaN based blue/green/yellow LEDs. Proc. SPIE, 1997, 3002: 26-35.

[93] Qi F X, Wang H B, et al. Spherical YAG: Ce^{3+} phosphor particles prepared by spray pyrolysis. J. Rare Earths, 2005, 23 (4): 397-400.

[94] Li Y X, Li Y Y, et al. Synthesis of YAG: Ge^{3+} phosphor by polyacrylamide gel method and promoting ation of alpha-Al_2O_3 seed crystal on phase formation. J. Rare Earths, 2005, 23 (5): 517-520.

[95] Yum J H, Kim S S, et al. $Y_3Al_5O_{12}$: $Ce_{0.05}$ phosphor coatings on a flexible substrate for use in white light-emitting diodes . Colloids Surf. A, 2004, 251 (1-3): 203-207.

[96] Mueller G O, Mueller-Mach R, Krames M R. Illumination grade white LEDs. Proc. SPIE, 2002, 4776: 122-130.

[97] Hu Y S, Zhuang W D, et al. Preparation and luminescent properties of $(Ca_{1-x}Sr)S$: Eu^{2+} red-emitting phosphor for white LED. J. Lumin. , 2005, 113 (3): 139-145.

[98] Do Y R, Ko K Y, et al. Luminescennce properties of potential $Sr_{1-x}Ca_xGa_2S_4$: Eu green- and greenish-yellow-emitting phosphors for white LED. J. Electrochem. Soc. , 2006, 153

(7): H142-H146.

[99]　Zhang Xinmin, Liang Lifang, Zhang Jianhui, et al., Luminescece properties of $(Ca_{1-x}Sr_x)Se : Eu^{2+}$ phosphors for white LEDs application. Mater. Lett. , 2005, 59: 749-753.

[100]　Rowland Jason, Yoo Jae Soo, Kim K H, et al. The stability of $Y_3Al_5O_{12} : Ce$, $ZnS : CuAl$, $Y_2O_2S : Eu$, and $(Sr_{0.98}Ba_{0.02})_2SiO_4 : Eu$ under UV irradiation. Electrochem. Solid State Lett. , 2005, 8 (4): H36-H38.

[101]　Thiyagarajan P, Kottaisamy M, et al. Luminescent properties of near UV excitable $Ba_2ZnS_3 : Mn$ red emitting phosphor blend for white LED and display applications. J. Phys. D. , 2006, 39 (13): 2701-2706.

[102]　Park J K, Lim M A, Kim C H, et al. White light-emitting diodes of Gan-based $Sr_2SiO_4 : Eu$ and the luminescent properties. Appl. Phys. Lett. , 2003, 82: 683-685.

[103]　Park Joung Kyu, Choi Kyoung Jae, Kim Kyoung Nam, et al. Investigation of strontium silicate yellow phosphors for white light emitting diodes from a combinatorial chemistry. Appl. Phys. Lett. , 2005, 87 (3): 31108.

[104]　Park K, Choi J K J, et al. Application of $Ba^{2+}-Mg^{2+}$ Co-doped $Sr_2SiO_4 : Eu$ yelow phosphor for white-light-emitting diodes. J. Electrochem. Soc. , 2005, 152 (8): H121-H123.

[105]　Saradhi M Pardha, Varadaraju U V. Photoluminescence studies on Eu^{2+}-activated Li_2SrSiO_4-a potential orange-yellow phosphor for solid-state lighting. Chem. Mater. , 2006, 18: 5267-5272.

[106]　Lakshminarasimhan N, Varadaraju U V. White-light generation in $Sr_2SiO_4 : Eu^{2+}$, Ce^{3+} under near-UV excitation-A novel phosphor for solid-state lighting. J. Electrochem. Soc. , 2005, 152 (9): H152-H156.

[107]　Ohno Y. Spectral design considerations for white LED color rendering. Opt. Engin. , 2005, 44 (11): 11302-111309.

[108]　Anon. Warm-white super-bright LED. Am. Ceram. Soc. Bull. , 2006, 85 (2): 3-5.

[109]　Yam F K, Hassan Z. Innovative advances in LED technology. Microelectron. J. , 2005, 36 (2): 129-137.

[110]　Narendran N, Gu Y, et al. Extracting phosphor-scattered photons to improve white LED efficiency. Phys. Status Solid A, 2005, 202 (6): R60-R62.

[111]　Yamada M, Naitou T, Izuno K, et al. Red-enhanced white-light-emitting diode using a new red phosphor. Jpn. J. Appl. Phys. , Part 2, 2003, 42: L20-L23.

[112]　Mueller G O, Mueller-Mach R. White light emitting diodes for illumination. Proc. SPIE, 2000, 3938: 30-41.

[113]　Cai H, Zhang X M, Lu C, et al. Three-band white light from InGaN-based blue LED chip precoated with green/red phosphors. IEEE Photonics Technology Letters, 2005, 17 (6): 1160-1162.

[114]　Ellens A, Huber G, Kummer F. US 6657379 (2003).

[115]　Mueller-Mach R, Mueller G O, Kramer M R. Phosphor materials and combinations for Illumination Grade white pcLED. Proc. SPIE, 2003, 5187: 115-122.

[116]　Mueller-Mach R, Mueller G O, Krames M R, et al. High-power phosphor-converted

light-emitting diodes based on Ⅲ-Nitrides. IEEE J. Sel. Top. Quantum Electron. , 2002, 8: 339-345.

[117] Hu Y S, Zhuang W D, et al. A novel red phosphor for white light emitting diodes. J. Alloys & Comp. , 2005, 390 (1-2): 226-229.

[118] Murata T, Tanoue T, Iwasaki M, et al. Fluorescence properties of Mn^{4+} in $CaAl_{12}O_{19}$ compounds as red-emitting phosphor for white LED. J. Lumin. , 2005, 114 (3-4): 207-212.

[119] Setlur A A, Comanzo H A, et al. Spectroscopic evaluation of a white light phosphor for UV-LEDs-$Ca_2NaMg_2V_3O_{12}$: Eu^{3+} . J. Electrochem. Soc. , 2005, 152 (12): H205-H208.

[120] Wang Zhengliang, Liang Hongbin, Gong Menglian, et al. A potential red-emitting phosphor for LED solid-state lighting. Electrochem. Solid State Lett. , 2005, 8 (4): H33-H35.

[121] Hintzen H T, Krevel J W H van, Botty G. EP 1104799 A1 (1999).

[122] Shen Z, Nygren M, Halenius U. A bsorption spectra of rare-earth-doped α-SiAlON ceramics. J. Mater. Sci. Lett. , 1997, 16: 263-266.

[123] Karunaratne B S B, Lumby R J, Lewis M H. Rare-earth-doped α-SiAlON ceramics with novel optical properties. J. Meter. Res. , 1996, 11: 2790-2794.

[124] Lee S S, Lim S, Sum S S, et al. Photoluminescence and electroluminescence characteristics of $CaSiN_2$: Eu phosphor. Proc. SPIE Int. Soc. Opt. Eng. , 1997, 3241: 75-83.

[125] Krevel J W H van, Hintzen H T, Metselaar R, et al. Long wavelength Ce^{3+} emission in Y-Si-O-N materials. J. Alloys & Comp. , 1998, 268: 272-277.

[126] Hintzen H T, Hanssen R, Jansen S R, et al. On the existence of europium aluminum oxynitrides with a magnetoplumbite or β-alumina type structure. J. Solid State Chem. , 1999, 142: 48-50.

[127] Hirosaki N, Sakuma K, Ueda K. WO 2005/078811 (2005).

[128] Höppe H A, Lutz H, Morys P, et al. Luminescence in Eu^{2+}-doped $Ba_2Si_5N_8$: fluorescence, thermoluminescence, and upconversion. J. Phys. Chem. Solids, 2000, 61: 2001-2006.

[129] Uheda K, Takizawa H, Endo T, et al. Synthesis and luminescent property of Eu^{3+}-doped $LaSi_3N_5$ phosphor. J. Lumin. , 2000, 87-89: 967-969.

[130] Jansen M, Letschert H P. Inorganic yellow-red pigments without toxic metals. Nature, 2000, 404: 980-982.

[131] Xie R J, Mitomo M, Uheda K, et al. Preparation and luminescence spectra of calcium-and rare-earth (R＝Eu, Tb, and Pr)-codoped α-SiAlON ceramics. J. Am. Ceram. Soc. , 2002, 85: 129-134.

[132] Krevel J W H van, Hintzen H T, Metselaar R. On the Ce^{3+} luminescence in the melilite-type oxide nitride compound $Y_2Si_{3-x}Al_xO_{3+x}N_{4-x}$. Mater. Res. Bull. , 2000, 35: 747-754.

[133] Li Y Q, With G de, Hintzen H T. Synthesis, structure, and luminescence properties of Eu^{2+} and Ce^{3+} activated $BaYSi_4N_7$. J. Alloys & Comp. , 2004, 385: 1-11.

[134] Li Y Q, Fang C M, With G de, et al. Preparation, structure and photoluminescence properties

of Eu^{2+} and Ce^{3+}-doped $SrYSi_4N_7$. J. Soled State Chem. , 2004, 177: 4687-4694.

[135] Li Y Q, With G de, Hintzen H T. Luminescence properties of Ce^{3+}-activated alkaline earth silicon nitride $M_2Si_5N_8$ (M = Ca, Sr, Ba) materials. J. Lumin. , 2006, 116: 107-116.

[136] Xie R J, Hirosaki N, Mitomo M, et al. Photoluminescence of cerium-doped α-SiAlON materials. J. Am. Ceram. Soc. , 2004, 87: 1368-1370.

[137] Xie R J, Hirosaki N, Mitomo M, et al. Optical properties of Eu^{2+} in α-SiAlON. J. Phys. Chem. B, 2004, 108: 12027-12031.

[138] Han B, Mishra K C, Raukas M, et al. A study of luminescence from Tm^{3+}, Tb^{3+}, and Eu^{3+} in AlN powder. J. Electrochem. Soc. , 2007, 154 (9): J262-J266.

[139] Jansen S R, Migchels J, Hintzen H T, et al. Eu-doped barium aluminum oxynitride with the β-alumina-type structure as new blue-emitting phosphor. J. Electrochem. Soc. , 1999, 146: 800-806.

[140] Xie Rong-Jun, Hirosaki Naoto, Sakuma Ken, et al. Eu^{2+}-doped Ca-α-SiAlON: a yellow phosphor for white light-emitting diodes. Appl. Phys. Lett. , 2004, 84 (26): 5404-5406.

[141] Hirosaki N, Xie R J, Kimoto K, et al. Characterization and properties of green-emitting β-SiAlON : Eu^{2+} powder phosphors for white light-emitting diodes. Appl. Phys. Lett. , 2005, 86: 211905.

[142] Sakuma K, Omichi K, Kimura N, et al. Warm-white light-emitting diode with yellowish orange SiAlON ceramic phosphor. Opt. Lett. , 2004, 29: 2001-2003.

[143] Sakuma K, Hirosaki N, Kimura N, et al. White light-emitting diode lamps using oxynitride and nitride phosphor materials. IEICE Trans. Electron. , 2005, E88-C (11): 2057-2064.

[144] Mueller-Mach R, Mueller G, Krames M R, et al. Highly efficient all-nitride phosphor-converted white light emitting diode. Physica. Status Solid A, 2005, 202 (9): 1727-1732.

[145] Tamaki H, Kameshima M, Takashima S, et al. EP 1433831 Al (2003).

[146] Jüestel T, Schmidt T, Hoeppe H, et al. WO 2004/055910 A1 (2004).

[147] Shen Z, Nygren M, Wang P, et al. Eu-dopde α-SiAlON and related phases. J. Mater. Sci. Lett. , 1998, 17: 1703-1706.

[148] Dorenbos P. 5d-Level energies of Ce^{3+} and the crystalline environment. I. Fluoride compounds. Physical Review B, 2000, 62 (23): 15640-15649.

[149] Dorenbos P. 5d-Level energies of Ce^{3+} and the crystalline environment. II. Chloride, bromide, and iodide compounds. Physical Review B, 2000, 62 (23): 15650-15659.

[150] Doreenbos P. 5d-Level energies of Ce^{3+} and the crystalline environment. III. Oxides containing ionic complexes. Physical Review B, 2001, 64 (12): 125117.

[151] Dornbos P. 5d-Level energies of Ce^{3+} and the crystalline environment. IV. Aluminates and "simple" oxides. J. Lumin. , 2002, 99: 283-299.

[152] Blasse G, Bril A. Investigation of some Ce^{3+}-activated phosphors. J. Chem. Phys. , 1967, 47: 5139-5145.

[153] Mandal H. New developments in α-SiAlON ceramics. J. Eur. Ceram. Soc. , 1999, 19: 2349-2357.

[154] Lammers M J J, Blasse G. Luminescence of Tb^{3+} and Ce^{3+} -activated rare earth silicates. J. Electrochem. Soc. , 1987, 134: 2068-2072.

[155] Huppertz H, Schnick W. Synthese, kristallstruktur und eigenschaften der nitridosilicate $SrYbSi_4N_7$ und $BaYbSi_4N_7$. Z. Anorg. Allg. Chem. , 1997, 623: 212-217.

[156] Huppertz H, Schnick W. Eu_2Si5N_8 and $EuYbSi_4N_7$. The first nitridosilicates with a divalent rare earth metal. Acta. Cryst. , 1997, C53: 1751-1753.

[157] Li Y Q, With G de, et al. Luminescence properties of Eu^{2+} -doped $MAl_{2-x}Si_xO_{4-x}N_x$ (M=Ca, Sr, Ba) conversion phosphor for white LED applications. J. Electrochem. Soc. , 2006, 153 (4): G278-G282.

[158] Hintzen H T, Li Y Q. WO 2004/029177 A1 (2004).

[159] Schmidt P J, Jüstel T, Höppe H, Schnick W. WO 2005/083037 A1 (2005).

[160] Zhang Hongchuan, Horikawa Takashi, Machida Ken-ichi. Preparation, structure, and luminescence property of $Y_2Si_4N_6C : Ce^{3+}$ and $Y_2Si_4N_6C : Tb^{3+}$. J. Electrochem. Soc. , 2006, 153 (7): H151-H154.

[161] Schlieper T, Milius W, Schnick W. High temperature syntheses and crystal structures of $Sr_2Si_5N_8$ and $Ba_2Si_5N_8$. Z. Anorg. Allg. Chem. , 1995, 621: 1380-1384.

[162] Blasse G. On the nature of the Eu^{2+} luminescence. Phys. Status Solid B, 1973, 55: K131-K134.

[163] Poort S H M, Blasse G. The infuence of the host lattice on the luminescence of divalent europium. J. Lumin. , 1997, 72: 247-249.

[164] Jacobsen H, Meyer G, Schipper W, et al. Synthesis, structures and luminescence of two new europium (Ⅱ) silicate chlorides, $Eu_2SiO_3Cl_2$ and $Eu_5SiO_4Cl_6$. Z. Anorg. Allg. Chem. , 1994, 620: 451-456.

[165] Inoue Z, Mitomo M, Nobuo H. A crystallographic study of a new compound of lanthanum silicon nitride, $LaSi_3N_5$. J. Mater. Sci. , 1980, 15: 2915-2920.

[166] Höppe H A, Stadler F, Oeckler O, et al. $Ca[Si_2O_2N_2]$-a novel layer sillicate. Angew. Chem. Int. Ed. , 2004, 43: 5540-5542.

[167] Zhu W H, Wang P L, Sun W Y, et al. Phase relationships in the Sr-Si-O-N system. J. Mater. Sci. Lett. , 1994, 13: 560-562.

[168] Kim J S, Jeon P E, Choi J C, et al. Emission color variation of $M_2SiO_4 : Eu^{2+}$ (M=Ba, Sr, Ca) phosphors for light-emitting diode. Solid State Commun, 2005, 133: 187-190.

[169] Kim J S, Park Y H, Kim S M, et al. Temperature-dependent emission spectra of $M_2SiO_4 : Eu^{2+}$ (M=Ca, Sr, Ba) phosphors for green and greenish white LEDs. Solid State Commun, 2005, 133: 445-448.

[170] Li Y Q, van Steen J E J, van Krevel J W H, et al. Luminescence properties of red-emitting $M_2Si_5N_8 : Eu^{2+}$ (M=Ca, Sr, Ba) LED conversion phosphors. J. Alloys & Comp. , 2006, 417: 273-279.

[171] Xie R J, Mitomo M, Xu F F, et al. Preparation of Ca-α-SiAlON ceramics with composi-

tions along the Si_3N_4-$1/2Ca_3N_2$: 3AlN line. Z. Metallkd. , 2001, 92 (8): 931-936.

[172] Xie R J, Hirosaki N, Mitomo M, et al. Strong green emission from α-SiAlON activated by divalent ytterbimn under blue light irradiation. J. Phys. Chem. B, 2005, 109 (19): 9490-9494.

[173] Xie R J, Hirosaki N, Mitomo M, et al. Highly efficient white-light-emitting diodes fabricated with short-wavelength yellow oxynitride phosphors. Appl. Phys. Lett. , 2006, 88: 101104.

[174] Michael S. Shur, arturas zukauskas, solid-state lighting: toward superior illumination. Proc. IEEE, 2005, 93 (10): 1691-1703.

[175] Jong Su Kim, Pyung Eun Jeon, Yun Hyung Park, et al. Color tunability and stability of silicate phosphor for UV-pumped white LEDs. J. Electrochem. Soc. , 2005, 152 (2): H29-H32.

[176] Ho Seong Jang, Duk Young Jeon. Yellow-emitting Sr_3SiO_5 : Ce^{3+}, Li^+ phosphor for white-light-emitting diodes and yellow-light-emitting diodes. Appl. Phys. Lett. , 2007, 90: 41906.

[177] Mi Ae Lim, Joung Kyu Park, Chang Hae Kim, et al. Luminescence characteristics of green light emitting Ba_2SiO_4 : Eu^{2+} phosphor. J. Mater. Sci. Lett. , 2003, 22: 1351-1353.

[178] Joung Kyu Park, Mi Ae Lim, Kyoung Jae Choi, et al. Luminescence characteristics of yellow emitting Ba_3SiO_5 : Eu^{2+} phosphor. J. Mater. Sci. , 2005, 40: 2069-2071.

[179] Xiaoyuan Sun, Jiahua Zhang , Xia Zhang, et al. A white light phosphor suitable fo near ultraviolet exciotation. J. Lumin. , 2007, 122-123: 955-957.

[180] Woan-Jen Yang, Liyang Luo, Teng-Ming Chen, et al. Luminescence and energy transfer of Eu- and Mn-coactivated $CaAl_2Si_2O_8$ as a potential phosphor for white-light UVLED. Chem. Mater. , 2005, 17: 3883-3888.

[181] Anant A Setlur, William J Heward, Yan Gao, et al. Crystal chemistry and luminescence of Ce^{3+}-doped $Lu_2CaMg_2(Si, Ge)_3O_{12}$ and its use in LED based lighting. Chem. Mater. , 2006, 18: 3314-3322.

[182] Xianqing Piao, Ken-ichi Machida, Takashi Horikawa, et al. Preparation of $CaAlSiN_3$: Eu^{2+} phosphors by the self-propagating high-temperature synthesis and their luminescent properties. Chem. Mater. , 2007, 19: 4592-4599.

[183] Jinwang Li, Tomoaki Watanabe, Hiroshi Wada, et al. Low-temperature crystallization of Eu-doped red-emitting $CaAlSiN_3$ from alloy-derived ammonometallates. Chem. Mater. , 2007, 19: 3592-3594.

[184] Taguchi T, Uchida Y, Kobashi K. Efficient white LED lighting and its application to medical fields. Phys. Stat. Sol. , 2004, 201 (12): 2730-2735.

[185] Kaufmann U, Kunzer M, Köhler K, et al. Ultraviolet pumped tricolor phosphor blend white emitting LEDs. Phys. Stat. Sol. , 2001, 188 (1): 143-146.

[186] Chen Z Z, Zhao J, Qin Z X, et al. Study on the stability of the high-brightness white LED. Phys. Stat. Sol. , 2004, 241 (12): 2664-2667.

[187]　Yukio Narukawa, Junya Narita, Takahiko Sakamoto, et al. Recent progress of high efficiency white LEDs. Phys. Stat. Sol. , 2007, 204 (6): 2087-2093.

[188]　Christian Sommer, Franz P Wenzl, Paul Hartmann, et al. Silicate phosphors and white led technology—improvements and opportunities. Proc. SPIE, 2007, 6669: 66690O-1.

[189]　Nadarajah Narendran. Improved performation white LED. Proc. SPIE, 2005, 5941: 45-50.

[190]　Mei Zhang, Jing Wang, Weijia Ding, et al. Luminescence properties of $M_2 MgSi_2 O_7$: Eu^{2+} (M=Ca, Sr) phosphors and their effects on yellow and blue LEDs for solid-state lighting. Opt. Mater. , DOI: 10. 1016/J. Optmat. 2007. 01. 008.

[191]　Yueh-Chun Liao, Chia-Her Lin, Sue-Lein Wang. Direct white light phosphor: a porous zinc gallophosphate with tunable yellow-to-white luminescence. J. Am. Chem. Soc. , 2005, 127: 9986-9987.

[192]　Volker Bachmann, Thomas Jüstel, Andries Meilerink, et al. Luminescence properties of $SrSi_2 O_2 N_2$ doped with divalent rare earth ions. J. Lumin. , 2006, 121: 441-449.

[193]　Kenji Toda, Yoshitaka Kawakami, Shin-ichiro Kousaka, et al. New silicate phosphors for a white LED. IEICE Trans. Electron. , 2006, E89-C (10): 1406-1412.

[194]　Shanshan Yao, Donghua Chen. Luminescent properties of $Li_2 (Ca_{0.99} , Eu_{0.01}) SiO_4$: B^{3+} particles as a potential bluish green phosphor for ultraviolet light-emitting diodes. Central Eur. J. Phys. , DOI: 10. 2478/s11534-007-0042-5.

[195]　Rong-Jun Xie, Naoto Hirosaki, Mamoru Mitomo. Oxynitride/nitride phosphors for white light-emitting diodes (LEDs). J. Electroceram, DOI: 10. 1007/s10832-007-9202-7.

[196]　Rong-Jun Xie, Naoto Hirosaki, Yoshinobu Yamamoto, et al. Fluorescence of Eu^{2+} in strontium oxonitridoaluminosilicates (SiAlONs). J. Ceram. Soc. Jpn. , 2005, 113 (1319): 462-465

[197]　Mitomo M, Xie R J, Hirosaki N, et al. Synthesis and photoluminescence properties of β-SiAlON : Eu^{2+} ($Si_{6-z} Al_z O_z N_{8-z}$: Eu^{2+}). J. Electrochem. Soc. , 2007, 154 (10): J314.

[198]　Rong-Jun Xie, Naoto Hirosaki, Mamoru Mitomo, et al. Photoluminescence of rare-earth-doped Ca-α-SiAlON phosphors: composition and concentration dependence. J. Am. Ceram. Soc. , 2005, 88 (10): 2883-2888.

[199]　Wei-Wu Chen, Xin-Lu Su, Pei-Ling Wang, et al. Comparison of the luminescence properties of Dy^{3+} in α-SiAlON and oxynitride glass. J. Am. Ceram. Soc. , 2005, 88 (10): 2955-2956.

[200]　Wei-Wu Chen, Xin-Lu Su, Pei-Ling Wang, et al. Optical properties of Gd-α-SiAlON ceramics: effect of carbon contamination. J. Am. Ceram. Soc. , 2005, 88 (8): 2304-2306.

[201]　Sakuma K, Hirosaki N, Xie R J, et al. Luminescence properties of (Ca, Y)-α-SiAlON : Eu phosphors. Mater. Lett. , 2007, 61 (2): 547-550.

[202]　Ken Sakumaa, Naoto Hirosaki, Rong-Jun Xie. Red-shift of emission wavelength caused by reabsorption mechanism of europium activated Ca-α-SiAlON ceramic phosphor. J. Lumin. , 2007, 126: 843-852.

[203]　Uheda K, Hirosaki N, Yamamoto H. Host lattice materials in the system $Ca_3 N_2$-AlN-$Si_3 N_4$ for white light emitting diode. Phys. Stat. Sol. , 2006, 203 (11): 2712-2717.

[204] Ken Sakuma, Naoto Hirosaki, Rong-Jun Xie, et al. Optical properties of excitation spectra of (Ca, Y)-α-SiAlON : Eu yellow phosphors. Physica. Status Solid C, 2006, 3 (8): 2701-2704.

[205] Suehiro T, Hirosaki N, Xie R J, et al. Powder synthesis of Ca-α'-SiAlON as a host material for phosphors. Chem. Mater. , 2005, 17: 308-314.

[206] Hongchuan Zhang, Takashi Horikawa, Hiromasa Hanzawa, et al. Photoluminescence properties of SiAlON : Eu^{2+} prepared by carbothermal reduction and nitridation method. J. Electrochem. Soc. , 2007, 154 (2): J59-J61.

[207] Kimura N, Sakuma K, Hirafune S, et al. Extrahigh color rendering white light-emitting diode lamps using oxynitride and nitride phosphors excited by blue light-emitting diode. Appl. Phys. Lett. , 2007, 90: 51109.

[208] Rong-Jun Xie, Naoto Hirosaki, Mamoru Mitomo. Wavelength-tunable and thermally stable Li-α-SiAlON : Eu^{2+} oxynitride phosphors for white light-emitting diodes. Appl. Phys. Lett. , 2006, 89: 241103.

[209] Xianqing Piao, Takashi Horikawa, Hiromasa Hanzawa, et al. Photoluminescence properties of $Ca_2Si_5N_8$: Eu^{2+} nitride phosphor prepared by carbothermal reduction and nitridation method. Chem. Lett. , 2006, 35 (3): 334-335.

[210] Kyota Uheda, Naoto Hirosaki, Yoshinobu Yamamoto, et al. Luminescence properties of a red phosphor. $CaAlSiN_3$: Eu^{2+} , for white light-emitting diodes. Electrochem. Solid State Lett. , 2006, 9 (4): H22-H25.

[211] Sang Ho Lee, Dae Soo Jung, Jin Man Han, et al. Fine-sized $Y_3Al_5O_{12}$: Ce phosphor powders prepared by spray pyrolysis from the spray solution with barium fluoride flux. Journal of Alloys and Compounds, 2009, 477: 776-779.

[212] Zuogui Wu, Xudong Zhang, Wen He, Yuanwei Du, Naitao Jia, Guogang Xu. Preparation of YAG : Ce spheroidal phase-pure particles by solvo-thermal method and their photoluminescence. Journal of Alloys and Compounds, 2009, 468: 571-574.

[213] Tetsuhiko Isobe, Ryo Kasuya. Photoluminescence enhancement of PEG-modified YAG : Ce^{3+} nanocrystal phosphor prepared by glycothermal method. The Journal of Physical Chemistry B, 2005, 109: 22126-22131.

[214] Lauren E, Mav Nyman, et al. Nano-YAG : mechanism of growth and epoxy-encapsulation. Chemistry of Materials, 2009, 21: 1536-1542.

[215] Tetsuhiko Isobe, Liap Tatsu, et al. Synthesis and electron phonon interactions of Ce^{3+}-doped YAG nanoparticles. The Jouunal of Physical Chemistry C, 2009, 113: 5974-5979.

[216] 郭瑞, 曾人杰, 吴音等. 微乳液法制备纳米球形 YAG : Ce^{3+} 荧光粉及其发光性能. 硅酸盐学报, 2008, 36: 352-358.

[217] Yuexiao Pan, Mingmei Wu, Qiang Su. Comparative investigation on synthesis and photoluminescence of YAG : Ce phosphor. Materials Science and Engineering B, 2004, 106: 251-256.

[218] Noginov M A, Loutts G B, Warren M. Spectroscopic studies of Mn^{3+} and Mn^{2+} ions in

YAlO₃. J. Opt. Soc. Am. B, 1999, 16: 475-483.

[219] Donegan J F, Glynn T J, Imbusch G F. Luminescence and fluorescence line narrowing studies of $Y_3Al_5O_{12}$: Mn^{4+}. J. Lumin. , 1986, 36: 93-100.

[220] Stefan K, Simone H, Stephan H, et al. Mn^{3+} fundamental spectroscopy and excited state absorption. Phys Solid State, 1998, 8: 206-209.

[221] 刘如熹, 石景仁. 白光发光二极管用钇铝石榴石荧光粉配方与机制研究. 中国稀土学报, 2002, 20 (6): 495-501.

[222] Zhang S S, Zhuang W D, Zhao C L, et al. Study on $(Y,Gd)_3(Al,Ga)_5O_{12}$ phosphor. J Rare Earth, 2004, 22 (1): 118-121.

[223] Pan Y X, Wu M M, Su Q. Tailored photoluminescence of YAG : Ce phosphor through various methods. J. Phys. Chem. Solids, 2004, 65 (3): 845-850.

[224] 郜盛夏, 陈毅彬, 曾人杰. 无团聚 YAG : Ce^{3+} 荧光粉的制备与表征. 发光学报, 2010, 31 (6): 806-810.

[225] 王林生, 陈律军, 周健等. 白光 LED 用 YAG : Ce^{3+} 荧光粉的研究进展. 世界有色金属, 2011, (1): 73-75.

[226] Pardha Saradhi M, Varadaraju U V. Photoluminescence studies on Eu^{2+}-activated Li_2SrSiO_4 a potential orange-yellow phosphor for solid-state lighting. Chem. Mater. , 2006, 18: 5267-5272.

[227] Ding W J, Wang J, Liu Z M, et al. An intense green/yellow dual-chromatic calcium chlorosilicate phosphor $Ca_3SiO_4Cl_2$: Eu^{2+}, Mn^{2+} for yellow and white LED. Journal of the Electrochemical Society, 2008, 155 (5): 122-127.

[228] Koo H Y, Hong S K, Han J M, et al. Eu-doped $Ca_8Mg(SiO_4)_4Cl_{12}$ phosphor particles prepared by spray pyrolysis from the colloidal spray solution containing ammonium chloride. J. Alloys Compd. , 2008, 457: 126-129.

[229] Wang J G, Li G B, Tian S J, et al. The composition, luminescence and structure of $Sr_8[Si_{4x}O_{4+8x}]Cl_8$: Eu^{2+}. Materials Research Bulletin, 2001, 36: 2051-2057.

[230] Zhang S H, Hu J F, Wang J J, et al. Effects of Zn^{2+} doping on the structural and luminescent properties of $Sr_4Si_3O_8Cl_4$: Eu^{2+} phosphors. Materials Letters, 2010, 64: 1376-1378.

[231] 杨志平, 刘玉峰, 李雪清. 用于白光 LED 的高亮度蓝白色荧光粉 $Ca_2SiO_3Cl_2$: Eu^{2+} 的发光性质. 发光学报, 2006, 27 (41): 629-632.

[232] 杨志平, 刘玉峰, 王利伟等. 用于白光 LED 的单一基质白光荧光 $Ca_2SiO_3Cl_2$: Eu^{2+}, Mn^{2+} 的发光性质. 物理学报, 2007, 56 (1): 546-550.

[233] Li Y Q, Steen J E, et al. Luminescence properties of red-emitting $M_2Si_5N_8$: Eu^{2+} (M= Ca, Sr, Ba) LED conversion phosphors. J. Alloy. Compd. , 2006, 417 (1-2): 273-278.

[234] Piao X Q, Takashi H, et al. Preparation of $(Sr_{1-x}Ca_x)_2Si_5N_8/Eu^{2+}$ solid solutions and their luminescence properties. J. Electrochem. Soc. , 2006, 153 (12): 232-236.

[235] Li Huili, Xie Rongjun, Naoto Hirosaki, et al. Synthesis and photoluminescence properties of $Sr_2Si_5N_8$: Eu^{2+} red phosphor by a gas-reduction and nitridation method. J. Electro-

chem. Soc. , 2008, 155 (12): 378-381.

[236] Li J W, Tomoaki W, et al. Low-temperature crystallization of Eu-doped red-emitting $CaAlSiN_3$ from alloy-derived ammonometallates. Chem. Mater. , 2007, 19 (15): 3592-3596.

[237] Lu Y J, Shi G Y, Zhang Q H, et al. Photoluminescence properties of Eu^{2+} and Mg^{2+} co-doped $CaSi_2O_2N_2$ phosphor for white light LEDs. Ceramics International, 2012, 38: 3427-3433.

[238] Li P L, Wang Z J, Yang Z P, et al. Luminescent characteristics of $LiSrBO_3$: M (M= Eu^{3+}, Sm^{3+}, Tb^{3+}, Ce^{3+}, Dy^{3+}) phosphor for white light-emitting diode. Materials Research Bulletin, 2009, 44 (11): 2068-2071.

[239] 王海英, 王如骥, 张明, 李亚栋. Eu^{3+} 掺杂的硼酸锶系列荧光体的合成及其发光性能. 无机材料学报, 2004, 19 (6): 1367-1372.

[240] 张林进, 叶旭初. SrB_4O_7 : Eu 磷光粉的制备及其发光性能. 发光学报, 2009, 30 (2): 184-188.

[241] Yang J, Zhang C M, Wang L L, et al. Hydrothermal synthesis and luminescent properties of $LuBO_3$: Tb^{3+} microflowers. Journal of Solid State Chemistry, 2008, 181 (10): 2672-2680.

[242] Liu J P, Li Y Y, Huang X T. Material for red-emitting rare-earth ions. Chem. Mater. , 2008, 20: 250-255.

[243] 黄宏升, 刘志宏. 偏硼酸锶系列发光材料的制备及其发光性能研究. 化学学报, 2012, 70 (3): 247-253.

[244] Zhang J, Tang Z, Zhang Z, Fu Wang J, Lin Y. Synthesisof nanometer Y_2O_3 : Eu phosphor and its luminescence. Property. Mat. Sci. Eng. A Struct. , 2002, 334: 246-249.

[245] Kang Y C, Lim M A, Park H D, Han M. Ba^{2+} co-doped Zn_2SiO_4 : Mn phosphor particles prepared by spray pyrolysis. Process. J. Electrochem. Soc. , 2003, 150: 7.

[246] Hu Y, Zhuang W, Ye H, et al. A novel red phosphor for white light emitting diodes. J. Alloy. Compd. , 2005, 390 (1-2): 226-229.

[247] Nagpure I M, Shinde K N, Dhoble S J, Kumar A. Photoluminescence characterization of Dy^{3+} and Eu^{2+} ion in $M_5(PO_4)_3F$ (M = Ba, Sr, Ca) phosphors. J. Alloy. Compd. , 2009, 481: 637-640.

[248] Zhang X, Seo H. Photoluminescence and concentration quenching of $NaCa_4(BO_3)_3$: Eu^{3+} phosphor. J. Alloy. Compd. , 2010, 503: L14.

[249] Qin Y, Huang L, Shi G, Chen X, et al. Thermal stability of luminescence of $NaCaPO_4$: Eu^{2+} phosphor for white-light emitting diodes. J. Phys. D: Appl. Phys. , 2009, 42: 185105-185110.

[250] Luo Z T, Wang Y H, Li Y Z. Synthesis and photoluminescence of a novel full-color emitting phosphor $NaCaPO_4$: Dy^{3+}. Chemical Journal of Chinese Universities, 2010, 31 (1): 26-29.

[251] 王志军, 李盼来, 杨志平, 郭庆林. $KBaPO_4$: Eu^{3+} 红色发光材料的光谱特性. 光子学报, 2011, 40 (3): 336-339.

[252] Yang X Y, Liu J, Yang H, et al. Synthesis and characterization of new red phosphor for white LED application. J. Mater. Chem. , 2009, 19 (22): 3771-3774.

[253] 谢晔，王海波，张瑞西，林海凤. 白光 LED 用红色荧光粉 Li(MoO₄)₂：Eu³⁺ 的制备及表征. 化工新型材料，2011，39 (8)：78-80.

[254] Huang J P, Luo H S, Zhou P G, Yu X B, Li Y K, et al. Synthesis and luminescence properties of Y₆W₂O₁₅：Eu³⁺ phosphors. J. Lumin. , 2007, 126 (5): 881-885.

[255] Kim T, Kang S. Potential red phosphor for UV-white LED device. J. Lumin. , 2007, 122-123: 964-966.

[256] Xie A, Yuan X M, Wang J J, et al, Synthesis and photoluminescence property of red phosphors LiEu₁₋ₓYₓ(WO₄)₀.₅(MO₄)₁.₅ for white LED. Sci. China Ser. E-Tech. Sci. , 2009, 52 (7): 1913-1918.

[257] Cao F B, Tian Y W, Chen Y J, Xiao L J, Liu Y Y. Improved luminous properties of red emitting phosphors for LED application by charge compensation. Acta. Phys-Chim. Sin. , 2009, 25 (2): 299-303.

[258] Chen Y J, Cao F B, Tian Y W, Xiao L J, Li L K. Optimized photoluminescence by charge compensation in a novel phosphor system. Physica B: Condensed Matter, 2010, 405 (1): 435-438.

[259] Sivakumar V, Varadaraju U V. Synthesis, phase transition and photoluminescence studies on Eu³⁺-substituted double perovskites—A novel orange-red phosphor for solid-state lighting. J. Solid State Chem. , 2008, 181 (12): 3344-3351.

[260] 张其土，张乐，韩朋德等. 白光 LED 用光转换无机荧光粉. 化学进展，2011，23 (6)：1108-1122.

[261] Choi S, Moon Y M, Kim K, Jung H K, Nahm S. Luminescent properties of a novel red-emitting phosphor：Eu³⁺-activated Ca₃Sr₃(VO₄)₄. J. Lumin. , 2009, 129 (9): 988-990.

[262] Fu X Y, Niu S Y, Zhang H W, Xin Q. Photoluminescence properties of nanocrystalline A₃(VO₄)₂：Eu (A＝Mg, Ca, Sr and Ba). Spectrosc. Spect. Anal. , 2006, 26 (1): 27-29.

[263] Yang H K, Choi H, Moon B K, et al. Improved luminescent behavior of YVO₄：Eu³⁺ ceramic phosphors by Li contents. Solid State Sci. , 2010, 12 (8): 1445-1448.

[264] Zhou L Y, Huang J L, Gong F Z, et al. A new red phosphor LaNb₀.₇₀V₀.₃₀O₄：Eu³⁺ for white light-emitting diodes. J. Alloy. Compd. , 2010, 495 (1): 268-271.

[265] Zhang X M, Choi N, Park K, Kim J. Orange emissive phosphor for warm-white light-emitting diodes. Solid State Commun. , 2009, 149 (25/26): 1017-1020.

[266] Li J F, Qiu K H, Li W, Yang Q, Li J H. A novel broadband emission phosphor Ca₂KMg₂V₃O₁₂ for white light emitting diodes. Mater. Res. Bull. , 2010, 45 (5): 598-602.

[267] Roshani Singh, Dhoble S J. Photoluminescence property of A₉B(VO₄)₇ (A＝Ca, Sr, Ba; B＝La, Gd) phosphor. Luminescence, 2012, 10: 2407-2411.

[268] 余宪恩主编. 实用发光材料. 北京：中国轻工业出版社，2008.